JINSE

Japanese Inter-university Network for Statistical Education

統計教育大学間連携ネットワーク●監修

美添泰人＋竹村彰通＋宿久 洋●編集

現代統計学

日本評論社

まえがき

統計学の適用方法は一昔前とは大きく変わってきて，最近では，面倒な計算はコンピュータに任せる一方で，数値情報だけでは人間には把握が困難なデータの構造を，ざまざまな統計グラフによって明確に表現できるようになった．これもコンピュータの性能の驚異的な発展と並行して統計分析のために開発されてきたアルゴリズムのおかげである．

本書の特色は，確率的な議論によらない，記述的なデータ解析の手法に重点を置いたことである．この点は，多くの教科書で確率にもとづく推定や検定に重点が置かれているのとは対照的であり，データの処理と分析結果の解釈の基本を重視して，このような構成とした．統計学が対象とする分野には，実験計画や社会調査などのデータ収集，データに基づく政策や治療法の効果を判断する統計的推測，さらに意思決定・予測も含まれるが，本書では確率的な話題はできるだけ少なくして，データ分析を中心とする記述統計の手法について解説している．

統計学への期待が急激に高まってきたのは，きわめて最近のことである．社会が求める統計的な能力に対して，従来の日本における統計教育の環境は十分とはいいがたい状況であった．大学における教育だけを考えても，最近の統計学の実践とはかけ離れた数式を展開する講義や，面倒な数値計算を中心とする一方で，統計的に処理された情報をどのように理解すべきかについてはあまり触れない講義が少なくなかった．このような講義を履修した学生が統計学をつまらないと感じたことも当然である．これは日本だけの問題ではなかったが，最近の諸外国における統計教育の急速な発展に比較すると，日本の統計教育を推進する必要性は非常に大きい．

日本統計学会を含む６つの学会が，統計関連学会連合という枠組みの下で統計の研究教育に関わっている中で，1990年代からは，研究だけではなく，特に教育に重点を置いた活動も活発になってきた．このような背景があって，日本統計学会は統計に関する学習達成度を客観的に測定することを目的として，2011年から統計検定という統一試験を開始した．統計検定は，仕事や研究のための21世紀型スキルとして国際社会で広く認められている「データに基づいて客観的に判断し科学的に問題を解決する能力」を，中高生・大学生・職業人を対象にして，各レベルに応じて体系的に評価するシステムとして開発したものである．

本書を企画，監修したのは「統計教育大学間連携ネットワーク（Japanese Inter-university Network for Statistical Education, JINSE）」を運営してきた統計教育関係者であり，統計検定の創設と運営に関わっている者が中心である．したがって，本書の目的は，統計的データ解析の基本として，統計検定においても評価の対象として重視している手法を紹介することにある．

JINSEは，文部科学省の補助金を得て，9大学（東京大学，大阪大学，滋賀大学，総合研究大学院大学，青山学院大学，多摩大学，立教大学，早稲田大学，同志社大学）が2012年度から実施している．統計教育の推進を目標とする事業で，その設立の趣旨は次の通りである．

> 今後の我が国のイノベーションを推進するには，新たな課題を自ら発見し，データに基づく数量的な思考による課題解決の能力を有する人材が不可欠である．課題発見と解決のための一つの重要なスキルである「統計的なものの見方と統計分析の能力」は文系理系を問わず必要とされることから，欧米先進国のみならず，韓国や中国においても多

くの大学に統計学科が設置され，組織的な統計教育のもとに課題解決能力を有する人材を育成している．国際競争力の観点からも，我が国でも大学における体系的な統計教育の一層の充実が喫緊の課題である．本取組では連携大学による「統計教育大学間連携ネットワーク」を新たに組織して，課題解決型人材育成のための標準的なカリキュラムコンテンツと教授法を整備し，さらに統計関連学会及び業界団体等の外部団体を加えた評価委員会による教育効果評価体制を構築することによって，統計教育の質保証制度を確立する．

なお，文部科学省の9大学に対する事業の補助期間が2017年3月で終了することに伴い，従来のJINSEは新たに「統計教育連携ネットワーク（Japanese Inter-organizational Network for Statistics Education）」として活動を拡大することになった．拡大版JINSEは，読者の今後の学習のために役に立つ情報を提供する組織である．

本書は，JINSE監修として『数学セミナー』に連載した原稿を中核として，統計学の現代的な手法を紹介できるように再構成し，追加したものである．本書で身に着けた統計の知識を確認するためには，JINSEと同じ趣旨で実施している統計検定の仕組みが利用できるので，ぜひ活用してほしい．

2017年3月

監修：統計教育大学間連携ネットワーク（JINSE）

編集：美添泰人・竹村彰通・宿久 洋

目次

第1章

1変量データ分析の基礎

美添泰人
●青山学院大学

1.1 ● 記述統計の基礎

記述統計は，与えられたデータの構造を明らかにすることを目的として開発された手法の総称である．これに対して，母集団に関する推測を主題とする**推測統計**では，平均や分散のような母集団の構造に関する推論を目的とする**推定**や，**仮説検定**の方法が扱われる．しかし，このような推定や検定の手法を形式的に適用するだけでは，データ分析としては十分とは言えない．例えば，多くの理論で前提としている正規分布の仮定は，現実のデータでは必ずしも適当とは言えない場合があり，そのときにどのような推論を行えばよいのかは，あらかじめ確認しておくべきことである．

記述統計の手法によって，まず，データの構造を明らかにしたうえで，次の段階として推定や検定の手法が適切に適用できることになる．第1章，第2章ではデータの構造を明らかにするための基本的な手法を扱う．

1.2 ● 変数の分類

最近ではビッグデータと呼ばれる定型化されていないデータが急激に増加しているが，定型データの理解が第一歩である．

表1.1の例は家計調査に基づくある月の擬似データで，ID は世帯の一連番号，x_1 は住居の所有形態(持ち家が1，借家などが0，平均は%表示)，x_2 は世帯人数(人)，x_3 は世帯主年齢(歳)，x_4 は実収入，x_5 は消費支出，x_6 は食費(金額はいずれも千円)である．全国で2500万程度の勤労者世帯があり，このデータはその縮図となる標本調査の結果を示している．実際に総務省統計

表1.1　勤労者世帯(世帯人数二人以上)

ID	x_1	x_2	x_3	x_4	x_5	x_6
1	0	3	35	330	282	91.3
2	1	2	43	430	314	25.8
⋮	⋮	⋮	⋮	⋮	⋮	⋮
4012	1	5	51	652	567	32.2
平均	76.5	3.42	48.0	359.6	266.0	58.8

局による調査で用いられている層化三段抽出の設計や信頼性の評価については本書では扱う余裕がないが，重要な統計であり，興味のある読者は統計局のホームページ[2]で調べて欲しい．

定型化されたデータは表のように各列に**変数**，各行に世帯(または企業や個人)を並べて表現される．現実のデータでは記入漏れや修正不能な誤りによって欠測値が発生するが，表 1.1 は完全なデータの例である．

統計的分布の関心の対象(この例では勤労者世帯全体)を**母集団**と呼び，表は大きさ(サイズ) $n = 4012$ の**標本**である[1]．このデータでは x_1 から x_6 が変数で，ID や住所，世帯主氏名，電話番号などは識別情報であり，通常は分析の対象とはされない．例外として，個人を対象として苗字の数を調べるときは氏名は変数となる．また，電話の市外局番が地理情報として利用される場合もある．

変数にはいくつかの種類・型があり，それによって適切な分析手法やグラフの種類が定まる．主要な分類は**量的変数**と**質的変数**の区別であり，さらに量的変数を連続型と離散型，質的変数を名義尺度と順序尺度に分類することがある．

表 1.1 の例では x_1 (住居の所有形態)は質的変数，それ以外は量的変数である．量的変数のうち，x_4 (実収入)，x_5 (消費支出)，x_6 (食費)は連続型変数として扱われる．x_2 (世帯人数)は $1, 2, \cdots$，と多くても 10 数名までの離散型である．厳密にいえば，データに収録されている変数は測定値の最小単位で離散的であるが，変数の取る値の範囲に比較して刻み幅が小さい場合には連続型とみなす方が適当な分析ができる．この例では，x_3 (世帯主年齢)は整数値であるが，20 歳前後から 70 歳以上までと広い範囲なので，連続型とみなして分析することが普通である．同様に，得点の範囲が 0 点から 900 点までの試験結果は連続型とみなすことが多い．一方で，得点の範囲が 0 点から 10 点までの場合は離散型として扱う方が適当だから，離散型と連続型の区別は便宜的とも言える．

以下，本章ではおもに量的変数の分析を扱う．

---

1) sample size n を標本数と記すことがあるが，学会が編集した用語集では**標本の大きさ**と呼ぶ．

1.3 ● 度数分布とグラフ表現

量的変数を整理する度数分布表は，階級の数 k を 5 から 20 程度として，観測値をいくつかの階級に分類し，各階級に含まれる観測値の度数[2]を数えて得られるものである．追加的に累積度数を求めることもある．

表 1.2 のように各階級の代表値(区間の中央の値，またはもとのデータから計算された平均)を m_i，その階級の度数を f_i，累積度数を $F_i = \sum_{j \leq i} f_j$ と書く $(i = 1, \cdots, k)$．表からわかるとおり $\sum_1^k f_i = n$，$F_1 = f_1$，$F_k = n$ である．相対度数を用いて度数の和を $\sum_j f_j = 1$ とすることもある．なお，所得分布の例を図 1.1 に示すとおり，階級の幅は必ずしも一定とは限らない．分析の結果として，度数分布表のみを報告することも多い．実際，原則的に，部外者に対しては個々の観測値を公開することはない．

表 1.2　度数分布表

階級	区間	代表値	度数	累積度数
1	$a_1 - b_1$	m_1	f_1	F_1
2	$a_2 - b_2$	m_2	f_2	$F_2 = F_1 + f_2$
3	$a_3 - b_3$	m_3	f_3	$F_3 = F_2 + f_3 = f_1 + f_2 + f_3$
⋮	⋮	⋮	⋮	⋮
k	$a_k - b_k$	m_k	f_k	$F_k = F_{k-1} + f_k$
合計			n	

まずグラフを見よう．**ヒストグラム**[3]は連続的な変数の表現で用いられる基本的なグラフであり，度数分布に基づいて作成される．ただし，縦軸の単位は度数そのものではなく x 変数 1 単位あたりの度数密度であり，ヒストグラムの面積は各階級の度数に比例して描かれる．特に階級の幅が一定なら柱の高さは度数に比例する．図 1.1 の例では全体の面積を 1 と基準化しているため，縦軸の単位を省略しても差し支えない．

図 1.1 から，所得は世帯間でかなり変動していること，その分布は左右対称ではなく，200-300 万円程度の世帯が多い一方で少数の高額所得世帯があることが読み取れる．ところが，対数変換した所得の分布は左右対称に見え

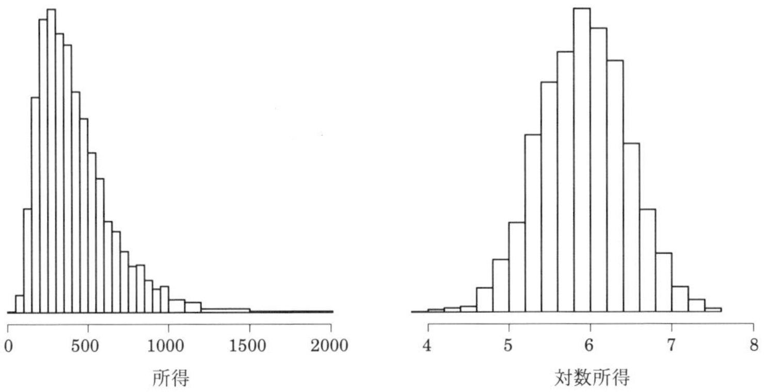

図 1.1　所得と対数所得のヒストグラム

る．実は対数所得の分布は正規分布に近い(正規分布の形については第2章で解説する)．これが所得という変数の特徴である．

左右対称に近い変数の典型的な例として身長を取り上げる．表1.3(次ページ)は小学生に対する文部科学省の2013年度調査結果[3]で，n は標本の大きさ，$\bar{x}$ は平均，sd は標準偏差(単位は cm)であり，以下で解説する．

図1.2(次ページ)のヒストグラムは表1.3の平均と標準偏差をもつ正規分布から発生させた大きさ n の擬似データを用いて作成したものである．これらのヒストグラムは，学年別，男女別の身長の分布を明らかにするものではあるが，学年別，性別の身長を比較するためには十分ではない．横軸の目盛りが等しくなるように上下に並べた場合なら比較は可能だが，横に並べると比較は容易ではないし，たくさんのヒストグラムを作成すると読み取りにくい．

このような比較のためには図1.3の**箱ヒゲ図**が適当である(7ページ参照)．図で f1 は1年生女子，m6 は6年生男子などを表す．箱の中央の線は中央値，両端は1.5節で説明する四分位(正確にはヒンジ)，点線のヒゲは箱の長さの1.5倍以内に含まれる最大値・最小値まで伸ばす．ヒゲの外にある観測値を**外れ値**と呼ぶ．なお，このような外れ値の定義は探索的データ解析による分

2) frequency.
3) histogram.

表 1.3　小学生男女の身長

年齢	男子 n	男子 $\bar{x}$	男子 sd	女子 n	女子 $\bar{x}$	女子 sd
6	1064	116.62	4.84	1045	115.55	4.72
7	1068	122.31	4.97	1040	121.42	4.95
8	1079	128.00	5.34	1058	127.56	5.44
9	1080	133.56	5.42	1045	133.63	5.71
10	1081	138.92	6.06	1048	140.32	6.68
11	1062	145.25	6.97	1043	146.89	6.63

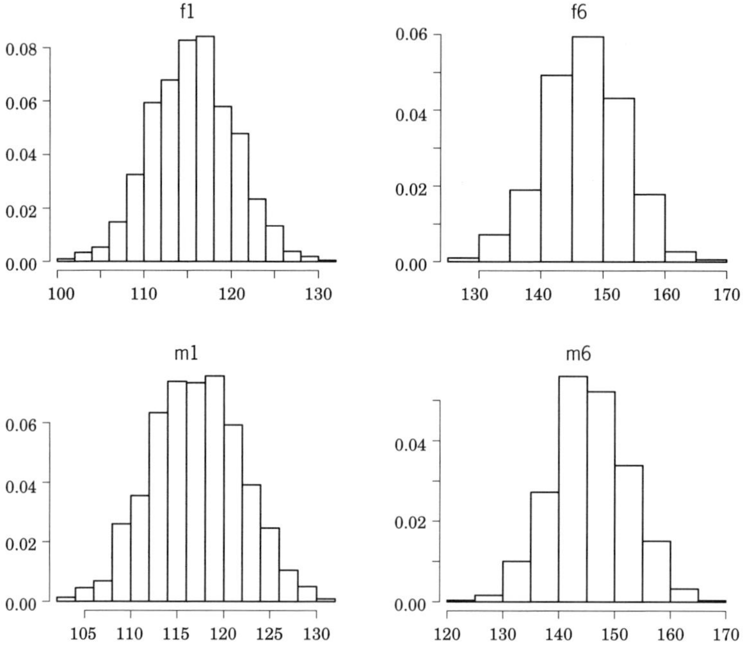

図 1.2　身長のヒストグラム(1 年生と 6 年生・男女)

類法であり，外れ値については，1.7 節で説明する．学年別，性別の比較のために 12 枚のヒストグラムを描くより，一覧性・比較可能性の点で箱ヒゲ図が優れている．

ヒストグラムを用いると，その変数の分布に関する特性が箱ヒゲ図より詳

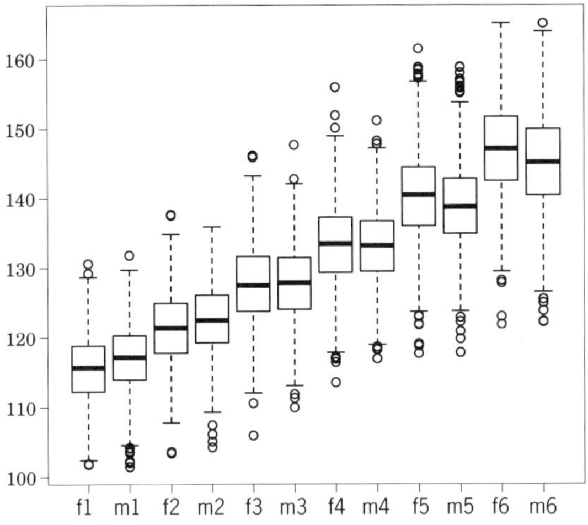

図 1.3　箱ヒゲ図（性別・年齢別の身長）

細にわかる．以上の例では，所得は右のスソが長い，身長はほぼ対称で**正規分布**に近いという特徴がある．なお，体重も正規分布と記している本があるが，最近のアメリカのデータを見ると右のスソが長いことが明らかである．日本の昔のデータでも正規分布との違いはよく見ればわかる．

ところで，所得の対数は正規分布に近い，体重の平方根または三乗根は正規分布に近いという興味深い性質がある．このように，ある分布が正規分布

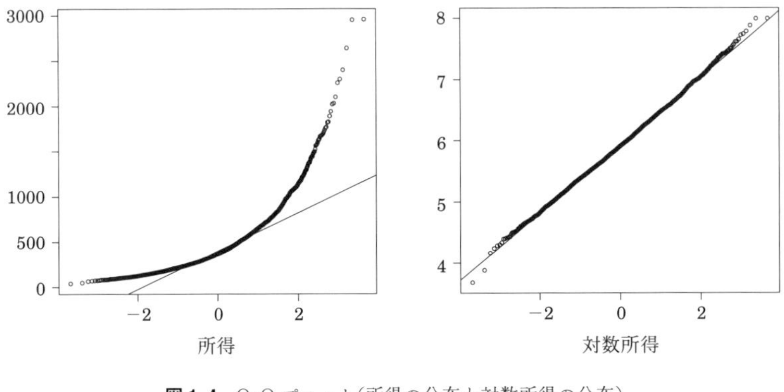

図 1.4　Q-Q プロット（所得の分布と対数所得の分布）

に近いかどうかを判定するグラフにQ-Qプロットがある(図1.4). これは正規分布なら直線になるため, 対数所得の分布は正規分布に近いことがわかる. Q-Qプロットの原理および体重の例については[1]で詳しく解説している.

1.4 • さまざまな平均

統計学では観測値 $x = \{x_1, \cdots, x_n\}$ を集約する指標を**統計量**と呼び, 関数として明示的に $T(x)$ などと表すことがある. まず, 復習として, 統計で多用される総和の表記法の変種は以下の通りである.

$$a_1 + \cdots + a_n = \sum_{i=1}^{n} a_i = \sum_j a_j = \sum_1^n a_i = \sum a_k = \sum a \quad \text{など}$$

次の関係は定義から明らかな応用例である.

$$\sum_1^n (a + bx_i) = na + b\sum x_i, \qquad \left(\sum_i a_i\right)^2 = \left(\sum_i a_i\right)\left(\sum_j a_j\right) = \sum_i \sum_j a_i a_j$$

ヒストグラムの中心を表現する**位置の尺度**の代表である**平均**は, 観測値 x_i $(i = 1, \cdots, n)$ に対して $\bar{x} = \sum_{i=1}^{n} x_i / n$ と定義される[4].

所得の平均は平等に分配した場合の所得という明確な意味がある. 身長は分配できないが, そのような場合でも, 平均は対称な分布の中心を表す尺度として広く用いられる. 対称でない分布でも, 個々の観測値に同じ質量を与えて数直線上に置いたときの重心の位置が平均である. 実際, $\sum_i (x_i - \bar{x}) = 0$ が成り立つが, この関係は $\bar{x}$ を中心とする右回りのモーメントと左回りのモーメントが等しいことを意味している. なお, $x_i - \bar{x}$ を平均からの**偏差**と呼ぶ. ヒストグラムの形の厚紙の重心も平均になるが, 歪んだ分布ではヒストグラムの重心の位置を想像するのはやや難しい.

ところで, 平均には多数の変種があり, 具体的な適用場面に応じて, 適切な尺度が定まる. 以下に主要な平均を紹介する.

▶加重平均

n 世帯のデータで世帯人員数 x を集計した度数分布表から世帯の平均を求めることを考えよう. 上述のように, 世帯人員数は離散的変数であり, 階級にまとめないことが多い．したがってグラフとしてはヒストグラムではなく棒グラフが適切である（ただし企業の従業者数は1人から数万人までと範囲が広いため，形式的には連続的変数として分析する）．

ここでは $x_1 = 1$（人），$x_2 = 2$（人），… に対応する世帯の数（度数）が f_1, f_2, … $(\sum f_i = n)$ と与えられる．この集計表から世帯の平均を求める式は，重み（ウェイト）$w_i = f_i$ を用いた加重算術平均

$$\bar{x}_w = \frac{\sum w_i x_i}{\sum w_i}$$

として表現される．一般に，変数 x の各値 x_i に重要性を表す相対ウェイト $w_i \left(\sum_i w_i = 1\right)$ を適用した加重算術平均は，$\bar{x}_w = \sum w_i x_i$ と表現される．通常は $w_i > 0$ だが，一部の w_i がマイナスとなる場合もある．

▶物価指数の例(1)：消費者物価指数

多数の品目について t 時点の物価と数量を，それぞれ p_i^t, q_i^t と表す $(i = 1, \cdots, n,\ t = 0, 1, \cdots)$．基準時点を0時点とするとき，消費者物価指数[2]などで用いられているラスパイレス（Laspeyres，海外ではラスペーア）算式は $P_L = \sum_i p_i^t q_i^0 / \sum_i p_i^0 q_i^0$ で定められる．これは0時点の購入金額と t 時点に0時点の数量を購入した場合の支出金額の比である．ここで各品目の個別価格指数を $x_i = (p_i^t / p_i^0)$ とし，0時点の第 i 品目の支出構成比を $w_i = p_i^0 q_i^0 / \sum_j p_j^0 q_j^0$ とすると，

$$P_L = \frac{\sum_i p_i^0 q_i^0 (p_i^t / p_i^0)}{\sum_j p_j^0 q_j^0} = \sum_i w_i \frac{p_i^t}{p_i^0} = \sum_i w_i x_i = \bar{x}_w$$

と個別指数の加重算術平均になっている．直感的にも理解できるウェイトである．

▶幾何平均

成長率の計算に現れる前期比など，$x > 0$ で対数変換に明確な意味がある場合，幾何平均 $G = \sqrt[n]{\prod x_i}$ が自然な選択肢となることが多い．これは $\log G = (\sum \log x_i)/n$ と表した方が意味が明快であろう．さらに，ウェイトを

4）$\bar{x}$ は X bar と読み，他の平均と区別するときは算術平均（arithmetic mean）と呼ぶ．

w_i ($\sum w_i = 1$) とする加重幾何平均 G_w は $\log G_w = \sum w_i \log x_i$ で定義される．0 期から 1 期，1 期から 2 期，…，($T-1$) 期から T 期という連続する T 期間における変数 x の成長率 $r_t = (x_t - x_{t-1})/x_{t-1} = x_t/x_{t-1} - 1$ ($t = 1, \cdots, T$) を平均するときは，算術平均 $\bar{r} = \sum r_t/T$ よりも幾何平均を用いて $G-1 = \sqrt[T]{\prod(1+r_t)} - 1$ とするのが適当である．実際，$\prod(1+r_t) = x_t/x_0$ となり，全期間の平均成長率は $G-1$ によって正しく求められる．r_t がほぼ一定なら，$G-1$ と $\bar{r}$ には大きな差はないが，常に $G > 1+\bar{r}$ となることは 1.8 節で確かめられる．

▶物価指数の例(2)：下位レベルの算式

ある飲料について A, B, C を 3 つの店舗として，表 1.4 に 3 時点の価格から求めた個別指数が与えられている．いま，3 品目に等しいウェイトを仮定して幾何平均と算術平均を比較すると，0 時点から 1 時点では $\bar{x}_{01} = (0.5 + 2 + 1)/3 = 1.167$，$G_{01} = \sqrt[3]{0.5 \cdot 2 \cdot 1} = 1.0$．また 1 時点から 2 時点では $\bar{x}_{12} = (2 + 0.5 + 1)/3 = 1.167$，$G_{12} = \sqrt[3]{2 \cdot 0.5 \cdot 1} = 1.0$ である．この例だけでなく，一般に算術平均は幾何平均より大きい．ところで 0 時点と 2 時点を比較すると，価格はもとに戻っているから，計算するまでもなく $\bar{x}_{02} = G_{02} = 1$ である．個別指数では $p^2/p^0 = (p^2/p^1)(p^1/p^0)$ と各時点の価格指数の積が 2 時点の価格指数と一致する．この関係は指数として望ましい性質(循環性)であるが，一般に $G_{01}G_{12} = G_{02}$ となる一方で，$\bar{x}_{01}\bar{x}_{12} = \bar{x}_{02}$ は成り立たない．

表 1.4　飲料の価格指数

価格	A	B	C
0 時点	100	100	100
1 時点	50	200	100
2 時点	100	100	100

個別指数

価格	A	B	C
1 時点	0.5	2	1
2 時点	2	0.5	1

ところで，消費者物価指数のラスパイレス式は品目(飲料水など)の平均に用いられるものである．この例は一つの品目について多数の店舗の価格を平均する「下位レベル算式」の性質に関する議論であり，ラスパイレス式を用いている各国の消費者物価指数に偏りがあると主張するわけではない．

▶調和平均

調和平均 H は，$x>0$ で逆数に意味がある場合に適切となる平均であり，$H^{-1}=\sum x_i^{-1}/n$ で定義される．加重調和平均 $(\sum w_i=1)$ は $H_w^{-1}=\sum w_i x_i^{-1}$ である．

典型的な例は自動車などの平均時速を求める問題に現れる．距離が w_i (km)という区間 $(i=1,\cdots,n)$ を，それぞれ時速 x_i (km/h)で走ったときの平均時速は「距離/時間」だから $\sum w_i/\sum w_i x_i^{-1}$ と加重調和平均の形で求められる．

▶物価指数の例(3)

例(1)の P_L が基準時点の数量を固定して支出額を比較するのに対して，比較時点の数量を用いるのが次のパーシェ(Paasche)指数 P_P である．

$$P_P=\frac{\sum_i p_i^t q_i^t}{\sum_i p_i^0 q_i^t}=\frac{\sum_i V_i}{\sum_i (p_i^0/p_i^t)\cdot V_i}=\left\{\sum_i v_i x_i^{-1}\right\}^{-1}$$

ただし $x_i=(p_i^t/p_i^0)$ は個別指数であり，$V_i=p_i^t q_i^t$，$v_i=V_i/\sum_j V_j$ とする．P_P は加重調和平均であり，GDP デフレータと呼ばれる物価指数はこの形である．

1.5 • 分位点と中央値，四分位

観測値 $\{x_1,\cdots,x_n\}$ を大きさの順に並べたとき，小さい方から $100q\%$ に位置する値を $100q$ パーセント点，百分位点などと呼び，$x_{(q)}, Q_{(q)}$ などの記号が用いられる[5]．なお，以下で $\#\{A(x)\}$ は $A(x)$ という条件を満たす観測値の個数を表す[6]．q 分位点の正確な定義は次のとおりである．

$$\#\{x \leqq x_{(q)}\} \geqq nq \quad \text{かつ} \quad \#\{x \geqq x_{(q)}\} \geqq n(1-q)$$

特に 50% 点を**中央値**と呼ぶ[7]．たとえば，$n=4$ のデータ $\{1,2,4,5\}$ の中央値は，上の定義から $2 \leqq m \leqq 4$ を満たす任意の m である．連続的な変数の場合，n が大きければ隣り合う観測値の値はほとんど等しいので実用上の問

5) percentile または quantile.
6) たとえば $\#\{x > \max x_i\}=0$，$\#\{x \geqq \min x_i\}=n$ である．
7) median，中位数とも呼び，$M, m, \mathrm{med}\, x_i$ などと表す．

題はないが，n が比較的小さい場合には適当な定義で一意に定めた方が都合が良い．実際に複数の定義があって混乱しかねないが，n が小さいときに神経質になるのは統計分析の視点からは無用な議論である．

平均値が重心の位置を表すことから，図 1.1 の所得分布のように右のスソが長い分布では，中央値は平均値より小さくなる．所得や資産の分布では少数の大きな値が存在することから，多くの人の実感と比較すると，算術平均は誤った印象を与える．

ただし，同じような構成の社会を比較する場合には，社会全体の所得水準を表す指標としては算術平均も有用であり，実際，各国内で大きな格差があるにもかかわらず，発展途上国と先進国の一人当たり GDP の比較は豊かさの尺度として広く用いられている．

中央値とともによく使われる 25%，75% 分位点を，それぞれ**第一四分位** Q_1，**第三四分位** Q_3 とも呼ぶ．これらについて箱ヒゲ図で用いられる定義を示す．以下で $[x]$ は x を超えない最大の整数を表す．

まず，観測値を両端の近い方から数えて何番目にあたるかという指標を深度と呼ぶ．最小値の深度は $D(\min x_i) = 1$，最大値の深度も $D(\max x_i) = 1$ である．ここで中央値の深度を $D(M) = (n+1)/2$ で定め，次のように解釈する．n が奇数なら，真ん中の観測値はどちらから数えても $(n+1)/2$ 番目だからこれが M である．n が偶数なら，下から $n/2$ 番目と上から $n/2$ 番目の観測値の平均を M とする．四分位については，M を境として観測値を 2 つの群に分割し，それぞれの中央値を求める．そのために $n' = [(n+1)/2]$ を導入して，小さい群の深度 $[(n'+1)/2]$ を Q_1，大きい群の深度 $[(n'+1)/2]$ を Q_3 と定める．この「四分位の特別な定義」をヒンジ(H)と呼び，箱ヒゲ図で用いられる指標は，以上の定義による M と大小 2 つの H である[8)]．

箱ヒゲ図で使われる M，2 つの H と最大値，最小値を表す 5 つの数による分布形の要約を**五数要約**と呼び，データ分析で最初に確認される指標である．

▶算術平均 $\bar{x}$ と q 分位点 $x_{(q)}$ の性質

算術平均 $\bar{x}$ は関数 $f(a) = \sum(x_i - a)^2$ を最小にする解であることは，$df/da = -2\sum(x_i - a) = 0$ から直ちに確認できる．同様に，分位点は

$$\rho(x)=\begin{cases}(1-q)|x| & (x<0)\\ q|x| & (x\geqq 0)\end{cases}$$

という関数に対して $g(a)=\sum\rho(x_i-a)$ を最小にする解という性質を持つ．特に中央値は $\sum|x_i-a|$ を最小にする値である．

このことを確かめるには，g は $a=x_i$ という n 個の点を除いて微分可能だから dg/da の符号を評価すればよい．実際，$a\neq x_i\ (i=1,\cdots,n)$ のとき

$$\begin{aligned}\frac{dg}{da}&=(1-q)\#\{x_i<a\}-q\#\{x_i>a\}\\&=(1-q)\#\{x_i<a\}-q(n-\#\{x_i<a\})\\&=\#\{x_i<a\}-nq\end{aligned}$$

だから，g は $\#\{x_i<a\}/n<q$ なら減少し，$\#\{x_i<a\}/n>q$ なら増加する．

位置の尺度はほかにもある．**刈込平均**[9] と呼ばれる尺度 $\bar{x}_\alpha$ は，観測値の最大・最小の $[n\alpha]$ $(0<\alpha<1/2)$ 個ずつを除いた残りの $n-2[n\alpha]$ 個の算術平均として定義されるもので，$\bar{x}_\alpha$ は $\alpha\to 0$ なら平均，$\alpha\to 1/2$ なら中央値に近づく．以前のフィギュアスケートの採点では，評価の最大と最小を除いた合計点(平均点)が用いられていたが，これは刈込平均の例である．

また，

$$\rho(x)=\begin{cases}\dfrac{x^2}{2} & (|x|\leqq k)\\ k|x|-\dfrac{k^2}{2} & (|x|>k)\end{cases}$$

を用いて $\sum\rho(x_i-a)$ を最小にすると，刈込平均と類似の性質を持った解が得られる[10]．

1.6 • ちらばりの尺度

以下で代表的な「ちらばり」の尺度を紹介する．

---

8) 箱ヒゲ図(box-and-whisker plot)，深度(depth)，ヒンジ(hinge)および以下に出てくる五数要約(five number summary)などの概念は探索的データ解析(EDA)を提案した J. W. Tukey によるものである．統計解析ソフトウェアとして広まっている R でも Tukey の定義が用いられているが，高等学校の教科書では四分位の定義が違っている．n が奇数のとき，M を 2 つの群の両方に含めるのが Tukey，両方とも含めないのが高校教科書で採用された公式の意味である．

9) trimmed mean.

10) これは頑健統計学の理論的な基礎付けを与えた mini-max 問題の解として得られた，P. J. Huber の ρ と呼ばれる有名な関数である．

まず，$d = \sum|x_i - \overline{x}|/n$ と定義される**平均偏差**は，直感的には理解しやすい尺度である．これに比べて，$s = \sqrt{\sum(x_i - \overline{x})^2/n}$ と定義される**標準偏差**は現在広く用いられるが，意味が分かりにくい[11]．

標準偏差は**分散** $s^2 = \sum(x_i - \overline{x})^2/n$ の平方根として定義されるものだから，説明の順序が逆のように見えるが，データを解釈する上では s^2 ではなく s が適当である．たとえば正規分布に近い分布なら平均 $\overline{x} \pm s$ の範囲に約 2/3 の観測値が含まれるという解釈ができるが，s^2 はこのような解釈に直結しない．なお，分散の定義として $s^2 = \sum(x_i - \overline{x})^2/(n-1)$ もあり，現在ではこちらが主流である．$n-1$ で割る定義は推定の問題で不偏性を持つとされるが，n が大きければ大差はない．実際，n で割る方法は自然であり，理論的にも特に悪いというわけではない．

2 つの四分位の距離 $Q = Q_3 - Q_1$ を**四分位範囲**と呼ぶ．これも広く用いられるちらばりの尺度である．

$\overline{x}$ と s を組み合わせると，対称な分布についてはヒストグラムのおおよその形が想像できる．正規分布の場合は $\overline{x} \pm s$ の範囲に約 68%，$\overline{x} \pm 2s$ の範囲に約 95% の観測値が含まれる．五数要約なら，対称か歪みがあるかなど分布の形までわかる．この意味でこれらの尺度は分布の情報を集約する情報を与えている．

1.7 ● 外れ値について

外れ値[12]は統計分析で注意すべき観測値であり，状況によって分析から除外することが適当であるが，明確な定義はないし，経験豊富な統計家でも外れ値を見分けて処理することは容易ではない．

▶外れ値の発生要因

分析から除外すべきなのは本来の意味での誤った観測値であり，以下のような原因で発生する．

（1） 数値の転記誤り，または単位の誤り（kg と ton の誤記では 3 桁違う），

（2） 測定機器の故障・操作の誤り・計器の読み間違い，

（3） 想定している集団とは異なる個体の混入（小学生のデータに教師が含まれる，製造業企業のデータに非製造業企業のデータが混在する）．

箱ヒゲ図では形式的に外れ値が示されるが，これらについては，個々にデータを精査することが本来の姿勢である．上記の意味で誤った観測値であることが分かれば除外して分析すればよい．しかし，他人が作成したり，過去のデータで詳細が分からない場合には判断が難しい．

▶外れ値の検出

そもそも，外れ値を検出することは容易ではない．身長，計測上の測定誤差，製品の長さ・重さの変動などのように，母集団全体の分布が対称で正規分布に近い場合なら，箱ヒゲ図によってある程度の判断ができる．一方，所得のように非対称，特に右のスソが長い分布の場合は，箱ヒゲ図を単純に適用すると，大きな外れ値が大量に発生する．実際，高額所得世帯は正常な観測値にも存在し，これらを分析から除外することは正しい処理とは言えない．このような場合は，変数変換によって左右対称に近い分布としてから箱ヒゲ図によって外れ値を検出することもある．さらに，わずかな外れ値と，極端な外れ値を同様に除外することは適当とは言えないし，外れ値かどうかの判断に迷う例も多い．

分析に外れ値を含めたときに結論がどの程度影響されるかを評価する簡単な尺度である感度曲線 $SC(x)$ は，ある統計量 $T(\boldsymbol{x})$ （$\boldsymbol{x}=\{x_1, \cdots, x_n\}$）に対して，新たな観測値 x が追加されたときの変化を表現するもので，$SC(x) = n[T(\boldsymbol{x}, x)-T(\boldsymbol{x})]$ と定義される[13]．

算術平均 $T(\boldsymbol{x})=\bar{x}$ について SC を評価すると $SC(x)=[n/(n+1)](x-\bar{x})$ となり，これは $(x-\bar{x})$ に比例する．このことは $\bar{x}$ は外れ値に強く影響

11） 標準偏差（standard deviation）を s.d.，平均偏差（mean deviation）を m.d. と表す．20 世紀の初頭には d と s のどちらが優れているかについて論争があった．その初等的な解説が[4]にある．

12） outlier，異常値という訳語もあるが，所得の分布などでは異常とは言えない．

13） Tukey による感度曲線（Sensitivity Curve）のほか，より理論的な影響関数（Influence Function），別名，影響曲線（Influence Curve）もある．

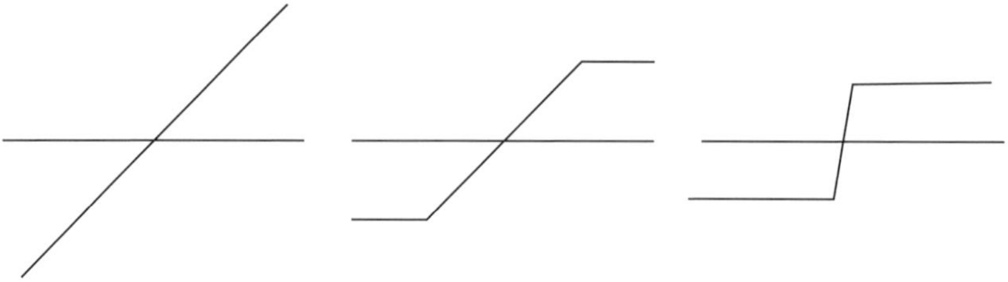

図 1.5　刈込平均 $\overline{x}_\alpha$ の SC（$\alpha = 0$, $\alpha = 0.1$, $\alpha = 0.45$ のとき）

されることを示している．図 1.5 に刈込平均の SC を示すとおり，$\alpha > 0$ の刈込平均およびその特別な場合（$\alpha \to 0.5$）である中央値の $SC(x)$ は任意の x に対して有界であり，どのように大きな外れ値があってもその影響は限定される．このように SC が有界となる統計量を**質的に頑健**[14] と呼ぶ．この指標によると，ちらばりの尺度では標準偏差，平均偏差，分散はいずれも質的な頑健性を持たないが，四分位範囲は頑健である．

外れ値と判断されたら除外する，外れ値でなければデータに含める，という二者択一の方法に比べて，頑健な統計量を用いればどのような観測値を含むデータに対しても安定的な尺度が得られるという利点がある．

しかしそれ以前に，そもそも頑健な統計量を用いない限り，外れ値の検出は困難である．もし $\overline{x} \pm 2sd(x)$ の範囲に含まれない観測値を外れ値と判断するなら，$\{-50, 1, 2, 2, 3, 3, 4, 4, 5, 50\}$ というデータに関しては $2.4 \pm 2 \times 23.6 = (-44.9, 49.7)$ となり，2 つの外れ値はいずれも検出されない．箱ヒゲ図で外れ値が検出できるのは，頑健な統計量を用いているためであることを忘れてはならない．

強くゆがんだ分布に対しては，さらに注意が必要である．所得分布の場合，中央値と平均は意味が異なるため，中央値は平均の代理とはならない．最近の初等的な統計学の解説書で，形式的な外れ値を検出して分析から除外するように記している例があるが，除外することが適切かどうかは，状況に応じて慎重に判断すべきものである．

1.8 • 変数変換と位置・ちらばりの尺度

データ分析で変数変換はよく用いられる．最も基本的なものは1次式による変換で，もとの観測値 $\{x_i\}$ $(i=1,\cdots,n)$ を $y_i=a+bx_i$ と変換したとき，x と y の平均，分散，標準偏差については，それぞれ次の関係が成り立つ．

$$\overline{y}=a+b\overline{x},\qquad s_y^2=b^2s_x^2,\qquad s_y=|b|s_x \tag{1.1}$$

応用例として，平均に近い値を m として $u=b(x-m)$ の平均と分散を求める**仮平均**(working mean)の手法を紹介しよう．u に対しては

$$\sum(u_i-\overline{u})^2=\sum u_i^2-\frac{1}{n}\left(\sum u_i\right)^2 \tag{1.2}$$

という変形が効果的に利用される．$\{x_i\}=\{100.01, 100.01, 100.02\}$ のとき，$m=100.01$，$b=100$ とすると $\{u_i\}=\{0,0,1\}$ と扱いやすい数値になる．$\sum u_i=1$，$\sum u_i^2=1$ から，$\overline{u}=1/3=0.333$，$\sum u_i^2-(1/n)\overline{u}^2=1-1/3=0.667$，$s_u^2=(1-1/3)/3=0.222$ が正確に求められ，$\overline{x}=m+\overline{u}/b\fallingdotseq 100.013$，$s_x^2=(1/100)^2s_u^2=0.222\times10^{-4}$ が得られる．なお，(1.2)式の変形を原データに適用することは通常は好ましくない．この例の $\{x_i\}$ に対して有効数字を小数点以下4桁とすると $\sum x_i^2-n\overline{x}^2=0.0201$ となる．さらに有効数字3桁なら 0.200，2桁なら 2.00 と正確な $(1-1/3)\times10^{-4}=0.667\times10^{-4}$ とは大きく異なる．仮平均は，ビッグデータ時代にも有用な手法である．

線形変換 $y=a+bx$ による中央値および四分位範囲の関係については，$m_y=a+bm_x$，$Q_y=|b|Q_x$ は明らかである．

単調な**非線形変換** $y=g(x)$ に関しては $\overline{y}=g(\overline{x})$ は成立しないが，一般に x,y の q 分位点をそれぞれ $q_x(q), q_y(q)$ と表すと，次の関係が近似的に成立する．

$$q_y(q)=\begin{cases} g(q_x(q)) & (\text{単調増加のとき}) \\ g(q_x(1-q)) & (\text{単調減少のとき}) \end{cases} \tag{1.3}$$

この関係は線形変換や，大きな標本サイズ n に対しては正確であるが，上述のように分位点は一意には定められないため，n が小さいときには定義によって微妙に差が出ることがある．

---

14) qualitatively robust.

▶標準化

平均 $\overline{x}$ と標準偏差 s を用いて，$z=\dfrac{x-\overline{x}}{s}$ とする**標準化**[15] も線形変換の例である．標準化された変数については $\overline{z}=0$，$s_z=1$ が成り立つ．なお，日本の受験業界では $50+10(x-\overline{x})/s$ を偏差値と呼ぶが，実際には，各社で適当な修正が加えられているのが実情である．アメリカでは成績評価には偏差値ではなく百分位点が用いられる．

▶積率とその応用

データ分析で利用される r 次の**積率** $(r=1,2,\cdots)$ には，原点まわりの積率 $m'_r=\sum x_i^r/n$ と平均まわりの積率 $m_r=\sum(x_i-\overline{x})^r/n$ がある．特に $m'_1=\overline{x}$ は算術平均，$m_2=s^2$ は分散である．**歪度** $b_1=m_3/s^3$ は標準化した変数 $z=(x-\overline{x})/s$ の3次の積率であり，右のスソが長いと正(+)，左のスソが長いと負(−)の符号を持つ．このような分布の形を，それぞれ**正の歪み**，**負の歪み**と表現する．正規分布のように対称なら $b_1=0$ となる．同様に，z の4次の積率 $b_2=m_4/s^4$ を**尖度**と呼び，正規分布のときは $b_2=3$ となることが導かれる．このため b_2-3 を尖度と呼ぶ流儀もある．b_1 と b_2 は，正規分布の妥当性を判断するために用いられることが多い[16]．

▶変動係数

$x>0$ となる変数について $cv=s/\overline{x}$ と定義される**変動係数**[17] は，平均に対して相対的なちらばりを測定する尺度である．体重，身長，足の長さ，腕の長さなど，単位や平均が異なる変数の比較として用いられるほか，対数所得の標準偏差に近い意味があるので，所得などの比較でも用いられる[18]．

▶平均の大小関係

変数が正 $(x>0)$ のとき，$\{w_i\}$ を相対ウェイトとする算術平均 $\overline{x}_w$，幾何平均 $G_{w,x}$，調和平均 $H_{w,x}$ の間に，$\overline{x}_w \geqq G_{w,x} \geqq H_{w,x}$ という関係が知られている．さらに一般に，凸関数 $f(x)$ に対して $\sum w_i f(x_i) \geqq f(\overline{x}_w)$ が成立することを確かめよう[19]．

f に $x=\overline{x}_w$ で適当な傾き m の接線を引けば，各観測値に対して $f(x_i) \geqq f(\overline{x}_w)+m(x_i-\overline{x}_w)$ とすることができる．この式に w_i を掛けて和を取れ

ば $\sum w_i f(x_i) \geqq f(\bar{x}_w)+m\sum w_i(x_i-\bar{x}_w)=f(\bar{x}_w)$ が得られる．ここで $\sum w_i(x_i-\bar{x}_w)=0$ となることを用いている．この関係は Jensen の不等式と呼ばれる．凹関数なら不等号の向きは逆になる．

幾何平均に対しては $f(x)=\log x$ とおけば f は凹関数であり $\log G_{w,x}=\sum w_i \log w_i$ により，$\log \bar{x}_w \geqq \log G_{w,x}$ が得られる．また $y=x^{-1}$ とおけば $H_{w,x}^{-1}=\bar{y}_w \geqq G_{w,y}=G_{w,x}^{-1}$ だから，$G_{w,x} \geqq H_{w,x}$ が導かれる．

さらに $m_p=(\sum w_i|x_i|^p)^{1/p}$ という平均を定義すると，$p>q>0$ なら $m_p \geqq m_q$ なども同様に導かれる関係である．

参考文献・資料

［1］ 日本統計学会編，『統計学基礎』，東京図書，2012，および，『統計学基礎(改訂版)』，2015.

［2］ 総務省統計局ホームページ http://www.stat.go.jp/
「家計調査」(調査の概要)http://www.stat.go.jp/data/kakei/
「消費者物価指数(CPI)」http://www.stat.go.jp/data/cpi/

［3］ 文部科学省「学校保健統計調査」ホームページ「調査の概要」
http://www.mext.go.jp/b_menu/toukei/chousa05/hoken/1268826.htm

［4］ 美添泰人「探索的データ解析法の考え方」Estrela, 1999
Web 掲載版は http://www.yoshizoe-stat.jp/stat/sinf9907.pdf

---

15) または基準化，standardization.

16) 積率(moment)はモーメントとも呼ばれる．歪度(skewness)，尖度(kurtosis)は「わいど」，「せんど」と読む．

17) coefficient of variation.

18) $y=\log x$ を $x=\bar{x}$ で展開して $y \fallingdotseq \log\bar{x}+(1/\bar{x})(x-\bar{x})$ と近似すると，$\bar{y} \fallingdotseq \log\bar{x}$，$s_y^2 \fallingdotseq s_x^2/\bar{x}^2=cv_x^2$ が得られる．s_y の近似は s_x がある程度大きくても悪くない．例えば $y=\log x$ が正規分布で $\bar{y}=5$，$s_y=2$ なら $\bar{x} \fallingdotseq 1120$，$s_x \fallingdotseq 2490$，$cv_x \fallingdotseq 2.22$，$\bar{y}=5$，$s_y=4$ でも $\bar{x} \fallingdotseq 17500$，$s_x \fallingdotseq 78200$，$cv_x \fallingdotseq 4.47$ である．

19) $f(x)=x^2$，$f(x)=2^x$ など，任意の x_1, x_2 と $0<t<1$ に対して，$f(tx_1+(1-t)x_2) \leqq tf(x_1)+(1-t)f(x_2)$ となる関数を凸関数と呼び，逆の不等号が成立するとき凹関数と呼ぶ．

第2章

多変量データ分析の基礎

美添泰人
●青山学院大学

1変量データの分析を扱った第1章に続いて，本章では2変量データを中心にした多変量データの分析について紹介する．

2.1 ● 散布図と相関係数

散布図(scatter diagram/scatter plot)は，2つの連続変数 x と y の関係を表す基本的なグラフである．図2.1は親子の身長，図2.2は男子学生の身長と体重で，竹村彰通氏(滋賀大学)の講義資料による $n=324$ 名のデータである．なお，図2.1には，後に説明する回帰直線も示している．親子の身長は楕円状の散布図の例である．これは正規分布の特徴であることを，2.5節で説明する．一方，体重の分布は第1章で指摘した通り非対称で，図2.2におけるちらばりも楕円形とは言えない．この程度であれば注意して見ないと違いに気づかないが，多くの実例では正規分布とは明確に異なる関係も観測される．

図2.3は乗用車に関する燃費データ[1]，図2.4は家計データの例である[2]．これらは，いずれも正規分布とは大きく異なり，乗用車の例では非線形な関係が見える一方，消費支出の例ではちらばりが一様ではない．

2変数 x, y の関係の尺度である**共分散**(s_{xy} または $s(x,y)$)は，

$$s_{xy}=\frac{1}{n}\sum(x_i-\overline{x})(y_i-\overline{y})$$

と定義される(分散と同様，$n-1$ で割る定義もある)．共分散は，楕円形の散

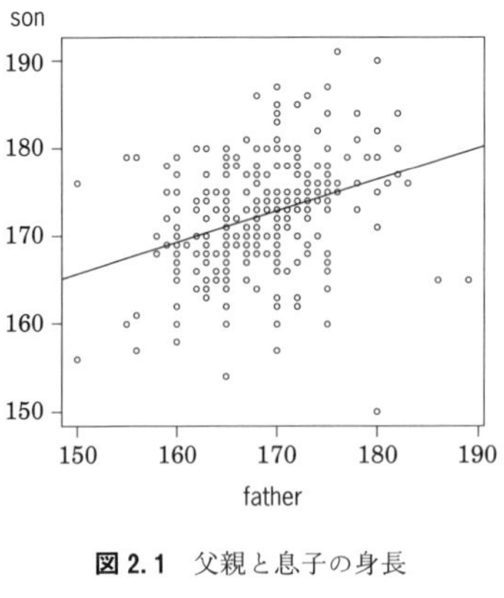

図 2.1 父親と息子の身長

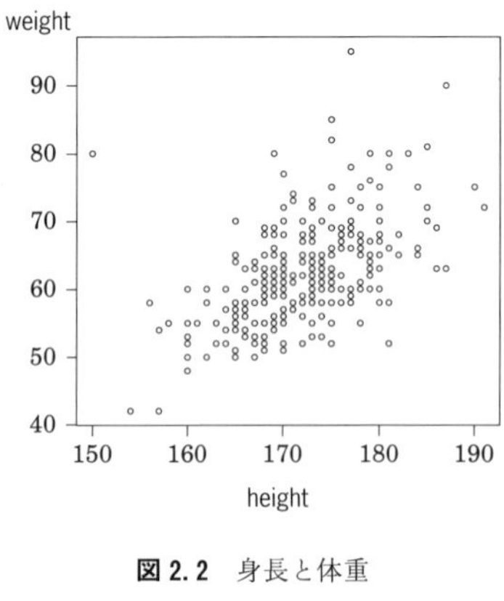

図 2.2 身長と体重

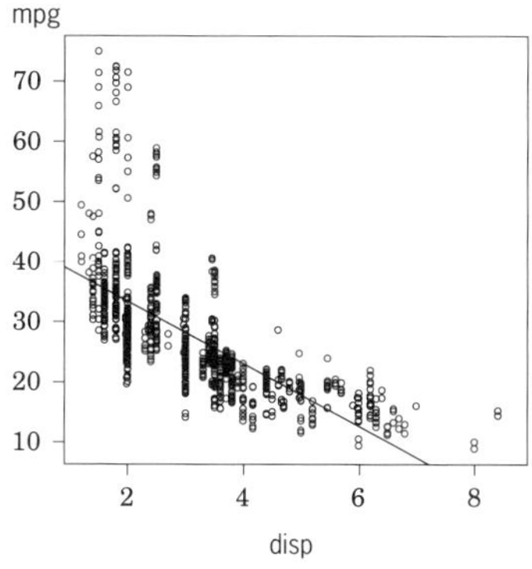

図 2.3　排気量と燃費

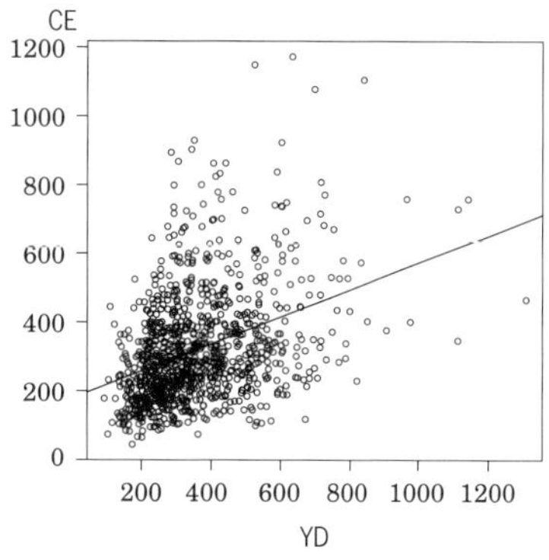

図 2.4　所得と消費支出

布図が右上がりなら正，右下がりなら負の値を取る．

x, y を標準化した変数 $u=(x-\bar{x})/s_x$ と $v=(y-\bar{y})/s_y$ の共分散は 2 変数の直線的な関係の強さを測る尺度となり，相関係数[3]と呼ばれ，r のほか，変数を明示した $r_{xy}, r(x, y), \mathrm{cor}(x, y)$ などの記号が用いられる．

$$r_{xy}=s_{uv}=\frac{s_{xy}}{s_x s_y}=\frac{\sum(x_i-\bar{x})(y_i-\bar{y})}{\sqrt{\sum(x_i-\bar{x})^2 \sum(y_i-\bar{y})^2}} \tag{2.1}$$

相関係数は $-1 \leqq r \leqq 1$ の範囲の値をとり，かつ $|r|=1$ は x と y が線形関係の場合に限られるという性質を持つ．このことは $(1/n)\sum(u_i \pm v_i)^2 = 2n(1 \pm r) \geqq 0$ から容易に確かめられる．

図 2.5(次ページ)は 2 変量正規分布からの標本で，相関係数が $r=0.95, -0.8, 0.6, -0.4$ の 4 通りの散布図を示している．これらの図でも，r が ± 1 に近いほど強い関係が読み取れる．相関について強い相関，弱い相関という表現が用いられるが，厳密な境界はない．特に $r=\pm 1$ を完全な相関，$r \fallingdotseq 0$ を無相関と呼ぶ．通常の観測値に関してぴったり $r=0$ となることは例外的だが，2.3 節で述べるように，回帰の残差と説明変数の相関係数は厳密な意味で無相関となる．

1）US EPA による“Test Car List Data”(2015 model)のうち，Federal Test Procedure 評価による燃費 Adjusted miles per gallon (mpg)とエンジン排気量(disp)，$n=1216$，回帰直線も示している．
2）総務省統計局 2017 年 1 月家計調査の可処分所得(YD)と消費支出(CE)に基づく擬似データ．実際のミクロデータを研究目的で分析した結果を踏まえて筆者が作成した．
3）correlation coefficient，他の相関係数と区別するときは Pearson の相関係数．

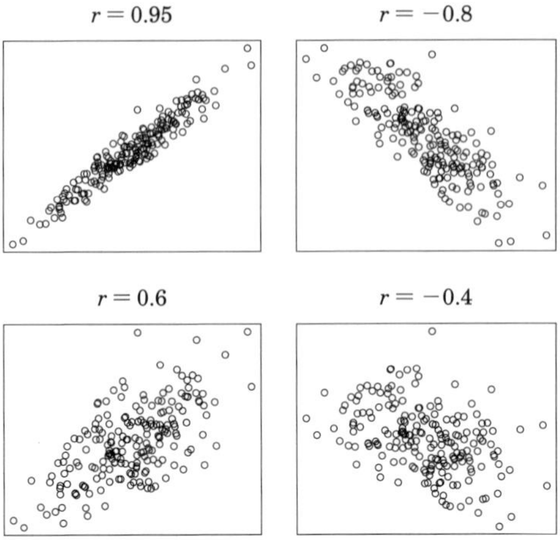

図 2.5　散布図と相関係数

なお x, y を一次式で $s = a+bx$, $t = c+dy$ と変換しても散布図の形は不変(ただし符号が変わるときは裏返し)で，相関係数の絶対値は変わらない．具体的には $\bar{s} = a+b\bar{x}$, $\bar{t} = c+d\bar{y}$ から $s_i-\bar{s} = b(x_i-\bar{x})$, $t_i-\bar{t} = d(y_i-\bar{y})$ となることを用いると s, t の共分散は $s_{st} = (bd)s_{xy}$ となる．したがって $r(s,t) = (bd/|bd|)r(x,y)$ である．

▶散布図行列

表 2.1 は都道府県別データ ($n = 47$) から求めた相関係数であり，4 つの変数は，2005 年人口千人あたり死亡数(CMR)，2005 年第 1 次産業就業者比率(PRIM)，2007 年第 21 回参議院選挙(比例代表)自民党(LDP)と民主党(DPL)の得票率である．このような表を相関係数行列と呼ぶ．

表 2.1　相関係数行列

	CMR	PRIM	LDP	DPJ
CMR	1.000	0.570	0.118	−0.190
PRIM	0.570	1.000	−0.727	0.124
LDP	0.118	−0.727	1.000	−0.387
DPJ	−0.190	0.124	−0.387	1.000

散布図行列と呼ばれる図 2.6 は，各変数の対ごとに散布図を表示するもので，複数の変数を同時に見る場合に効果的なグラフ表現である．

散布図に現れる右上がりまたは右下がりの相関は必ずしも因果関係を意味するものではない．表 2.1 と図 2.6 の例では，死亡率 CMR と第 1 次産業就業者比率 PRIM の相関係数が $r = 0.57$ と比較的大きいが，その他の変数も含めて，PRIM，LDP，DPJ は CMR の原因とは言えないことは明らかである．CMR と PRIM については，死亡率の低い若年層は大都市圏に多く住む一方，農業従事者が相対的に多い地域では死亡率の高い年齢層の比率が高いこと，すなわち年齢構成の違いが CMR と PRIM の相関の隠れた原因である．社会学，医学等，各分野の知識に基づく検討を行えば，このような見せかけの相関関係を誤って解釈することが避けられるだろう．

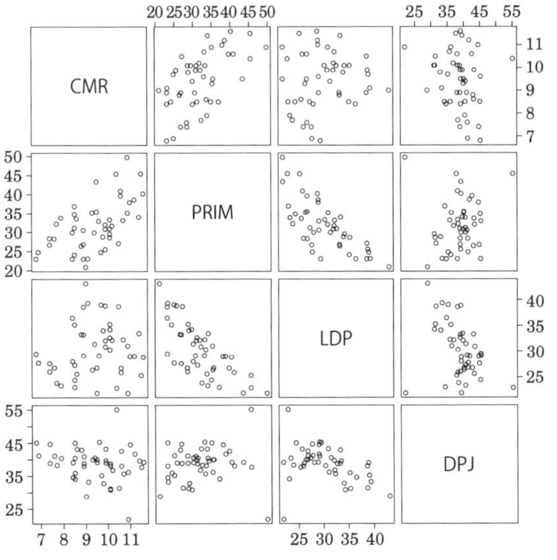

図 2.6 死亡率との関連を示す散布図行列

▶順位相関係数

線形でない場合も含めて単調な関係性の強さを測る尺度に，Spearman の ρ と呼ばれる**順位相関係数**がある．これは，x, y の順位に関する Pearson の相関係数である[4]．

図 2.7 のデータは[4]から引用したもので，x 軸は X 線照射時間(time)，y 軸はバクテリアの生存数(n)である．強い X 線を照射すると指数関数的にバクテリアは死滅することが知られているから $y = Ae^{-bx}$ $(b > 0)$ が近似的に成立する．したがって，$\log y = a - bx$ という関係が予想される．散布図には，回帰直線も合わせて示している．図 2.7 の左で x, y の相関係数を求めると $r = -0.907$ だが，単調に減少しているから順位相関係数は $\rho = -1.0$ となる．右の図は線形関係に近いため $r = -0.994$ と，強い相関を適切に表している．

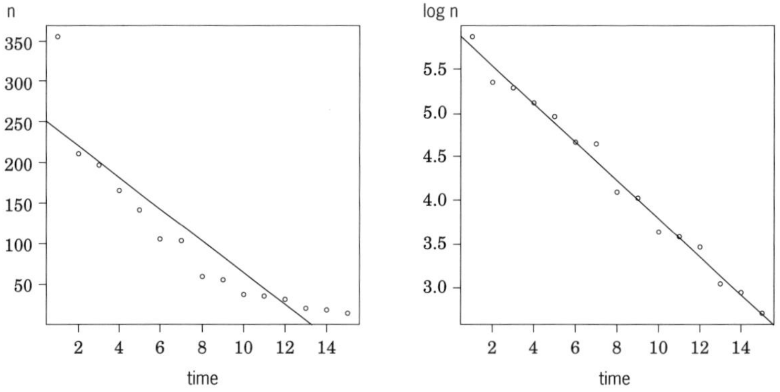

図 2.7　X 線照射時間とバクテリアの生存数

より非線形性が強い例として，すでに見た図 2.3 の disp と mpg について比較すると，$r = -0.675$ および $\rho = -0.813$ と，大きな違いがある．Pearson の相関係数は広く利用されているが，これらの例のように直線的でない場合は関係の強さの尺度として限界があり，可能な限り散布図を確認することが望ましい．

▶欠測値の問題

ときには，関心とする対象の一部が観測できない場合がある．統計調査から得られるデータの場合，所得，教育水準などの回答しにくい項目で一部の変数が欠落する場合に発生することが多い．また，調査期間中の不在や非協力などがあれば当該の個体についてすべての変数が欠落する．このような**欠**

測値(missing observation)の発生過程に関する認識は重要であり，本章では簡単な例を通して個体が欠落する場合の注意点を紹介する．

図 2.8 は入学試験に関して合格者のデータだけが利用可能な例で，左は english＋math ≧ 160 が合格，右は exam ≧ 80 が合格する基準である．黒い点は利用可能な観測値，白い点は欠測値で，右の例では不合格者に関しては原理的に観測できない．受験生全体の相関係数はいずれも $r=0.657$ となるが，合格者だけの偏った標本の結果を見て左側の図では $r=-0.26$ だから「英語ができる学生は数学ができない」，右側の図では $r=0.283$ だから「入試の成績(exam)と入学後の成績(score)は関係ない」と判断することは，もちろん誤りである．

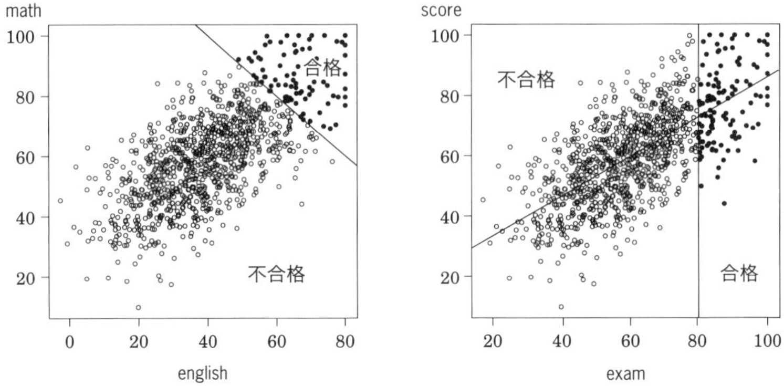

図 2.8　試験の得点と欠測値の影響

2.2 ● 回帰分析の考え方と単回帰分析

回帰分析とは，いくつかの説明変数(explanatory variable) $x_1, \cdots, x_p$ が従属変数(dependent variable) y に与える影響を分析する方法であり，説明変数が 1 つだけ(x)の場合は相関係数とよく似ているが，x から y への方向を前提としている点で，x と y を対等に扱う相関係数とは考え方が基本的に異な

4) ほかに Kendall の τ と呼ばれる順位相関係数もあるが本書では省略する．

る．すなわち，回帰分析は，因果関係を想定する場合，x を知って y を予測する場合，または x の値を計画的に設定して望ましい y を得る場合などに利用される．説明変数を独立変数と呼ぶこともあり，従属変数を被説明変数，応答変数，目的変数などと呼ぶこともある．いずれの名称も説明する方向が明示されている．説明変数が1つの場合を単回帰，2つ以上の場合を重回帰と呼ぶ[5)]．

y を説明する関数 $y = f(x_1, \cdots, x_p)$ を求めることが回帰分析の目的であり，一般の回帰モデルにおける観測値の発生過程は $y = f(x_1, \cdots, x_p) + \varepsilon$ と想定される．ここで ε は x 以外に y に影響を与えるさまざまな要因を表す**誤差項**であり，これは観測できない変数である．

何らかの根拠があって関数形 f が与えられる場合を除き，1次式 $f(x_1, \cdots, x_p) = b_0 + b_1 x_1 + \cdots + b_p x_p$（線形重回帰）を仮定することが多い．このとき，$b_0$ を定数項，係数 b_j $(j = 1, \cdots, p)$ を回帰係数と呼ぶ．通常の目的は各説明変数が y に与える影響を知ることであり，定数項には直接的な関心を持たないことが多いが，問題によっては定数項の大きさを知りたいこともある．

なお，この章で見てきたように現実的な例では1次式が妥当な場合だけでなく，線形でない関係もある．楕円形と異なる散布図を線形化する変数変換については2.4節で紹介する．

以下で解説する単回帰では $f(x) = a + bx$ という表現が一般に用いられる．観測値 (x_i, y_i) $(i = 1, \cdots, n)$ が与えられたとき，散布図では横軸に説明変数，縦軸に従属変数 y を取るのが原則である．

定数項と回帰係数 a, b を用いて，各観測値 y_i に対応する予測値（または推定値）を $\hat{y}_i = a + bx_i$ と定めることができる．ここで a, b は，y 軸方向に測った**残差**(residual) $e_i = y_i - \hat{y}_i = y_i - (a + bx_i)$ が何らかの基準で小さくなるように定める．具体的な基準として，古典的には $Q = \sum_i e_i^2$ を最小にする**最小二乗法**が用いられてきた．単回帰の場合は，最小二乗法によって次の結果が得られる[6)]．

$$b = \frac{\sum(x_i - \bar{x})(y_i - \bar{y})}{\sum(x_i - \bar{x})^2} = \frac{s_{xy}}{s_x^2}, \qquad a = \bar{y} - b\bar{x} \tag{2.2}$$

回帰係数については $b = r_{xy}(s_y/s_x)$ という表現もよく用いられる．説明変数 x が1単位 (Δx) 変化すると，y の予測値は $\Delta y = b\Delta x = r_{xy}(s_y/s_x)\Delta x$ 単位

変化する．これを $\Delta y/s_y = r_{xy}(\Delta x/s_x)$ と書き直すと，相関係数が標準化した回帰係数という意味を持つことがわかる．すなわち x, y とも標準偏差を単位として測定すると，x が 1 単位変化すると，y は r_{xy} 単位変化する傾向がある．

なお，$\bar{y} = a + b\bar{x}$ という式は，回帰直線が $(x, y) = (\bar{x}, \bar{y})$ を通ることを表している．ただし，この性質は最小二乗法について成立するが，ほかの手法では必ずしも成り立たない．

図 2.1 の回帰直線は，son = 111.8＋0.359 father である．この式から，父親の身長が平均より 10 cm 高いと息子の身長は平均より 3.6 cm ほど高くなると読み取ることができる．注目すべき性質は「それぞれの世代で平均と比較した場合，背の高い父親からは背の高い息子が生まれるが，父親よりは平均との差が小さい」という傾向であり，図 2.1 の回帰直線が示す結果である．この傾向は一般的に観測され，**回帰の現象**（regression phenomena）と呼ばれている．$\Delta y/s_y = r_{xy}(\Delta x/s_x)$ という表現で $0 < r_{xy} < 1$ となる場合，必ず回帰の現象が発生することがわかる．regression には退化という意味があるが，回帰分析の名称もこの性質に由来している．

回帰の現象に関するもう 1 つの例として，図 2.8 右の散布図では，完全なデータが得られた場合の回帰直線 score = 239＋0.512 exam が示されている．ここでも「1 回目（exam）に高得点を取った学生は 2 回目（score）にも高得点を取るが，1 回目よりは平均に近づく」という傾向がある．逆に 1 回目に得点が低い学生は 2 回目には平均に近づく傾向が見える．このような場合に「怠けて点数が下がった．努力したから点数が上がった」と解釈する誤りは**回帰の錯誤**（regression fallacy）と呼ばれ，注意が必要である．

息子の身長は努力しても怠けても変化しないから錯誤はあり得ない．一方，スポーツでは選考会で良い記録を出した選手が本番で振るわない場合，努力を怠ったという批判はあたらず，回帰の現象である可能性が高い．回帰の現象の原因および錯誤に関するやや詳しい説明は[2]にある．また，消費者行動が説明できる興味深い例として，所得と消費の関係に現れる回帰の現象に

5）単回帰（simple regression）を単純回帰，重回帰（multiple regression）を多重回帰と呼ぶこともある．

6）$\partial Q/\partial a = 0$, $\partial Q/\partial b = 0$ から容易に導かれる．Q は a, b に関する 2 次式だから，平方完成を考えて，$(1/n)Q = \{a - (\bar{y} - b\bar{x})\}^2 + s_x^2(b - s_{xy}/s_x^2)^2 + s_y^2(1 - r_{xy}^2)$ と変形してもよい．

ついて[3, pp. 325-327]に解説がある．

2.3 • 重回帰分析

線形重回帰では多数の説明変数と誤差項を用いて $y = b_0 + b_1 x_1 + \cdots + b_p x_p + \varepsilon$ という関係を想定する．観測値 $\{x_{1i}, \cdots, x_{pi}, y_i\}\,(i = 1, \cdots, n)$ が与えられたとき，最小二乗法では単回帰と同様に，残差 $e_i = y_i - \hat{y}_i = y_i - (b_0 + b_1 x_1 + \cdots + b_p x_p)$ の二乗和 $Q = \sum e_i^2$ を最小にするように係数 $b_0, b_1, \cdots, b_p$ を定める．Q を最小にする条件である $\partial Q/\partial b_j = 0\ (j = 0, 1, \cdots, p)$ を変形すると，次の関係が導かれる．

$$\sum_i e_i = 0, \qquad \sum_i e_i x_{ji} = 0 \qquad (j = 1, \cdots, p) \tag{2.3}$$

最初の $\sum e_i = 0$ という式は，$\bar{y} = \bar{\hat{y}} = b_0 + b_1 \bar{x}_1 + \cdots + b_p \bar{x}_p$ と同等であり，単回帰のときと同様，回帰式が各変数の平均を通ることを表している．この関係を用いると，残差は次のように表される．

$$e_i = (y_i - \bar{y}) - b_1(x_{1i} - \bar{x}_1) - \cdots - b_p(x_{pi} - \bar{x}_p) \tag{2.4}$$

(2.3)式から残差と説明変数の共分散は $s(e, x_j) = (1/n)\sum_i e_i(x_{ji} - \bar{x}_j) = 0$ となるから，誤差項と各説明変数は厳密に無相関である．これから，さらに誤差項と予測値も厳密に無相関となることがわかる．

$$s(e, \hat{y}) = s(e, b_0 + b_1 x_1 + \cdots + b_p x_p) = b_1 s(e, x_1) + \cdots + b_p s(e, x_p) = 0 \tag{2.5}$$

これらも自然な性質であるが，(2.4)式を用いると，さらに次のように変形できる．

$$\begin{aligned} \sum_{i=1}^{n} e_i x_{ji} &= \sum_i (y_i - \bar{y}) x_{ji} - b_1 \sum_i (x_{1i} - \bar{x}_1) x_{ji} - \cdots - b_p \sum_i (x_{pi} - \bar{x}_p) x_{ji} \\ &= n(s_{yj} - b_1 s_{1j} - \cdots - b_p s_{pj}) = 0 \end{aligned} \tag{2.6}$$

ここで $s_{yj} = \dfrac{1}{n}\sum_{i=1}^{n}(y_i - \bar{y})(x_{ji} - \bar{x}_j)$ および $s_{jk} = \dfrac{1}{n}\sum_{i=1}^{n}(x_{ji} - \bar{x}_j)(x_{ki} - \bar{x}_k)$ は x_j と各変数との共分散を表している．

特に $p = 2$ の場合，b_0, b_1, b_2 は次の連立1次方程式の解として得られる．

$$
\begin{aligned}
&b_0 = \bar{y} - (b_1 \bar{x}_1 + b_2 \bar{x}_2),\\
&s_{11} b_1 + s_{12} b_2 = s_{y1},\\
&s_{21} b_1 + s_{22} b_2 = s_{y2}
\end{aligned}
\tag{2.7}
$$

▶単回帰分析との違い

簡単のため，説明変数が x_1, x_2 の場合について，従属変数 y を x_1 だけで説明する次の単回帰式と重回帰式における係数の意味を考えよう．

$$
y = b_0 + b_1 x_1 + b_2 x_2, \qquad y = a_1 + b'_1 x_1 \tag{2.8}
$$

重回帰式における x_1 の係数 b_1 は，もう1つの変数 x_2 の影響を除いて x_1 だけの変化が y に与える影響を表すものである．これに対して単回帰式における x_1 の係数 b'_1 は，x_1 の変化が「直接的および x_2 を通して間接的に」y に与える影響を表すものであり，通常は b_1 とは異なる．

ただし特別な場合として x_1 と x_2 が無相関($s_{21} = 0$)なら，(2.7)式から $b_1 = s_{y1}/s_{11} = b'_1$, $b_2 = s_{y2}/s_{22} = b'_2$ となって，単回帰係数と一致する．x_1 と x_2 の相関が無視できない($s_{21} \neq 0$)の場合については，一般論ではなく，後に取り上げる例で具体的に扱う．

▶決定係数と重相関係数

回帰直線のあてはまりのよさを表現する代表的な指標である**決定係数**(coefficient of determination) $R^2 = s_{\hat{y}}^2/s_y^2$ は，従属変数 y の変動のどれだけの割合が説明変数によって説明されるかを表す尺度と解釈され，次のように表される．

$$
R^2 = \frac{s_{\hat{y}}^2}{s_y^2} = \frac{\sum(\hat{y}_i - \bar{y})^2}{\sum(y_i - \bar{y})^2} = 1 - \frac{\sum e_i^2}{\sum(y_i - \bar{y})^2} \tag{2.9}
$$

R^2 の定義に現れる s_y^2 と $s_{\hat{y}}^2$ は，それぞれ y の変動，および $x_1, \cdots, x_p$ によって説明される $\hat{y}$ の変動である．また最後の等式は，次のように確かめられる．

$$
\sum_i (y_i - \bar{y})^2 = \sum_i [(\hat{y}_i - \bar{y}) + e_i]^2 = \sum_i (\hat{y}_i - \bar{y})^2 + \sum_i e_i^2
$$

ここで(2.5)式から $\sum(\hat{y}_i - \bar{y})e_i^2 = 0$ となることを用いている．

予測値 $\hat{y}$ と従属変数 y の相関係数 $r(y, \hat{y})$ を**重相関係数**(multiple correlation coefficient)と呼び，R と表す．R は相関係数として直線的な関係の強さ

を測るものだが，$f(x)$ が非線形の場合でも，予測値 $\hat{y}=f(x)$ が y に近ければ $(\hat{y},y)$ の散布図（$\hat{y}$ は横軸，y は縦軸に取るのが原則）では 45 度線の近くに点が集中するから，適切で応用範囲の広い尺度と言える．特に単回帰の場合は $s_{\hat{y}}^2=b^2s_x^2$ および $s(\hat{y},y)=s(bx,y)=bs(x,y)$ だから，$R=s_{\hat{y}y}/(s_{\hat{y}}s_y)=|r(x,y)|$ である（$b<0$ のとき $r(x,y)=-R$ となる）．

重回帰の場合にも(2.5)式の $s(e,\hat{y})=(1/n)\sum e_i\hat{y}_i=0$ を用いると，$s(y,\hat{y})=s(\hat{y}+e,\hat{y})=s(\hat{y},\hat{y})+s(e,\hat{y})=s_{\hat{y}}^2$ が導かれる．すなわち，y と $\hat{y}$ の共分散は $\hat{y}$ の分散と一致する．したがって，重回帰の場合にも，重相関係数の 2 乗は

$$r(y,\hat{y})^2=\left(\frac{s_{y,\hat{y}}}{s_y s_{\hat{y}}}\right)^2=\frac{s_{\hat{y}}^2}{s_y^2}=R^2$$

となって決定係数と一致する．このことから記号として R, R^2 を用いることに矛盾はない．ただし最小二乗法以外の方法では $r_{y\hat{y}}^2=\sum(\hat{y}_i-\bar{y})^2/\sum(y_i-\bar{y})^2$ とは限らない．

重相関係数では，たとえば $R=0.9$ は $R=0.8$ の場合より直線に近いことを示すが，その差 0.1 には意味がないのに対して，対応する決定係数 $R^2=0.81$，$R^2=0.64$ は，それぞれ従属変数の変動のうち 81%，または 64% が説明変数によって説明され，その差は 17% であるという明確な意味を持つ．

重回帰分析の例として図 2.3 で取り上げた乗用車の燃費データを分析してみよう．ただし，図 2.9 に示すように，各変数は近似的に散布図が線形となるように変換されている[7]．

燃費（mpg.m）を従属変数，排気量（disp.m），馬力（hp.m），重量（weight.m）を説明変数の候補として，説明変数の組合せについて回帰分析を実行すると，表 2.2 の結果が得られる．たとえばモデル 4 の回帰式は mpg.m = 1.18−0.137 disp.m−0.0234 hp.m である．

まず，3 つの単回帰（モデル 1,2,3）を比較すると，hp.m の決定係数が $R^2=0.7340$ と最も高く，次いで disp.m が $R^2=0.6524$，weight.m が $R^2=0.3856$ と低くなる．回帰係数の符号がいずれも負となることは納得できる結果である．この例では，すべてのモデルにおいて説明変数の符号は期待通り負となっているが，単回帰の場合と重回帰の場合で符号が異なる場合もある．

disp.m と hp.m の 2 変数を用いたモデル 4 では，disp.m だけ，および hp.m だ

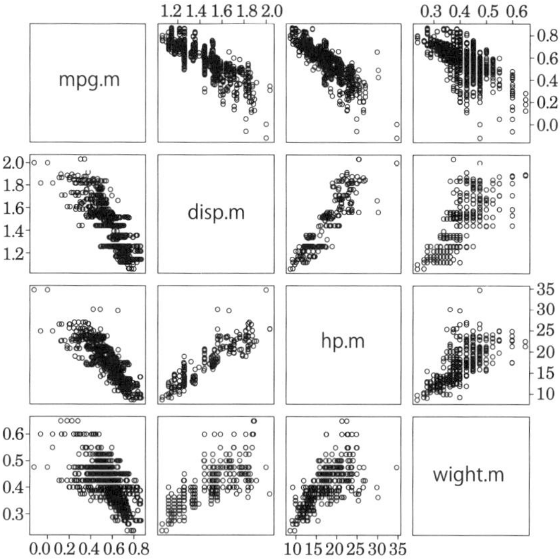

図 2.9　燃費と説明変数の散布図行列

表 2.2　燃費を説明する回帰分析のモデル

		説明変数			決定係数	
モデル	定数項	disp	hp	weight	R^2	$\overline{R}^2$
1	1.39	−0.557			0.6524	0.6521
2	1.09		−0.0295		0.7340	0.7338
3	1.10			−1.2358	0.3856	0.3851
4	1.18	−0.137	−0.0234		0.7417	0.7413
5	1.40	−0.510		−0.1893	0.6569	0.6563
6	1.11		−0.0285	−0.0883	0.7351	0.7346
7	1.18	−0.184	−0.1329	−0.0257	0.7418	0.7411

けを用いた単回帰の場合より決定係数が大きい．説明変数を増やせば R^2 が大きくなることは当然であるが，この例では hp.m 単独のモデルに比較して disp.m を追加した説明力の変化は 0.7417−0.7340 = 0.0077 と，その効果は小さい．

7）具体的な変換は 1-10/mpg，$\sqrt[3]{\text{disp}}$（3 乗根），log(hp)，weight/10000 である．変換後の変数については，元の変数と区別するために変数名に .m を追加している）このような変数の変換については 2.4 節で解説する．

ここでモデル1とモデル4における disp.m の係数を比較しよう．上述の通り，その違いの原因は追加された変数 hp.m の影響である．

hp.m を説明変数，disp.m を従属変数とする回帰式の残差 e^* が hp.m によって説明されない disp.m 独自の変動と考えられる．そこで mpg.m を e^* で説明する単回帰分析を実行すると，mpg.m $= 0.597-0.137e^*$ という結果が得られるが，ここに現れる回帰係数は重回帰係数と一致している．

一般に，x_j を他のすべての説明変数に回帰して得られる残差を $e_{\cdot j}$ を説明変数，y を従属変数とする単回帰分析を適用して得られる回帰係数が，もとの重回帰分析における x_j の回帰係数と一致する．これが重回帰分析における回帰係数の意味である．

説明変数を追加すれば残差平方和 Q は減少する（最悪でも変化しない）から決定係数 R^2 は増加する．極端な場合，説明変数の数を $p=n-1$ まで大きくすると $Q=0$, $R^2=1$ となる．したがって，特に標本のサイズ n が小さい場合に，説明変数の数が異なるモデルの優劣を比較するには注意が必要となる．そのために用いられる自由度調整済決定係数 $\overline{R}^2$ は，n が大きい場合の R^2 を仮想的に比較する尺度で，その定義は次のとおりである．

$$\overline{R}^2 = 1-\frac{\sum e_i^2/(n-p-1)}{\sum(y_i-\overline{y})^2/(n-1)} = 1-\frac{n-1}{n-p-1}(1-R^2)$$

自由度調整済決定係数を見ると，表 2.2 の中ではモデル 4 の $\overline{R}^2$ が最大であり，回帰係数の符号も矛盾はないことから，R^2 を最大にするモデル7より優れていると言えよう．

2.4 ● 回帰分析に関する注意事項

▶集計データとミクロデータ

政府の公的統計では研究目的以外は世帯ごとのミクロデータは入手できない．総務省統計局が実施する家計調査で公開されているのは所得階級ごとに区分した集計結果であり，図 2.10 は 18 階級に区分された 2013 年の月平均可処分所得（YD）と消費（CE）から作成した散布図と回帰直線である．

回帰直線は原単位については CE $= 67.35+0.589$ YD ($R^2=0.9884$)，対数変換に対しては $\log$ CE $= 1.085+0.775 \log$ YD ($R^2=0.9886$) と，いずれも強い説明

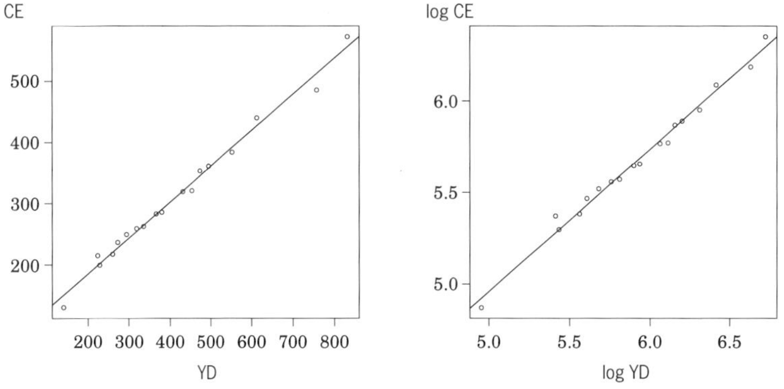

図 2.10 家計調査の集計データ：原単位(左)，対数(右)

力を持っている．ここで消費支出の係数は経済学では限界消費性向と呼ばれるもので，所得 x が 1 万円増えると消費支出は 5890 円程度増加することを示している．

また両対数変換 $\log y = a + b \log x$ から得られる回帰係数は

$$b = \frac{d \log y}{d \log x} = \frac{dy}{dx} \cdot \frac{x}{y} \doteqdot \frac{\Delta y / y}{\Delta x / x}$$

と表現できる．これは，x が 1% 変化したときに y が b% 変化すると解釈されるもので，経済学では弾力性と呼ばれる重要な概念である．

集計されたデータでは，ミクロデータに比べて R^2 が非常に大きくなることがあるので，注意が必要である．実際，図 2.4 のミクロデータでは回帰直線は CE = 157.6 + 0.452 YD となり，図 2.10 の集計データから得られる結果と多少は似ているにしても，決定係数は $R^2 = 0.1715$ とかなり小さい．図 2.10 では，原単位でも対数変換でも同程度の線形性が確認されるが，ミクロデータの場合は大きく異なることは後に図 2.11(次ページ)に示すとおりである．

▶変数変換

図 2.3 の排気量と燃費の散布図，図 2.4 の所得と消費支出の散布図は楕円形と大きく異なっているが，適当な変数変換によって楕円状の散布図を得られる場合がある．

燃費についてはすでに図 2.9 に示した通り，mpg.m = 1−10/mpg および

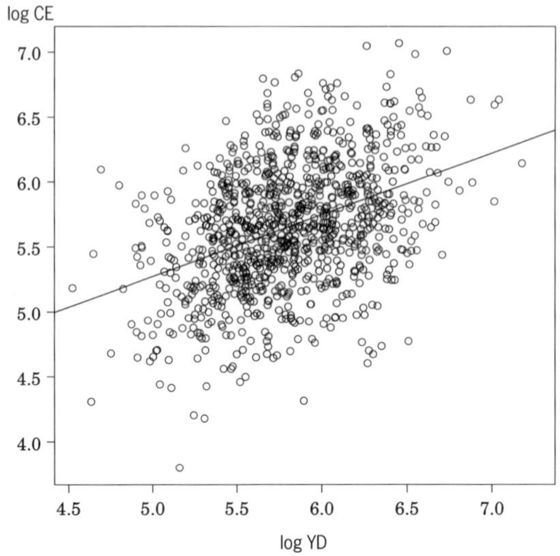

図 2.11　対数変換：家計調査のミクロデータ

disp.m $= \sqrt[3]{\mathrm{disp}}$ と変換することによって，ある程度の線形化が実現できている．

所得と消費支出の両方を対数に変換して得られる散布図 2.11 も線形に近く，図の回帰式は log CE $= 2.90 + 0.474$ log YD ($R^2 = 0.1577$) である．

これらの例のように，適当な変換によって正規分布に近づけることができれば効果的な分析が可能となる．一般に，楕円形と大きく異なる散布図に関しては，相関係数や回帰直線を求めるだけでは十分な分析とは言えない．

図 2.7 で扱ったバクテリアの例では，原単位では $y = 259.6 - 19.46x$ ($R^2 = 0.8234$)，対数変換では $\log y = 5.97 - 0.218x$ ($R^2 = 0.9884$) という結果となる．散布図を見ただけでも原単位を用いた回帰分析が不適切であることがわかるが，さらに $x = 16$ における生存数を予測する場合，原単位では $\hat{y} = -51.7$ とあり得ない値となるのに対して，対数変換では $\widehat{\log y} = 2.48$，$\hat{y} = \exp(2.48) = 12.0$ と妥当な値が得られる．

本節で扱った変換は散布図の線形化を実現するためのものである．他方で第 1 章で示したとおり，非線形変換によってヒストグラムが対称になる場合がある．このような変換について興味のある読者は J. W. Tukey が提唱した探索的データ解析(EDA: Explanatory Data Analysis)を学んで欲しい.

▶外れ値と頑健な手法

最小二乗法は外れ値に対して敏感なため，不適切な結果を与えることがある．図 2.12 は，$\mu_x = \mu_y = 5$，$\sigma_x = \sigma_y = 1$，相関係数 $\rho = 0.95$ の母集団から得られた $n = 10$ の無作為標本に，右下の黒い点で示す外れ値を追加したものである[8]．

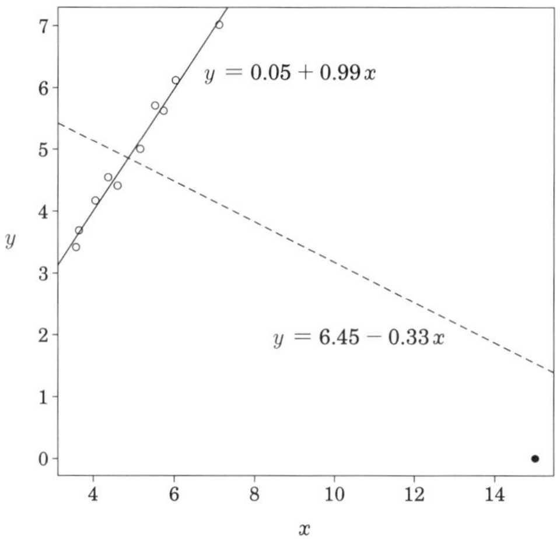

図 2.12 外れ値と回帰分析

外れ値がないときの回帰式は $y = 0.05 + 0.99x$，外れ値を含めたときの回帰式は $y = 6.45 - 0.33x$ と大きく異なる．たった 1 個の外れ値によって R^2 が 0.984 から 0.323 に低下するだけでなく，回帰式が非現実的になっている．

このような最小二乗法の脆弱性に対応するため，回帰分析では外れ値の影響を避ける**頑健な推定法**がいくつか提案されている．比較的分かりやすい LTS(Least Trimmed Squares)は残差の 2 乗を大きさの順に並べて $e_1^2 \leqq e_2^2 \leqq \cdots \leqq e_n^2$ とするとき，$\sum_{i=1}^{h} e_i^2$ を最小にする手法で，多くのソフトウェアに採用されている．$h = n$ なら最小二乗法と一致するが，$h \fallingdotseq n/2$ の場合には約

8) μ, σ などの記号については 2.5 節で説明する．n が大きいとき $\hat{y} = 0.95(x-5)+5 = 0.95x+0.05$ という回帰直線が得られる．

半数が外れ値であっても安定的な結果が得られることが知られている．

外れ値であることが疑われる場合はもとのデータに戻って観測値を精査することが望ましい．例えば上述の US EPA のデータには Hyundai のモデルに排気量が disp = 0.001(litre) という不可解な値がある．原単位の散布図では検出の難しい入力の誤りと考えられるが，詳細が特定できなかったため，本章の分析では除外した．

2.5 • 正規分布からの標本散布図と回帰直線

本書では確率的な議論は詳細には扱わないが，以下では正規分布の形に関する話題を提供する．確率に関する知識がない読者は，密度関数 $f(x)$ は n が非常に大きい場合のヒストグラムと考えればよい．そのとき，母集団平均(期待値とも呼ぶ) μ，母集団分散 σ^2 は，ヒストグラムから求める平均 $\bar{x}$，分散 s^2 と対応する．

平均 0，分散 1 の正規分布(標準正規分布)のグラフ(密度関数)は $\phi(z) = ce^{-z^2/2}$ で表される[9)]．$x = \mu + \sigma z$ は期待値 μ，分散 σ^2 を持つ正規分布となり，$x \sim N(\mu, \sigma^2)$ と表す．グラフを図 2.13 に示すとおり，中心の位置が平均 μ，横の矢印の長さが標準偏差 σ を表している．これまでに示したヒストグラ

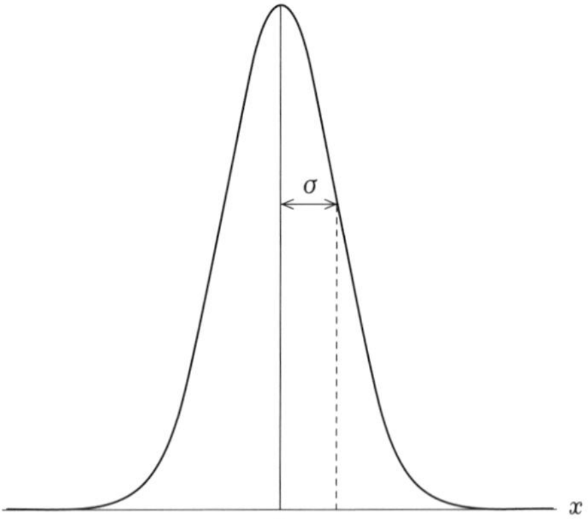

図 2.13　正規分布のグラフ(密度関数)

ムの中には，この形に似ているものがあった．

2つの変数 x, y の平均を μ_1, μ_2，標準偏差を σ_1, σ_2，相関係数を ρ とする[10]．

2変量正規分布とは，x, y の任意の1次式 $ax+by$ が正規分布になるような (x, y) の分布である．図2.14は $\mu_x = 15$，$\mu_y = 10$，$\sigma_x = 3$，$\sigma_y = 2$，$\rho = 0.8$ の2変量正規分布からの $n = 200$ 個の標本の散布図で，この図の楕円は正規分布の密度関数 $f(x, y) = ce^{-Q/2}$ が一定となる等確率線（等高線）である[11]．特に $Q = 1$ で定められる等高線を集中楕円（concentration ellipse）と呼び，図2.15（次ページ）に示すように，平均，標準偏差，相関係数，回帰直線と対応させることができる．

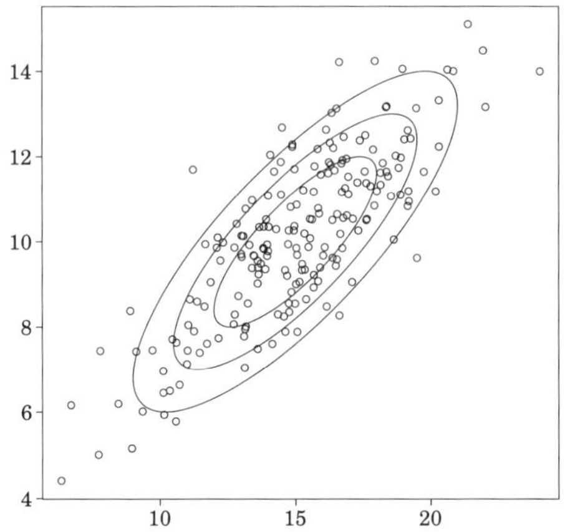

図2.14　2変量正規分布と密度関数の等高線

点 P_0 の座標は平均 (μ_1, μ_2) であり，ここで確率密度は最大になる．集中楕円の上では，x は点 P_1 で最大，P_2 で最小となり，その座標は P_1: $(\mu_1+\sigma_1, \mu_2+\rho\sigma_2)$，$P_2$: $(\mu_1-\sigma_1, \mu_2-\rho\sigma_2)$ である．同様に y が最大，最小となる点 P_3, P_4 の座標も $(\mu_2\pm\sigma_2, \mu_1\pm\rho\sigma_1)$ となる．ここで，図の A_2, A_4 を対角線の頂点とす

9）$c = 1/\sqrt{2\pi}$ は確率の和を1にする定数．

10）母集団の相関係数は，共分散を σ_{12} として $\rho = \sigma_{12}/\sigma_1\sigma_2$ と定義する．

11）2変量正規分布の密度関数は $Q = (x-\mu)'\Sigma^{-1}(x-\mu)$ として $f(x, y) = ce^{-Q/2}$ $(c = |2\pi\Sigma|^{-1/2})$ と表される．ここで $x = (x_1, x_2)'$ と $\mu = (\mu_1, \mu_2)'$ はベクトル，$\Sigma = (\sigma_{ij})$ は分散と共分散 $\sigma_{ij} = E[(x_i-\mu_i)(x_j-\mu_j)]$ を並べた行列である．これから等高線は $Q =$ const. で表される楕円となる．

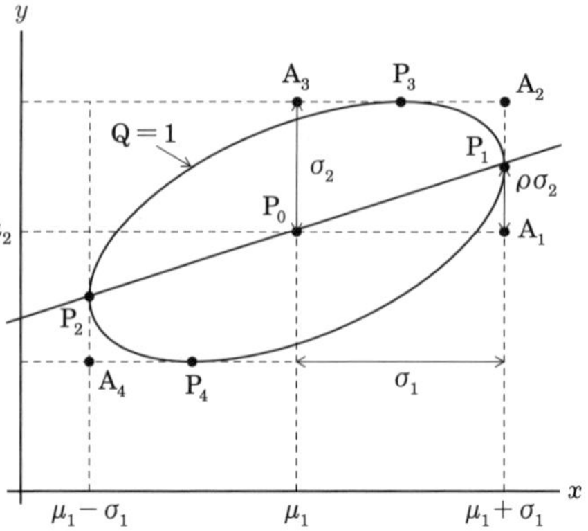

図 2.15　集中楕円と標準偏差，回帰直線

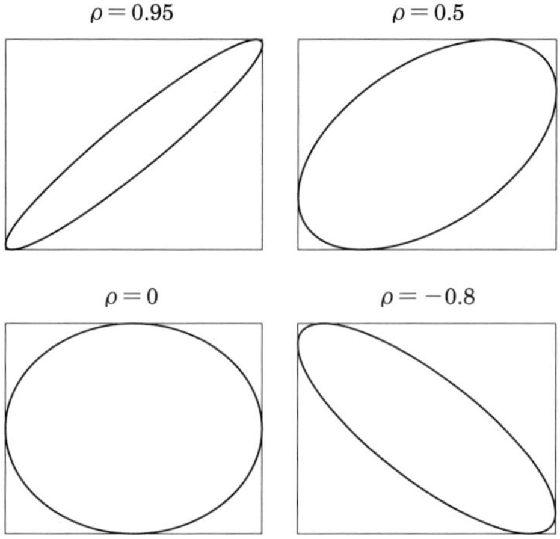

図 2.16　集中楕円と相関係数

る長方形の横と縦の比が σ_1/σ_2 であり，これから標準偏差の比を知ることができる．さらに，図の $\rho = \overline{A_1P_1}/\overline{A_1A_2} = \overline{A_3P_3}/\overline{A_3A_2}$ から相関係数が判断できる（図は $\rho = 0.5$ として描いたことが読み取れる）．

さらに，回帰直線 $y = a + bx$ は点 P_1, P_2 を結ぶ直線と一致するもので，楕円の長軸とは異なる．x が σ_1 増加するとき，回帰直線では y は σ_2 より小さい $\rho\sigma_2$ だけ増加することが，回帰の現象を表している．

図 2.16 は$\sigma_1 = 3$, $\sigma_2 = 2$ を固定してρを変化させたものである．これらの図を比較すると相関係数と集中楕円の関係がわかる．

参考文献・資料

［1］ 総務省統計局ホームページ http://www.stat.go.jp/
「家計調査」(調査の概要) http://www.stat.go.jp/data/kakei/

［2］ 日本統計学会編,『統計学基礎』, 東京図書, 2012, および,『統計学基礎(改訂版)』, 2015.

［3］ 中村隆英・新家健精・美添泰人・豊田 敬,『経済統計入門(第2版)』, 東京大学出版会, 1992.

［4］ Samprit Chatterjee, and Bertram Price, *Regression Analysis by Example*, Wiley, 1977. 翻訳：S. チャタジー・B. プライス(佐和隆光・加納悟訳),『回帰分析の実際』, 新曜社, 1981.

第3章

重回帰分析

足立浩平
●大阪大学

この章から第6章までは，多変量データ解析法を紹介する．これは，変数どうしの関係を考慮しながら複数変数のデータを統計解析するための諸方法の総称である．一般に，多変量データ解析法の理解への早道は，そのモデルや解法を，**行列**表現によって把握することであるため，この章から第6章までは，各章の最初の節に，その章で扱う方法の理解に必要な行列の基礎をまとめた節を設ける．本章では3.1節がそれに該当し，3.2節以降に，多変量データ解析の中でも基本的な方法の一つである重回帰分析を扱う．なお，この章から6章までは，行列をボールド体の大文字，ベクトルを小文字または数字のボールド体，スカラーをボールドでない小文字で表す．なお，統計学のための行列の基礎を平易に記した著書に[3]や[2]などがある．

3.1 ● 行列の基礎：行列の基本演算と特別な行列

まず，行列の基本的な表現をまとめておく．n(行)×m(列) の行列 $\boldsymbol{A}$ の (i, j) 要素，つまり第 i 行・第 j 列の要素を a_{ij} と表すと，

$$\boldsymbol{A} = \begin{bmatrix} a_{11} & \cdots & a_{1m} \\ \vdots & \vdots & \vdots \\ a_{n1} & \cdots & a_{nm} \end{bmatrix}, \quad \boldsymbol{A}' = \begin{bmatrix} a_{11} & \cdots & a_{n1} \\ \vdots & \vdots & \vdots \\ a_{1m} & \cdots & a_{nm} \end{bmatrix} \tag{3.1}$$

と表せる．ここで，後者の $\boldsymbol{A}'$ は $\boldsymbol{A}$ の行と列を入れ替えた $m \times n$ の行列で，こうした入れ替えを**転置**と呼び，この操作を行列の右肩に記号「′」をつけて表す．列数が1の行列を列ベクトル，行数が1の行列を行ベクトルと呼び，これらを使って行列を表せる．すなわち，$n \times 1$ の列ベクトル $\boldsymbol{a}_j = \begin{bmatrix} a_{1j} \\ \vdots \\ a_{nj} \end{bmatrix} = [a_{1j}, \cdots, a_{nj}]'$ $(j = 1, \cdots, m)$，および，$1 \times n$ の行ベクトル $\tilde{\boldsymbol{a}}_i' = [a_{i1}, \cdots, a_{im}]$ $(i = 1, \cdots, n)$ を使って，(3.1)の行列 $\boldsymbol{A}$ は

$$\boldsymbol{A} = [\boldsymbol{a}_1, \cdots, \boldsymbol{a}_m] = \begin{bmatrix} \tilde{\boldsymbol{a}}_1' \\ \vdots \\ \tilde{\boldsymbol{a}}_n' \end{bmatrix} \tag{3.2}$$

と表せる．ここで，行ベクトル $\tilde{\boldsymbol{a}}_i'$ に最初から転置記号が付いているのは，列ベクトルをベクトルの標準とみなす慣習による．なお，上記の列ベクトル $\boldsymbol{a}_j$ は $\boldsymbol{a}_j = [a_{1j}, \cdots, a_{nj}]'$ のように表せる．(3.1), (3.2)の表現は紙面をとるが

「$n \times m$ の行列 $\boldsymbol{A} = (a_{ij})$」と記せば，(3.1), (3.2)と同じことを表す．

次に，行列のスカラー倍と和と積を定義する．(3.1)の行列 $\boldsymbol{A} = (a_{ij})$ にスカラー s を乗じた行列 $s\boldsymbol{A}$ は，$\boldsymbol{A}$ の要素すべてを s 倍した $n \times m$ の行列で，$s\boldsymbol{A} = (sa_{ij})$ である．(3.1)の行列 $\boldsymbol{A}$ と $n \times m$ の行列 $\boldsymbol{B} = (b_{ij})$ **和** $\boldsymbol{A}+\boldsymbol{B}$ は，$\boldsymbol{A}$ と $\boldsymbol{B}$ の対応する要素どうしの和からなる $n \times m$ の行列で，$\boldsymbol{A}+\boldsymbol{B} = (a_{ij}+b_{ij})$ である．$1 \times m$ の行ベクトル $\tilde{\boldsymbol{a}}_i' = [a_1, \cdots, a_m]$ と $m \times 1$ の列ベクトル $\boldsymbol{c} = \begin{bmatrix} c_1 \\ \vdots \\ c_m \end{bmatrix}$ の**内積**は $\tilde{\boldsymbol{a}}'\boldsymbol{c} = a_1c_1 + \cdots + a_mc_m$ と定義され，これを用いて，行列の**積**が定義される．すなわち，(3.2)の $n \times m$ の行列 $\boldsymbol{A}$ と $m \times p$ の行列 $\boldsymbol{C} = [\boldsymbol{c}_1, \cdots, \boldsymbol{c}_p]$ の積 $\boldsymbol{AC}$ は $n \times p$ の行列となり，その (i, j) 要素は，$\boldsymbol{A}$ の第 i 行 $\tilde{\boldsymbol{a}}_i'$ と $\boldsymbol{C}$ の第 j 列 $\boldsymbol{c}_j = [c_{1j}, \cdots, c_{mj}]'$ の内積 $\tilde{\boldsymbol{a}}_i'\boldsymbol{c}_j = a_{i1}c_{1j} + \cdots + a_{im}c_{mj}$ で与えられる．すなわち，

$$\boldsymbol{AC} = (\tilde{\boldsymbol{a}}_i'\boldsymbol{c}_j) = \begin{bmatrix} \tilde{\boldsymbol{a}}_1'\boldsymbol{c}_1 & \cdots & \tilde{\boldsymbol{a}}_1'\boldsymbol{c}_m \\ \vdots & \vdots & \vdots \\ \tilde{\boldsymbol{a}}_n'\boldsymbol{c}_1 & \cdots & \tilde{\boldsymbol{a}}_n'\boldsymbol{c}_m \end{bmatrix}$$

である．**行列の積** $\boldsymbol{AC}$ は，$\boldsymbol{A}$ の列数と $\boldsymbol{C}$ の行数が一致するときだけ定義できるので，例えば「${}_n\boldsymbol{A}_m\boldsymbol{C}_p$」のようにノートして，行・列数に注目するのが，統計学の行列モデルの把握のために肝要である．なお，$\boldsymbol{p}'\boldsymbol{q} = 0$ のように内積が 0 になるベクトル $\boldsymbol{p}, \boldsymbol{q}$ は，幾何学的に両者が直角に交わることを意味して，**直交**すると言われる．また，列ベクトル $\boldsymbol{b} = [b_1, \cdots, b_n]'$ の後ろから行ベクトル $\tilde{\boldsymbol{a}}_i' = [a_1, \cdots, a_m]$ を乗じると，b_ia_j を (i, j) 要素とする $n \times m$ の行列 $\boldsymbol{b}\tilde{\boldsymbol{a}}_i' = (b_ia_j)$ が得られる．

この段落では，行数と列数が等しい**正方行列**を扱う．$n \times n$ の行列 $\boldsymbol{S} = (s_{ij})$ の $s_{11}, s_{22}, \cdots, s_{nn}$ を $\boldsymbol{S}$ の対角要素と呼び，対角要素以外がすべて 0 の正方行列を**対角行列**と呼ぶ．さらに対角要素がすべて 1 の対角行列を**単位行列**と呼び，$n \times n$ の単位行列を $\boldsymbol{I}_n$ と表す．$n \times n$ の正方行列 $\boldsymbol{S}$ に対して，$\boldsymbol{SQ} = \boldsymbol{QS} = \boldsymbol{I}_n$ を満たす $\boldsymbol{Q}$ を $\boldsymbol{Q} = \boldsymbol{S}^{-1}$ と表し，$\boldsymbol{S}$ の**逆行列**と呼ぶ．いかなる $\boldsymbol{S}$ にも逆行列が存在するわけでなく，その存在条件は次章に記す．正方行列 $\boldsymbol{S} = (s_{ij})$ の対角要素の和を**トレース**と呼び，$\mathrm{tr}\,\boldsymbol{S} = s_{11} + \cdots + s_{nn}$ と表す．正方とは限らない行列を一般に $\boldsymbol{A}$ と表すと，$\boldsymbol{A}'\boldsymbol{A}$ および $\boldsymbol{AA}'$ は必ず正方になるが，それらのトレースは，$\boldsymbol{A}$ の**要素の平方和**(フロベニウス・ノルム)となり，

$$\|\boldsymbol{A}\|^2 = \mathrm{tr}\,\boldsymbol{A}'\boldsymbol{A} = \mathrm{tr}\,\boldsymbol{A}\boldsymbol{A}' = \sum_{i=1}^{n}\sum_{j=1}^{m} a_{ij}$$

の左辺のように表す．$\|\boldsymbol{A}+\boldsymbol{B}\|^2 = \|\boldsymbol{A}\|^2 + 2\mathrm{tr}\,\boldsymbol{A}'\boldsymbol{B} + \|\boldsymbol{B}\|^2$ が成り立つ．

最後に平均に関わる特別なベクトルと行列を列挙する．要素がすべて1の $n\times 1$ のベクトルを $\mathbf{1}_n = [1, \cdots, 1]'$ と表す．この転置を $n\times m$ の行列 $\boldsymbol{A} = (a_{ij})$ の前から乗じて n で除すと，

$$\frac{1}{n}\mathbf{1}'_n\boldsymbol{A} = [\bar{a}_1, \cdots, \bar{a}_m] \tag{3.3}$$

が得られる．ここで，$\bar{a}_j = n^{-1}\sum_{i=1}^{n} a_{ij}$ は $a_{1j}, \cdots, a_{nj}$ の平均であり，(3.3)は，$\boldsymbol{A}$ の列平均を横に並べた $1\times m$ のベクトルである．すべての行が，平均ベクトル(3.3)からなる $n\times m$ の行列は $n^{-1}\mathbf{1}_n\mathbf{1}'_n\boldsymbol{A}$ と表せ，これを $\boldsymbol{A}$ から減じた行列は，

$$\boldsymbol{A} - \frac{1}{n}\mathbf{1}_n\mathbf{1}'_n\boldsymbol{A} = \left(\boldsymbol{I}_n - \frac{1}{n}\mathbf{1}_n\mathbf{1}'_n\right)\boldsymbol{A} = \boldsymbol{J}\boldsymbol{A} \tag{3.4}$$

と表せ，その (i, j) 要素は，各要素の**平均からの偏差** $a_{ij} - \bar{a}_j$ となる．ここで，

$$\boldsymbol{J} = \boldsymbol{I}_n - \frac{1}{n}\mathbf{1}_n\mathbf{1}'_n \tag{3.5}$$

であり，これを $n\times n$ の**中心化行列**と呼ぶ．この行列 $\boldsymbol{J}$ の重要な性質は，

$$\begin{aligned} &\boldsymbol{J}' = \boldsymbol{J} && \text{（対称），} \\ &\boldsymbol{J}\boldsymbol{J} = \boldsymbol{J}'\boldsymbol{J} = \boldsymbol{J} && \text{（べき等），} \\ &\mathbf{1}'_n\boldsymbol{J} = \mathbf{0}'_n && \text{（}\mathbf{1}_n\text{ との直交）} \end{aligned} \tag{3.6}$$

である．ここで，$\mathbf{0}_n = [0, \cdots, 0]'$ は要素がすべて0の $n\times 1$ のベクトルを表す．$\mathbf{1}'_n\boldsymbol{J}\boldsymbol{A} = \mathbf{0}'_n\boldsymbol{A} = \mathbf{0}'_m$ より，平均からの偏差行列 $\boldsymbol{J}\boldsymbol{A}$ の列の合計・平均は常に0となる．このように平均が0になるような変換は，**中心化**と呼ばれる．なお，(3.4)が

$$\boldsymbol{A} = \boldsymbol{J}\boldsymbol{A} + \frac{1}{n}\mathbf{1}_n\mathbf{1}'_n\boldsymbol{A} \tag{3.7}$$

と書き換えられることを，後の節で使う．

3.2 ● 重回帰分析の概要

第2章でも言及されたように，**重回帰分析**の目的は，複数(p 個)の**説明変数** $x_1, \cdots, x_p$ によって一つの**従属変数** y を説明するモデル

$$y = b_1 x_1 + \cdots + b_p x_p + c + e \tag{3.8}$$

を同定することにある．ここで，変数にかかる係数 $b_1, \cdots, b_p$ は**回帰係数**，c は**切片**と呼ばれ，e は誤差を表す．第2章では b_0 の記号が使われた切片を，本稿では係数と区別した扱いをするので，c と表している．複数の個体からデータとして観測された $x_1, \cdots, x_p, y$ に重回帰分析を適用すると，パラメータ $b_1, \cdots, b_p, c$ の具体的な値が解として与えられる．

重回帰分析の適用対象となる数値例を表3.1に掲げる．これは，個体が50種のTシャツ，それらの素材(の良さ)・値段(円)・デザイン(の良さ)を x_1, x_2, x_3，売上(枚数)を y としたデータである．このデータに重回帰分析を適用して最小二乗法で推定すると，$b_1 = 7.61$，$b_2 = -0.18$，$b_3 = 18.23$，$c = 256.4$ という解，すなわち，

$$売上 = 7.61 \times 素材 - 0.18 \times 値段 + 18.23 \times デザイン + 256.4 + 誤差 \tag{3.9}$$

という関係式が出力される．この結果は，例えば，次のように役立つ．表3.1には含まれない，あるTシャツの素材が6，値段が1500，デザインが4であることは既知であるが，売上は未知としよう．上記の値を(3.9)に代入すると，

表 3.1　[1]のTシャツ・データ(仮想数値例)

個体	素材	値段	デザイン	売上
1	7	1400	3.8	137
2	5	1550	4.2	104
3	5	1250	3.0	122
4	5	1150	1.0	104
5	6	1700	7.0	125
⋮	⋮	⋮	⋮	⋮
48	5	1600	4.2	72
49	10	1800	2.6	48
50	7	1600	5.4	106

$$売上 = 7.61\times 6 - 0.18\times 1500 + 18.23\times 4 + 256.4 + 誤差 = 105 + 誤差$$

のように，誤差を除けば，105(枚)は売れると予想できる．

どのようにして以上の解が得られるのかを説明するために，モデル(3.8)を行列表現しよう．分析対象の各個体を i $(=1,\cdots,n)$ と表して，この記号 i を添え字として重回帰モデル(3.8)に付加すると，(3.8)は $y_i = b_1x_{i1}+\cdots+b_px_{ip}+c+e_i$ と書き換えられるが，この式の i に，$1,\cdots,n$ を代入して得られる n 本の式は，1つの式

$$\boldsymbol{y} = \boldsymbol{X}\boldsymbol{b} + c\mathbf{1}_n + \boldsymbol{e} \tag{3.10}$$

にまとめられる．ここで，$\boldsymbol{y}=[y_1,\cdots,y_n]'$ は n 個体の従属変数の値を縦に並べた $n\times 1$ のベクトル，$\boldsymbol{X}=(x_{ij})$ は，説明変数の値 x_{ij} を (i,j) 要素とする n 個体 $\times p$ 変数の行列である．(3.10)を表3.1のデータに合わせて，要素表現すると

$$\overset{\boldsymbol{y}}{\begin{bmatrix}137\\104\\\vdots\\106\end{bmatrix}} = \overset{\boldsymbol{X}}{\begin{bmatrix}7 & 1400 & 3.8\\5 & 1550 & 4.2\\\vdots & \vdots & \vdots\\7 & 1600 & 5.4\end{bmatrix}}\overset{\boldsymbol{b}}{\begin{bmatrix}b_1\\b_2\\b_3\end{bmatrix}} + \overset{c\mathbf{1}_{50}}{c\begin{bmatrix}1\\1\\\vdots\\1\end{bmatrix}} + \overset{\boldsymbol{e}}{\begin{bmatrix}e_1\\e_2\\\vdots\\e_{50}\end{bmatrix}}. \tag{3.10'}$$

のように表せる．

回帰係数ベクトル $\boldsymbol{b}$ と切片 c の解は，**最小二乗法**によって求められる．すなわち，**最小二乗基準**(誤差の平方和)

$$f(\boldsymbol{b},c) = \|\boldsymbol{e}\|^2 = \|\boldsymbol{y}-\boldsymbol{X}\boldsymbol{b}-c\mathbf{1}_n\|^2 \tag{3.11}$$

を最小にする $\boldsymbol{b},c$ が求めるべき解となる．

なお，$\boldsymbol{X}^{\#} = \begin{bmatrix}1 & 7 & 1400 & 3.8\\1 & 5 & 1550 & 4.2\\\vdots & \vdots & \vdots & \vdots\\1 & 7 & 1600 & 5.4\end{bmatrix}$，$\boldsymbol{\beta}=[c,b_1,b_2,b_3]'$ と定義すれば，(3.10')は $\boldsymbol{y}=\boldsymbol{X}^{\#}\boldsymbol{\beta}+\boldsymbol{e}$ と書き換えられるが，この表現による重回帰分析の解説は[4]を参照されたい．

3.3 ● 切片と係数の解

まず，(3.11)を最小にする切片 c の解を求めるために，(3.7)より導かれる

$\boldsymbol{y}=\boldsymbol{Jy}+n^{-1}\mathbf{1}_n\mathbf{1}'_n\boldsymbol{y}$, $\boldsymbol{X}=\boldsymbol{JX}+n^{-1}\mathbf{1}_n\mathbf{1}'_n\boldsymbol{X}$ を，基準(3.11)に代入しよう．その結果，(3.11)は，

$$f(\boldsymbol{b},c)=\left\|(\boldsymbol{Jy}-\boldsymbol{JXb})-\left(c\mathbf{1}_n-\frac{1}{n}\mathbf{1}_n\mathbf{1}'_n\boldsymbol{y}+\frac{1}{n}\mathbf{1}_n\mathbf{1}'_n\boldsymbol{Xb}\right)\right\|^2$$
$$=g(\boldsymbol{b})+h(\boldsymbol{b},c) \tag{3.12}$$

と書き換えられる．ここで，$h(\boldsymbol{b},c)=\|c\mathbf{1}_n-n^{-1}\mathbf{1}_n\mathbf{1}'_n\boldsymbol{y}+n^{-1}\mathbf{1}_n\mathbf{1}'_n\boldsymbol{Xb}\|^2$，および，

$$g(\boldsymbol{b})=\|\boldsymbol{Jy}-\boldsymbol{JXb}\|^2 \tag{3.13}$$

である．(3.11)が，(3.12)の最右辺のように二つの平方和 $g(\boldsymbol{b})$ と $h(\boldsymbol{b},c)$ に分割できることは，(3.6)の $\mathbf{1}'_n\boldsymbol{J}=\mathbf{0}_n$ を用いて導かれる．$g(\boldsymbol{b})$ と $h(\boldsymbol{b},c)$ はともに0以上の値をとるため，それらの和である(3.12)は $g(\boldsymbol{b})$ 未満になり得ず，この下限 $g(\boldsymbol{b})$ は，切片を

$$\hat{c}=\frac{1}{n}\mathbf{1}'_n\boldsymbol{y}-\frac{1}{n}\mathbf{1}'_n\boldsymbol{Xb}. \tag{3.14}$$

とおけば，$\boldsymbol{b}$ の値に関係なく，$h(\boldsymbol{b},c)=0$ となって達成される．

切片 c を(3.14)に設定すれば，(3.12)は $f(\boldsymbol{b},c)=g(\boldsymbol{b})$ となって，残る課題は，$g(\boldsymbol{b})$ つまり(3.13)を最小にする係数ベクトル $\boldsymbol{b}$ を求めることとなる．種々の解法の中で，重回帰分析の全容を把握するのに役立つのは，図3.1を使った幾何学的方法である．図3.1の灰色の平面は，部分空間

$$\Xi(\boldsymbol{JX})=\{\boldsymbol{x}^*:\boldsymbol{x}^*=\boldsymbol{JXb}=[\boldsymbol{Jx}_1,\cdots,\boldsymbol{Jx}_p]\boldsymbol{b}=b_1\boldsymbol{Jx}_1+\cdots+b_p\boldsymbol{Jx}_p\} \tag{3.15}$$

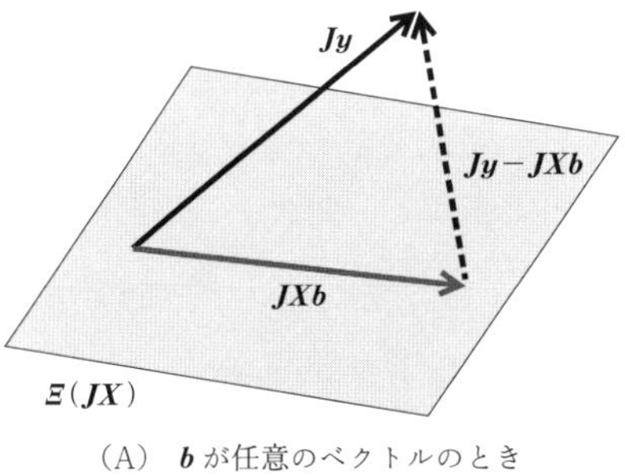

(A)　$\boldsymbol{b}$ が任意のベクトルのとき

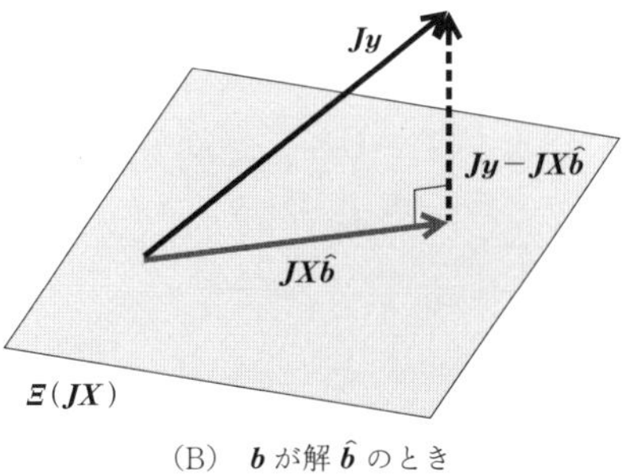

(B)　$\boldsymbol{b}$ が解 $\hat{\boldsymbol{b}}$ のとき

図3.1　$\boldsymbol{JXb}$ がその上にある部分空間 $\Xi(\boldsymbol{JX})$ とベクトル $\boldsymbol{Jy}$

を表す．ここで，$\boldsymbol{x}_j$ は $\boldsymbol{X}=[\boldsymbol{x}_1,\cdots,\boldsymbol{x}_p]$ の第 j 列を表す．$\boldsymbol{b}=[b_1,\cdots,b_p]'$ の要素を変化させると，ベクトル $\boldsymbol{x}^*=\boldsymbol{JXb}$ が部分空間(3.15)つまり図の灰色の平面上を移動することがわかるが，図 3.1(A)には，$\boldsymbol{b}$ をある任意のベクトルに設定したときの $\boldsymbol{JXb}$ を描いている．最小にすべき関数(3.13)は，図に点線で示す $\boldsymbol{Jy}$ と $\boldsymbol{JXb}$ の差ベクトルの長さの 2 乗であるが，これが最小になるのは，図 3.1(B)のように，差ベクトルと $\boldsymbol{JXb}$ と列ベクトルが直交する，つまり，

$$(\boldsymbol{JXb})'(\boldsymbol{Jy}-\boldsymbol{JXb})=\boldsymbol{b}'\boldsymbol{X}'\boldsymbol{Jy}-\boldsymbol{b}'\boldsymbol{X}'\boldsymbol{JXb}=0 \tag{3.16}$$

となるときである．この等号は，$\boldsymbol{b}$ に次式を代入すれば，成り立つ．

$$\hat{\boldsymbol{b}}=(\boldsymbol{X}'\boldsymbol{JX})^{-1}\boldsymbol{X}'\boldsymbol{Jy}. \tag{3.17}$$

すなわち，(3.17)が係数ベクトル $\boldsymbol{b}$ の解であり，これを(3.14)の $\boldsymbol{b}$ に代入すれば，切片 c の解も定まる．なお，$(\boldsymbol{X}'\boldsymbol{JX})^{-1}\boldsymbol{X}'\boldsymbol{J}$ は射影行列と呼ばれる行列の一つであり，**射影行列**による重回帰分析の定式化は[5]に詳しい．

3.4 • 基本統計量による解の表現

本節では，解(3.14)，(3.17)が，基本的な統計量を使って表せることを示す．まず，行列の列平均は，(3.3)のように表せるので，$\boldsymbol{y}$ の要素の平均を $\bar{y}$，$\boldsymbol{X}$ の列平均を横に並べた $1\times m$ のベクトルを $\bar{\boldsymbol{x}}'$ と表すと，(3.17)を代入した切片 c の解(3.14)は，

$$\hat{c}=\frac{1}{n}\mathbf{1}_n'\boldsymbol{y}-\frac{1}{n}\mathbf{1}_n'\boldsymbol{X}\hat{\boldsymbol{b}}=\bar{y}-\bar{\boldsymbol{x}}'\hat{\boldsymbol{b}} \tag{3.18}$$

と書き換えられる．

次に，係数ベクトルの解が共分散によって表せることを示すため，分散と共分散のベクトル・行列表現を導入しよう．説明変数のデータ行列 $\boldsymbol{X}=[\boldsymbol{x}_1,\cdots,\boldsymbol{x}_p]$ の変数 j の列平均を $\bar{x}_j=n^{-1}\mathbf{1}_n'\boldsymbol{x}_j$ と表すと，変数 j と変数 k の**共分散**は，

$$s_{jk}=\frac{1}{N}\sum_{i=1}^{n}(x_{ij}-\bar{x}_j)(x_{ik}-\bar{x}_k)=\frac{1}{N}(\boldsymbol{Jx}_j)'(\boldsymbol{Jx}_k)=\frac{1}{N}\boldsymbol{x}_j'\boldsymbol{Jx}_k \tag{3.19}$$

と表せる．ここで，$N=n$ または $n-1$ である．なお，$N=n-1$ のときは，(3.19)を**不偏共分散**と呼ぶことが多い．同じ変数どうしの共分散は分散，つ

まり，(3.19)で $k=j$ とおけば，変数 j の**分散**

$$s_{jj}=\frac{1}{N}\sum_{i=1}^{n}(x_{ij}-\bar{x}_j)^2=\frac{1}{N}\boldsymbol{x}_j'\boldsymbol{J}\boldsymbol{x}_j=\frac{1}{N}\|\boldsymbol{J}\boldsymbol{x}_j\|^2 \tag{3.20}$$

が導かれる．(3.19)を (j,k) 要素とする p 変数×p 変数の**共分散行列**は，

$$\boldsymbol{S}_{XX}=\frac{1}{N}\begin{bmatrix}\boldsymbol{x}_1'\\ \vdots \\ \boldsymbol{x}_p'\end{bmatrix}\boldsymbol{J}[\boldsymbol{x}_1,\cdots,\boldsymbol{x}_p]=\frac{1}{N}\boldsymbol{X}'\boldsymbol{J}\boldsymbol{X} \tag{3.21}$$

と表せる．以上と同様にして，p 個の説明変数と従属変数との共分散を要素とする $p\times1$ のベクトルは $\boldsymbol{s}_{Xy}=N^{-1}\boldsymbol{X}'\boldsymbol{J}\boldsymbol{y}$ と表せ，これと(3.21)を，回帰係数ベクトルの解(3.17)と見比べると，それが

$$\hat{\boldsymbol{b}}=\left(\frac{1}{N}\boldsymbol{X}'\boldsymbol{J}\boldsymbol{X}\right)^{-1}\frac{1}{N}\boldsymbol{X}'\boldsymbol{J}\boldsymbol{y}=\boldsymbol{S}_{XX}{}^{-1}\boldsymbol{s}_{Xy} \tag{3.22}$$

と書き換えられることがわかる．

(3.18)，(3.22)より，重回帰分析の解は，表 3.1 のような素データがなくとも，表 3.2 に示す平均と共分散だけから求められる．すなわち，(3.22)の右辺に表 3.2 の共分散の該当部を代入すれば $\hat{\boldsymbol{b}}=[7.61,-0.18,18.23]'$ が得られ，これと表 3.2 の平均を(3.18)の右辺に代入すれば $\hat{c}=256.4$ が得られ，これらが(3.9)式を与える．

表 3.2　T シャツ・データの各変数の平均と変数間の共分散

平均				
		$\bar{\boldsymbol{x}}'$		$\bar{y}$
	素材	値段	デザイン	売上
	5.22	1443.00	3.91	107.76
共分散				
		$\boldsymbol{S}_{XX}$		$\boldsymbol{s}_{Xy}$
	素材	値段	デザイン	売上
素材	4.58	250.55	−0.45	−18.42
値段	250.55	42654.08	106.72	−3824.16
デザイン	−0.45	106.72	1.80	10.20

3.5 ● 予測値と残差

次節の準備のため，重回帰モデル(3.10)の $\boldsymbol{b}, \boldsymbol{c}$ を解に代えた $\boldsymbol{y} = \boldsymbol{X}\hat{\boldsymbol{b}} + \hat{c}\mathbf{1}_n + \boldsymbol{e}$ の右辺から，誤差ベクトル $\boldsymbol{e}$ を除いた部分を

$$\hat{\boldsymbol{y}} = \boldsymbol{X}\hat{\boldsymbol{b}} + \hat{c}\mathbf{1}_n \tag{3.23}$$

と表し，**予測値**ベクトルと呼ぼう．明らかに，$\boldsymbol{y} = \hat{\boldsymbol{y}} + \boldsymbol{e}$，すなわち，

$$\hat{\boldsymbol{e}} = \boldsymbol{y} - \hat{\boldsymbol{y}} = \boldsymbol{y} - \boldsymbol{X}\hat{\boldsymbol{b}} - \hat{c}\mathbf{1}_n \tag{3.24}$$

である．ここで，左辺を，$\boldsymbol{e}$ にハット記号を冠して $\hat{\boldsymbol{e}}$ と表しているのは，分析前は未知だった $\boldsymbol{e}$ の誤差が，分析後は具体的数値として与えられることを明示するためである．T シャツ・データについては，$\hat{\boldsymbol{b}} = [7.61, -0.18, 18.23]'$，$\hat{c} = 256.4$ より，(3.23)の $\boldsymbol{X}$ に表 3.1 の該当部分を代入すれば，予測値ベクトルは

$$\hat{\boldsymbol{y}} = \begin{bmatrix} 10 & 1800 & 2.6 \\ 5 & 1550 & 4.2 \\ \vdots & \vdots & \vdots \\ 7 & 1600 & 5.4 \end{bmatrix} \begin{bmatrix} 4.61 \\ -0.48 \\ 18.23 \end{bmatrix} + 256.4 \begin{bmatrix} 1 \\ 1 \\ \vdots \\ 1 \end{bmatrix} = \begin{bmatrix} 56.0 \\ 92.1 \\ \vdots \\ 120.2 \end{bmatrix} \tag{3.25}$$

となるため，(3.24)の $\boldsymbol{y}$ に表 3.1 のデータの売上の列を代入すれば，(3.24)は

$$\hat{\boldsymbol{e}} = \boldsymbol{y} - \hat{\boldsymbol{y}} = \begin{bmatrix} 48 \\ 104 \\ \vdots \\ 106 \end{bmatrix} - \begin{bmatrix} 56.0 \\ 92.1 \\ \vdots \\ 120.2 \end{bmatrix} = \begin{bmatrix} -8.0 \\ 11.9 \\ \vdots \\ -14.2 \end{bmatrix} \tag{3.26}$$

となる．このように具体的数値として表される(3.24)，(3.26)の要素を，**残差**と呼ぶ．例えば，(3.26)の最初の要素 -8.0 は，売上が予測値より 8 だけ下回ったことを示す．

3.6 ● 決定係数と重相関係数

本節の目的は，総体的な残差の大小の指標から，説明変数が従属変数をどの程度よく説明するかを表す指標を導くことである．

残差ベクトル$\hat{\boldsymbol{e}}$の要素の平方和$\|\hat{\boldsymbol{e}}\|^2$は残差の大きさを表すが，まず，$\hat{\boldsymbol{e}}$の基本的性質を掲げておく．(3.24)の$\hat{c}$に(3.18)の2番目の辺を代入すると，

$$\hat{\boldsymbol{e}} = \boldsymbol{y} - \boldsymbol{X}\hat{\boldsymbol{b}} - \left(\frac{1}{n}\mathbf{1}_n\mathbf{1}'_n\boldsymbol{y} - \frac{1}{n}\mathbf{1}_n\mathbf{1}'_n\boldsymbol{X}\hat{\boldsymbol{b}}\right)$$

$$= \boldsymbol{J}\boldsymbol{y} - \boldsymbol{J}\boldsymbol{X}\hat{\boldsymbol{b}} = \boldsymbol{J}\boldsymbol{y} - \boldsymbol{J}\hat{\boldsymbol{y}} = \boldsymbol{J}\hat{\boldsymbol{e}} \tag{3.27}$$

と書き換えられる．ここで，最右辺の導出には，(3.6)の$\mathbf{1}'_n\boldsymbol{J} = \mathbf{0}'_n$を(3.23)で使えば，

$$\boldsymbol{J}\hat{\boldsymbol{y}} = \boldsymbol{J}\boldsymbol{X}\hat{\boldsymbol{b}} \tag{3.28}$$

となることを用いている．(3.27)から$\mathbf{1}'_n\hat{\boldsymbol{e}} = 0$を導け，この式から逆に(3.27)を導ける点で，(3.27)と$\mathbf{1}'_n\hat{\boldsymbol{e}} = 0$は同値であり，(3.27)は残差の合計・平均が0であることを示す．さらに，(3.27)と分散の定義(3.20)を見比べれば，残差の分散は，$N^{-1}\hat{\boldsymbol{e}}'\boldsymbol{J}\hat{\boldsymbol{e}} = N^{-1}\hat{\boldsymbol{e}}'\hat{\boldsymbol{e}} = N^{-1}\|\hat{\boldsymbol{e}}\|^2$と表せ，残差の大きさ$\|\hat{\boldsymbol{e}}\|^2$に比例することがわかる．

さて，(3.27)内の等式$\hat{\boldsymbol{e}} = \boldsymbol{J}\boldsymbol{y} - \boldsymbol{J}\boldsymbol{X}\hat{\boldsymbol{b}}$と図3.1を見比べると，残差ベクトル$\hat{\boldsymbol{e}}$が，図3.1(b)の点線の差ベクトルに等しく，これと$\boldsymbol{J}\boldsymbol{y}$と$\boldsymbol{J}\boldsymbol{X}\hat{\boldsymbol{b}}$が直角三角形を構成していることがわかる．この三角形を正面から見た様子を，(3.27)，(3.28)の等式とともに，図3.2に描いた．この図は，**ピタゴラスの定理**(三平方の定理)より，$\|\boldsymbol{J}\hat{\boldsymbol{y}}\|^2 + \|\hat{\boldsymbol{e}}\|^2 = \|\boldsymbol{J}\boldsymbol{y}\|^2$が成り立つことを示し，この式の両辺を$\|\boldsymbol{J}\boldsymbol{y}\|^2$で除すと

$$\frac{\|\boldsymbol{J}\hat{\boldsymbol{y}}\|^2}{\|\boldsymbol{J}\boldsymbol{y}\|^2} + \frac{\|\hat{\boldsymbol{e}}\|^2}{\|\boldsymbol{J}\boldsymbol{y}\|^2} = 1 \tag{3.29}$$

が得られる．この式から，0以上1以下の比率である$\|\hat{\boldsymbol{e}}\|^2/\|\boldsymbol{J}\boldsymbol{y}\|^2$，および，

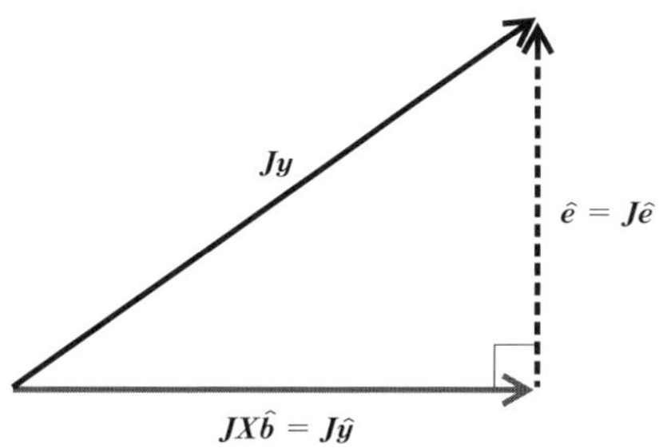

図 3.2　従属変数と予測値の平均からの偏差と残差のベクトルが構成する直角三角形

$\|J\hat{y}\|^2/\|Jy\|^2$ が，それぞれ，残差の大きさ，小ささを表すことがわかるが，分析結果の評価には，むしろ後者が利用される．これは，

$$\frac{\|J\hat{y}\|^2}{\|Jy\|^2}=\frac{N^{-1}\|J\hat{y}\|^2}{N^{-1}\|Jy\|^2}=\frac{N^{-1}\|JX\hat{b}\|^2}{N^{-1}\|Jy\|^2}=\frac{\hat{b}'S_{XX}\hat{b}}{s_{yy}}=\frac{s'_{Xy}S_{XX}^{-1}s_{Xy}}{s_{yy}} \quad (3.30)$$

のように書き換えられ，**決定係数**または**分散説明率**と呼ばれる．ここで，s_{yy} は従属変数の分散を表し，式の書き換えには，(3.21), (3.22), (3.28)を使っている．

分散説明率という名称は，(3.30)式の 3 番目の辺の分母が従属変数の分散，分子が説明変数を合成した得点 $X\hat{b}=\hat{b}_1x_1+\cdots+\hat{b}_px_p$ の分散であることによる．すなわち，分散説明率は，従属変数の分散のうち，説明変数によって説明される成分の比率という意味である．表 3.1 のデータの重回帰分析では，分散説明率は 0.73 となるが，これは，「T シャツの売上の分散の 73% は，素材・値段・デザインの分散によって説明される」，すなわち，「売上の多少の 73% は，素材の良し悪し・値段の高低・デザインの良否によって説明される」ことを表す．逆に言えば，売上の多少の 100%−73% = 27% は，三つの説明変数では説明されずに残るといえる．

決定係数の平方根は**重相関係数**と呼ばれ，次のように表せる．

$$\frac{\|J\hat{y}\|}{\|Jy\|}=\frac{\|J\hat{y}\|}{\|Jy\|}\times\frac{\|J\hat{y}\|}{\|J\hat{y}\|}=\frac{\hat{y}'J\hat{y}}{\|Jy\|\|J\hat{y}\|}=\frac{y'J\hat{y}}{\|Jy\|\|J\hat{y}\|}=\frac{s_{y\hat{y}}}{\sqrt{s_{yy}}\sqrt{s_{\hat{y}\hat{y}}}} \quad (3.31)$$

ここで，$s_{y\hat{y}}$ は従属変数と予測値の共分散，$s_{\hat{y}\hat{y}}$ は予測値の分散を表し，式の書き換えには，$y'J\hat{y}=\hat{y}'J\hat{y}$ となることを使っている．この $y'J\hat{y}=\hat{y}'J\hat{y}$ は，次のようにして導出される．すなわち，$y'J\hat{y}=(\hat{y}+\hat{e})'J\hat{y}=\hat{y}'J\hat{y}+\hat{e}'J\hat{y}$ と書き換えられ，図 3.2 が示す $J\hat{y}$ と $\hat{e}$ が直交性つまり $\hat{e}'J\hat{y}=0$ が，$y'J\hat{y}=\hat{y}'J\hat{y}$ を導く．(3.31)の右辺でわかるように，決定係数の平方根は，従属変数と予測値の共分散を両者の標準偏差で除したもの，つまり，両者間の相関係数である．

3.7 • 回帰係数の解釈

重回帰分析の回帰係数の意味を考えるため，それを**単回帰分析**の係数と比

較してみよう．例えば，表 3.1 の素材だけを説明変数とした単回帰分析を行うと，

$$売上 = -4.02\times 素材 + 128.73 + 誤差 \tag{3.32}$$

のように係数が負になり，「素材が良いほど売れない」という一見常識に反する解が得られる．さらに，素材と売上の相関係数を算出すると，それも -0.27 と負になる．しかし，重回帰分析の素材の係数は，(3.9)の 7.61 のように正である．

(3.32)の係数と相関係数が「素材が良いほど売れない」ことを示す理由は，両者の間に，値段という第 3 の変数が介在することによると推察される．この推察は，素材と値段，および，値段と売上の相関係数を求めると，前者が正(0.57)，後者が負(-0.58)になることに基づく．すなわち，「素材が良いと値段が高く，値段が高いと売れない」というように，値段の介在が考えられる．2 変数だけに基づく単回帰分析や相関係数の算出では，第 3 の変数は計算に含まれないので，その影響を考慮した結果を出しえないわけである．

しかし，前段の考察に基づけば，(3.32)の負の係数と相関係数が示す「素材が良いほど売れない」という結果は，事実には違いない．それに対して，重回帰分析結果(3.9)の素材の正の係数 7.61 を，どのように捉えればよいのか？ それは，「他の説明変数を一定にしたとき，素材が 1 増えれば，売上は平均して 7.61 増す」ことを示すと解釈できる．この解釈の論拠を，次の段落に記す．

モデル(3.8)の最初の説明変数に 1 を加えて，他の説明変数を一定にした式

$$y_+ = b_1(x_1+1)+\cdots+b_px_p+c+e_+ \tag{3.33}$$

を考えよう．ここで，従属変数や誤差の値も変わり得るので，添え字 + をつけて，(3.8)と区別している．その上で，(3.33)から(3.8)の両辺を減じると，

$$y_+-y = b_1+(e-e_+) \tag{3.34}$$

が得られる．ここで，多くの個体から得られた変数 x の値の平均を $E[x]$ と表すと，(3.34)の両辺の平均は，$E[y_+-y] = E[b_1]+E[e-e_+] = b_1$ となる．ここで，誤差の平均 $E[e]$ および $E[e_+]$ が 0 であることを仮定している．この仮定は，(3.27)から導出されたように，誤差の実現値といえる残差の平均が 0 であることからすれば，自然な仮定である．

以上の論拠による解釈は，どの説明変数の係数の解釈にも使える．例えば，(3.9)の値段につく回帰係数 -0.18 は，「素材とデザインを一定にすれば，値段が1(円)上ると，売上は平均0.18(枚)下がる」と解釈できる．

3.8●標準回帰係数

素データ $\boldsymbol{y}, \boldsymbol{X}$ を平均からの偏差に変換した $\boldsymbol{Jy}$ を従属変数，$\boldsymbol{JX}$ を説明変数とした重回帰分析は，どのような解を与えるか？ それは，ここまでの式の $\boldsymbol{y}, \boldsymbol{X}$ に，それぞれ，$\boldsymbol{Jy}, \boldsymbol{JX}$ を代入すればわかる．その結果，切片 c の解(3.14)が0になる以外，他の式はまったく不変である．以上の平均からの偏差をさらに標準偏差で除した**標準化得点**の重回帰分析の解を考えるのが，本節の主題である．説明変数 j の x_{ij} の標準化得点は，$\tilde{x}_{ij} = (x_{ij} - \bar{x}_j)/s_{jj}^{1/2}$ となる．このように，データを標準化得点に変換することを**標準化**と呼ぶが，すべての変数を標準化して，重回帰分析を適用して得られる解を**標準解**と呼ぶのに対して，素データ・平均からの偏差の分析結果を**非標準解**と呼ぶことがある．

標準解の性質をみる前の準備として，標準化得点とその共分散の行列表現を考えよう．説明変数のデータ行列 $\boldsymbol{X}$ を標準化した行列は，

$$\widetilde{\boldsymbol{X}} = \boldsymbol{JXD}^{-1/2} \tag{3.35}$$

と表せる．ここで，$\boldsymbol{D}$ は，変数 j の分散 s_{jj} つまり(3.20)を第 j 対角要素とする対角行列である．したがって，$\boldsymbol{D}^{-1/2}$ は，$s_{jj}^{-1/2}$ を対角に配した対角行列である．平均からの偏差と同様に標準化得点の平均も0であることは，(3.35)より容易にわかる．共分散行列の定義式(3.21)の $\boldsymbol{X}$ に(3.35)を代入すれば，標準化得点の共分散行列は，

$$\boldsymbol{R}_{XX} = \frac{1}{N}\widetilde{\boldsymbol{X}}'\boldsymbol{J}\widetilde{\boldsymbol{X}} = \frac{1}{N}\boldsymbol{D}^{-1/2}\boldsymbol{X}'\boldsymbol{JXD}^{-1/2} = \boldsymbol{D}^{-1/2}\boldsymbol{S}_{XX}\boldsymbol{D}^{-1/2} \tag{3.36}$$

と表せることがわかる．ここで，$\boldsymbol{R}_{XX}$ の (j, k) 要素は $r_{jk} = s_{jk}/(s_{jj}^{1/2}s_{kk}^{1/2})$ であり，これは，変数 j, k の共分散を各変数の標準偏差で除した**相関係数**である．すなわち，

$$\text{素データの相関係数} = \text{標準化得点の共分散} \tag{3.37}$$

である．明らかに $r_{jj} = 1$ であり，標準化得点の分散は常に1であることを

確認できる．同様にして，従属変数ベクトルを標準化したベクトルは $s_{yy}^{-1/2}\boldsymbol{Jy}$ と表せ，これと p 個の説明変数の標準化得点の共分散からなるベクトルは，

$$\boldsymbol{r}_{Xy} = s_{yy}^{-1/2}\boldsymbol{D}^{-1/2}\boldsymbol{s}_{Xy} \tag{3.38}$$

と表せ，この要素も相関係数である．

標準化得点 $s_{yy}^{-1/2}\boldsymbol{Jy}$ および(3.35)を，それぞれ，従属変数・説明変数とした重回帰分析を考えよう．標準化得点の平均は0になることと(3.18)より，切片 c の標準解は0となる．回帰係数の標準解を特に**標準回帰係数**と呼ぶが，非標準解(3.22)の $\hat{\boldsymbol{b}}$ と区別するため，標準回帰係数ベクトルを $\tilde{\boldsymbol{b}}$ と表すことにする．この $\tilde{\boldsymbol{b}}$ は，(3.22)右辺の $\boldsymbol{S}_{XX}, \boldsymbol{s}_{Xy}$ にそれぞれ，(3.36), (3.38)を代入して，$\tilde{\boldsymbol{b}} = \boldsymbol{R}_{XX}^{-1}\boldsymbol{r}_{Xy}$ と表せ，さらに，(3.36), (3.38)の右辺を使って

$$\begin{aligned}\tilde{\boldsymbol{b}} &= (\boldsymbol{D}^{-1/2}\boldsymbol{S}_{XX}\boldsymbol{D}^{-1/2})^{-1}(s_{yy}^{-1/2}\boldsymbol{D}^{-1/2}\boldsymbol{s}_{Xy}) \\ &= s_{yy}^{-1/2}\boldsymbol{D}^{1/2}\boldsymbol{S}_{XX}^{-1}\boldsymbol{s}_{Xy} = s_{yy}^{-1/2}\boldsymbol{D}^{1/2}\hat{\boldsymbol{b}}\end{aligned} \tag{3.39}$$

と書き換えられる．すなわち，非標準解の係数ベクトル $\hat{\boldsymbol{b}}$ の要素に，説明分散の標準偏差を乗じて，従属変数の標準偏差で除すと，標準回帰係数が得られる．

標準解と非標準解の間で決定係数が不変であることは，次のようにして導かれる．標準化得点の共分散行列 $\boldsymbol{R}_{XX}, \boldsymbol{r}_{Xy}$ を，決定係数の定義式(3.30)の $\boldsymbol{S}_{XX}, \boldsymbol{s}_{Xy}$ に代入すれば，標準解の決定係数が求められるが，それは，(3.36), (3.38)より，

$$\begin{aligned}\boldsymbol{r}'_{Xy}\boldsymbol{R}_{XX}^{-1}\boldsymbol{r}_{Xy} &= \left(\frac{1}{\sqrt{s_{yy}}}\boldsymbol{D}^{-1/2}\boldsymbol{s}_{Xy}\right)'(\boldsymbol{D}^{-1/2}\boldsymbol{S}_{XX}\boldsymbol{D}^{-1/2})^{-1}\left(\frac{1}{\sqrt{s_{yy}}}\boldsymbol{D}^{-1/2}\boldsymbol{s}_{Xy}\right) \\ &= \frac{\boldsymbol{s}'_{Xy}\boldsymbol{S}_{XX}^{-1}\boldsymbol{s}_{Xy}}{s_{yy}}\end{aligned} \tag{3.40}$$

のように書き換えられて，結局，非標準解の決定係数(3.30)と同じになる．この性質と(3.39)より，素データの分析とは別に，標準化得点の重回帰分析を行わなくてもよいことがわかる．すなわち，素データの分析で得られた回帰係数を(3.39)のように変換すればよいだけである．

変数間で分散の異なる素データ・平均からの偏差の分析結果である非標準解では，説明変数間での回帰係数の大小比較は，意味をなさない．一方，すべての変数の分散が1と統一化された標準化得点の分析結果である標準回帰係数は，変数間の大小比較が意味をなす．(3.9)の係数と表3.2の共分散を

(3.39)の該当箇所に代入すると，素材，値段，デザインの標準回帰係数は，それぞれ，0.51, −1.17, 0.77 と算出される．これらを比較すると，従属変数の売上への影響が最も大きい変数は，係数が −1.17 の値段であり，係数にマイナスがつくので，値段の安さが売上を高めるための大きな要因であると考えられる．

参考文献

［1］ 足立浩平,『多変量データ解析法 ―― 心理・教育・社会系のための入門』，ナカニシヤ出版，2006.

［2］ K. Adachi, *Matrix-based introduction to multivariate data analysis*, Springer, 2016.

［3］ 岩崎 学・吉田清隆,『統計データ解析入門 ―― 線形代数』，東京図書，2006.

［4］ 小西貞則,『多変量解析入門 ―― 線形から非線形へ』，岩波書店，2010.

［5］ 柳井晴夫,『多変量データ解析法 ―― 理論と応用』，朝倉書店，1994.

第4章

主成分分析と因子分析

足立浩平
●大阪大学

主成分分析と因子分析は，複数の変数の変動をより少数の因子に縮約する点で共通するが，両手法は異なる分析法である．本章では，まず，後続の節で使われる行列の基礎を解説した後，4.2 節と 4.3 節で，両分析法の類似と相違を簡潔に説明する．その後，4.4,4.5 節で主成分分析，4.6,4.7 節で因子分析を，より詳細に解説する．最後に 4.8 節で，両手法に関連し，回転と呼ばれる技法を紹介する．

4.1 • 行列の基礎：特異値分解

$n \times p$ の行列 $\boldsymbol{X} = [\boldsymbol{x}_1, \cdots, \boldsymbol{x}_p]$ の列ベクトルの中で，他のベクトルの線形結合では表せないベクトルの最大個数を $\boldsymbol{X}$ の**階数**と呼び，$\mathrm{rank}(\boldsymbol{X})$ のように表す．ここで，線形結合とは，$v_1\boldsymbol{x}_1 + v_2\boldsymbol{x}_2 + v_3\boldsymbol{x}_3$ のように，個々のベクトルに 0 でないスカラーを乗じた合計を表す．行列の積の階数について，

$$\mathrm{rank}(\boldsymbol{XY}) \leqq \min(\mathrm{rank}(\boldsymbol{X}), \mathrm{rank}(\boldsymbol{Y})) \tag{4.1}$$

が成り立つ．なお，$r = n = p$ のとき，$\boldsymbol{X}$ は**非特異**であると呼ばれ，非特異行列に対してだけ，その逆行列が存在する．$\boldsymbol{X}$ が非特異であれば $\mathrm{rank}(\boldsymbol{XY}) = \mathrm{rank}(\boldsymbol{Y})$ が，$\boldsymbol{Y}$ が非特異であれば $\mathrm{rank}(\boldsymbol{XY}) = \mathrm{rank}(\boldsymbol{X})$ が成り立つ．

行列の階数は，次の分解によって判明する．

●定理 4.1

任意の $n \times p$ の行列を $\boldsymbol{X}$ で表し，$n \geqq p$ とすると，$\boldsymbol{X}$ は，

$$\boldsymbol{X} = \widetilde{\boldsymbol{K}}\widetilde{\boldsymbol{D}}\widetilde{\boldsymbol{L}}' \tag{4.2}$$

のように分解できる．ここで，$\widetilde{\boldsymbol{K}}$ は $n \times p$，$\widetilde{\boldsymbol{L}}$ は $p \times p$ の行列で，$\widetilde{\boldsymbol{K}}'\widetilde{\boldsymbol{K}} = \widetilde{\boldsymbol{L}}'\widetilde{\boldsymbol{L}} = \widetilde{\boldsymbol{L}}\widetilde{\boldsymbol{L}}' = \boldsymbol{I}_p$ を満たす．そして，$\widetilde{\boldsymbol{D}}$ は $p \times p$ の対角行列であり，その対角要素は非負で降順に並ぶが，それらの中で，正の対角要素の数が $\mathrm{rank}(\boldsymbol{X})$ に等しい．以上の分解を，$\boldsymbol{X}$ の**拡張特異値分解**と呼ぶ．

上記の定理の導出は，[2](pp. 373-375)を参照されたい．

$\mathrm{rank}(\boldsymbol{X})$ が既知であれば，(4.2)の分解は次のように，よりコンパクトに表せる．

●定理 4.2

階数が r の任意の $n \times p$ の行列 $\boldsymbol{X}$ は,

$$\boldsymbol{X} = \boldsymbol{KDL}' \tag{4.3}$$

のように分解できる．ここで，$\boldsymbol{K}$ は $n \times r$，$\boldsymbol{L}$ は $p \times r$ の行列で，$\boldsymbol{K}'\boldsymbol{K} = \boldsymbol{L}'\boldsymbol{L} = \boldsymbol{I}_r$ を満たし，$\boldsymbol{D}$ は $r \times r$ の対角行列であり，その対角要素は正で降順に並ぶ．(4.3)を $\boldsymbol{X}$ の**特異値分解**，$\boldsymbol{D}$ の対角要素を $\boldsymbol{X}$ の**特異値**と呼ぶ．

ここで，$\boldsymbol{K}'\boldsymbol{K} = \boldsymbol{L}'\boldsymbol{L} = \boldsymbol{I}_r$ は，$\boldsymbol{K}, \boldsymbol{L}$ の列ベクトルどうしが直交することを意味して，$\boldsymbol{K}, \boldsymbol{L}$ は**列直交行列**と呼ばれる．さらに，定理 4.1 の $\tilde{\boldsymbol{L}}$ は列直交して，かつ，正方であり，$\tilde{\boldsymbol{L}}'\tilde{\boldsymbol{L}} = \tilde{\boldsymbol{L}}\tilde{\boldsymbol{L}}' = \boldsymbol{I}_p$ を満たすが，こうした行列は**直交行列**と呼ばれる．

$\boldsymbol{K}'\boldsymbol{K} = \boldsymbol{L}'\boldsymbol{L} = \boldsymbol{I}_r$ と(4.3)より，$\boldsymbol{X}$ の要素の平方和 $\|\boldsymbol{X}\|^2$ が特異値の平方和に等しいこと

$$\|\boldsymbol{X}\|^2 = \mathrm{tr}\,\boldsymbol{X}'\boldsymbol{X} = \mathrm{tr}\,\boldsymbol{LDK}'\boldsymbol{KDL}' = \mathrm{tr}\,\boldsymbol{D}^2 \tag{4.4}$$

が導かれる．以下，$\boldsymbol{X}$ を定理 4.2 に定義される通りの行列として，m を $1 \leqq m < r \leqq \min(n, p)$ を満たす整数とし，要素がすべて 0 の零行列を $\boldsymbol{O}$ と表す．また，行列のブロックの定義は，6.1 節を参照されたい．

●系 4.1

$\boldsymbol{K}, \boldsymbol{L}, \boldsymbol{D}$ のブロックを，$\boldsymbol{K} = [\boldsymbol{K}_m, \boldsymbol{K}_{[m]}]$，$\boldsymbol{L} = [\boldsymbol{L}_m, \boldsymbol{L}_{[m]}]$，$\boldsymbol{D} = \begin{bmatrix} \boldsymbol{D}_m & \boldsymbol{O} \\ \boldsymbol{O} & \boldsymbol{D}_{[m]} \end{bmatrix}$ と表すと，次のように書き換えられる．

$$\boldsymbol{X} = \boldsymbol{K}_m\boldsymbol{D}_m\boldsymbol{L}'_m + \boldsymbol{K}_{[m]}\boldsymbol{D}_{[m]}\boldsymbol{L}'_{[m]}. \tag{4.5}$$

ここで，$\boldsymbol{K}_m, \boldsymbol{L}_m, \boldsymbol{D}_m$ は，それぞれ，$n \times m$，$p \times m$，および，$m \times m$ の行列である．$\boldsymbol{K}'\boldsymbol{K} = \boldsymbol{L}'\boldsymbol{L} = \boldsymbol{I}_r$ が，$\boldsymbol{K}'_m\boldsymbol{K}_m = \boldsymbol{L}'_m\boldsymbol{L}_m = \boldsymbol{I}_m$，$\boldsymbol{K}'_m\boldsymbol{K}_{[m]} = \boldsymbol{L}'_m\boldsymbol{L}_{[m]} = \boldsymbol{O}$ と書き換えられること，および，(4.5)を用いて，次の 3 式が導かれる．

$$\begin{aligned} \mathrm{tr}\,\boldsymbol{X}'\boldsymbol{K}_m\boldsymbol{D}_m\boldsymbol{L}'_m &= \mathrm{tr}(\boldsymbol{K}_m\boldsymbol{D}_m\boldsymbol{L}'_m + \boldsymbol{K}_{[m]}\boldsymbol{D}_{[m]}\boldsymbol{L}'_{[m]})'\boldsymbol{K}_m\boldsymbol{D}_m\boldsymbol{L}'_m \\ &= \|\boldsymbol{K}_m\boldsymbol{D}_m\boldsymbol{L}'_m\|^2 = \mathrm{tr}\,\boldsymbol{D}_m^2 \end{aligned} \tag{4.6}$$

$$\boldsymbol{XL}_m\boldsymbol{D}_m^{-1} = (\boldsymbol{K}_m\boldsymbol{D}_m\boldsymbol{L}'_m + \boldsymbol{K}_{[m]}\boldsymbol{D}_{[m]}\boldsymbol{L}'_{[m]})\boldsymbol{L}_m\boldsymbol{D}_m^{-1} = \boldsymbol{K}_m. \tag{4.7}$$

$$\boldsymbol{XL}_m\boldsymbol{L}'_m = (\boldsymbol{K}_m\boldsymbol{D}_m\boldsymbol{L}'_m + \boldsymbol{K}_{[m]}\boldsymbol{D}_{[m]}\boldsymbol{L}'_{[m]})\boldsymbol{L}_m\boldsymbol{L}'_m$$

$$= \boldsymbol{K}_m \boldsymbol{D}_m \boldsymbol{L}'_m. \tag{4.8}$$

$\boldsymbol{X}$ を所与とした諸関数の最小化・最大化が，特異値分解を用いて達成されることを記す三つの定理を，次に掲げる．

●定理 4.3

$n \times p$ の行列 $\boldsymbol{M}$ の階数が $\mathrm{rank}(\boldsymbol{M}) \leqq m \leqq r = \mathrm{rank}(\boldsymbol{X})$ という制約条件のもとで，$\|\boldsymbol{X}-\boldsymbol{M}\|^2$ を最小にする $\boldsymbol{M}$ を求める問題は，**低階数近似**と呼ばれ，その解は $\boldsymbol{M} = \boldsymbol{K}_m \boldsymbol{D}_m \boldsymbol{L}'_m$ で与えられる．

●定理 4.4

制約条件 $\boldsymbol{C}'\boldsymbol{C} = \boldsymbol{I}_m$ のもとで，$f(\boldsymbol{C}) = \mathrm{tr}\, \boldsymbol{X}'\boldsymbol{C}$ は，$\boldsymbol{C} = \boldsymbol{K}_m \boldsymbol{L}'_m$ のときに最大化される．

●定理 4.5

制約条件 $\boldsymbol{W}'\boldsymbol{W} = \boldsymbol{I}_m$ のもとで $f(\boldsymbol{W}) = \mathrm{tr}\, \boldsymbol{W}\boldsymbol{X}'\boldsymbol{X}\boldsymbol{W}$ を最大にする $\boldsymbol{W}$ は，$\boldsymbol{W} = \boldsymbol{L}_m \boldsymbol{T}$ によって与えられる．ここで，$\boldsymbol{T}$ は $m \times m$ の直交行列である．

以上の三つの定理が[6](pp. 28-29)の定理から導かれることは，[1](AppendixA. 4)に解説される．

定理 4.5 に現れる $\boldsymbol{X}'\boldsymbol{X}$ の特異値分解は，$\boldsymbol{K}'\boldsymbol{K} = \boldsymbol{L}'\boldsymbol{L} = \boldsymbol{I}_r$ と(4.3)より，

$$\boldsymbol{X}'\boldsymbol{X} = \boldsymbol{L}\boldsymbol{D}^2\boldsymbol{L}' \tag{4.9}$$

と表せるが，これは，$\boldsymbol{X}'\boldsymbol{X}$ の**固有値分解**または**スペクトル分解**とも呼ばれ，$\boldsymbol{D}^2 = \boldsymbol{D}\boldsymbol{D}$ の対角要素は，$\boldsymbol{X}'\boldsymbol{X}$ の**固有値**と呼ばれる．

4.2 • 主成分分析と因子分析の類似と相違

本章の主題である主成分・因子分析は，ともに，n 個体×p 変数のデータ行列 $\boldsymbol{X}$ を分析対象とする．ただし，解説の簡潔化のため，$\boldsymbol{X}$ は，$\boldsymbol{1}'_n \boldsymbol{X} = \boldsymbol{0}'_p$ となるように，既に平均からの偏差に変換されていることを前提とする．

主成分分析は種々の方法で定式化できるが，因子分析との比較がしやすい方法は，n 個体×m 次元の行列 $\boldsymbol{F}$ と p 変数×m 次元の $\boldsymbol{A}$ の転置の積によってデータ行列 $\boldsymbol{X}$ を近似することと，主成分分析を定式化することである．この近似は，n 個体×p 変数の誤差行列 $\boldsymbol{E}$ を使って，

$$\boldsymbol{X} = \boldsymbol{F}\boldsymbol{A}' + \boldsymbol{E} \tag{4.10}$$

とモデル化できる．古典的な教科書では，(4.10)とは相当異なる定式化で主成分分析が導入されるが，それは 4.5 節に記される．(4.10)に基づけば，分析の目的は，誤差をできるだけ小さくする $\boldsymbol{F}, \boldsymbol{A}$ の解を求めることになる．ここで，肝心な条件は，$\mathrm{rank}(\boldsymbol{X}) = r$ より次元数 m が小さいことであり，そのことを，(4.10)では四角形の辺の長さで表している．(4.1)より $\mathrm{rank}(\boldsymbol{F}\boldsymbol{A}') \leqq m \leqq r \leqq \min(n, p) = \mathrm{rank}(\boldsymbol{X})$ であり，(4.10)の $\boldsymbol{F}\boldsymbol{A}'$ を求めることは，$\boldsymbol{X}$ の**低階数近似**と呼ばれる．この近似を例解するため，例えば，表 4.1 の 20 名の受験者×5 科目の得点を $\boldsymbol{X}$ としよう．このデータに対する $m = 2$ の解は，5 科目の情報をより少数の 2 次元に縮約したものとみなせる．すなわち，5 つの科目で測られた 20 名の受験者の学力特性を，$\boldsymbol{F}$ の要素は 2 次元の値で示すこととなり，この 2 次元と 5 科目との関係は，**負荷量**と呼ばれる $\boldsymbol{A}$ の要素によって表される．

因子分析のモデルも，(4.10)のように書ける．ただし，誤差行列 $\boldsymbol{E}$ が

表 4.1　テスト得点を標準化した[4]（表 7-3）の仮想数値例

受験者	国語	社会	数学	理科	英語
1	0.21	−0.16	−0.77	−1.06	−0.88
2	−0.08	0.97	1.28	−0.21	0.57
3	−0.23	1.20	0.62	0.89	0.16
⋮	⋮	⋮	⋮	⋮	⋮
19	−1.24	−0.05	−0.04	−1.74	−1.70
20	−1.10	−0.85	−0.77	0.30	−1.60

$$\frac{1}{n}\boldsymbol{E}'\boldsymbol{E} = \boldsymbol{\Psi} = \begin{bmatrix} \psi_1 & 0 & \cdots & 0 \\ 0 & \psi_2 & \ddots & \vdots \\ \vdots & \ddots & \ddots & 0 \\ 0 & \cdots & 0 & \psi_p \end{bmatrix} \quad (対角行列) \tag{4.11}$$

と制約される点で，因子分析は主成分分析から峻別される．さらに，

$$\boldsymbol{1}_n'\boldsymbol{E} = \boldsymbol{0}_p', \quad \boldsymbol{1}_n'\boldsymbol{F} = \boldsymbol{0}_p', \quad \boldsymbol{F}'\boldsymbol{E} = \boldsymbol{O} \tag{4.12}$$

という仮定もおかれる．(4.12)の $\boldsymbol{1}_n'\boldsymbol{E} = \boldsymbol{0}_p'$，すなわち，$\boldsymbol{E}$ の列平均が 0 であることより，$n^{-1}\boldsymbol{E}'\boldsymbol{E}$ は p 変数×p 変数の誤差の共分散行列を表し，それが(4.11)のように対角行列と制約される．これは，異なる変数に対応する誤差どうしの共分散は 0，すなわち，変数間の**誤差の無相関**を意味する．一方，主成分分析には誤差に関する制約はなく，後述するように，解は(4.12)を満たすが，(4.11)を満たさない．

さて，$m \times m$ の非特異行列 $\boldsymbol{S}$ を使って，モデル(4.10)は $\boldsymbol{X} = \boldsymbol{F}\boldsymbol{S}\boldsymbol{S}^{-1}\boldsymbol{A}' + \boldsymbol{E}$ のように書き換えられ，$\boldsymbol{F}, \boldsymbol{A}$ の解が求まったとしても，それを変換した $\boldsymbol{F}\boldsymbol{S}$, $\boldsymbol{A}\boldsymbol{S}^{-1\prime}$ も $\boldsymbol{F}, \boldsymbol{A}$ の解とみなせる．このように解が一意でないことを**不定性**と呼ぶが，不定性を縮小するため，

$$\frac{1}{n}\boldsymbol{F}'\boldsymbol{F} = \boldsymbol{I}_m \tag{4.13}$$

という制約条件をおくことがある．しかし，条件(4.13)のもとでも，$\boldsymbol{T}\boldsymbol{T}' = \boldsymbol{I}_m$ となる $m \times m$ の直交行列 $\boldsymbol{T}$ を用いると，(4.10)は

$$\boldsymbol{X} = \boldsymbol{F}\boldsymbol{T}\boldsymbol{T}'\boldsymbol{A}' + \boldsymbol{E} \tag{4.14}$$

と書き換えられ，(4.13)の $\boldsymbol{F}$ に $\boldsymbol{F}\boldsymbol{T}$ を代入できる．すなわち，$\boldsymbol{F}\boldsymbol{T}, \boldsymbol{A}\boldsymbol{T}$ も，$\boldsymbol{F}, \boldsymbol{A}$ の解とみなせ，解は不定である．そこで，次の 2 段階の解法がとられることが多い．

（1） 解が一意になる条件を付加して，解を求める．

（2） 解釈しやすい $\boldsymbol{A}\boldsymbol{T}$ を与える $\boldsymbol{T}$ を求め，$\boldsymbol{A}\boldsymbol{T}$ を $\boldsymbol{A}$ の解とみなす．

段階(2)の手続きは回転と呼ばれ，4.8 節で解説される．

4.3 ● 数値例からみた主成分・因子分析

表 4.1 のデータに条件(4.13)を考慮した主成分分析と因子分析を適用し，分析結果の負荷量行列 $\boldsymbol{A}$ と $n^{-1}\boldsymbol{E}'\boldsymbol{E}$ の対角要素である誤差分散を，表 4.2 に掲げる．ここで，$\boldsymbol{A}$ は，4.8 節で解説する回転を適用した後の行列である．なお，前節で次元と呼んだものを，表 4.2 では，成分または因子と記している．

表 4.2　主成分・因子成分の負荷量・誤差分析の解

主成分分析				因子分析			
変数	負荷量 成分 1	負荷量 成分 2	誤差分散	変数	負荷量 因子 1	負荷量 因子 2	誤差分散
国語	0.81	0.10	0.33	国語	0.73	0.10	0.46
社会	0.79	0.10	0.37	社会	0.47	0.18	0.75
数学	0.08	0.78	0.38	数学	0.19	0.52	0.69
理科	0.04	0.82	0.32	理科	0.08	0.75	0.45
英語	0.43	0.59	0.47	英語	0.37	0.45	0.66

表 4.2 の結果を解釈するため，モデル(4.10)を，

$$\tilde{\boldsymbol{x}}_j = \boldsymbol{F}\tilde{\boldsymbol{a}}_j' + \tilde{\boldsymbol{e}}_j = a_{j1}\tilde{\boldsymbol{f}}_1 + \cdots + a_{jm}\tilde{\boldsymbol{f}}_m + \tilde{\boldsymbol{e}}_j \qquad (j = 1, \cdots, p) \tag{4.15}$$

と書き換えよう．ここで，$\tilde{\boldsymbol{x}}_j$ と $\tilde{\boldsymbol{e}}_j$ は，それぞれ，$\boldsymbol{X}$ と $\boldsymbol{E}$ の第 j 列を表し，$\tilde{\boldsymbol{a}}_j' = [a_{j1}, \cdots, a_{jm}]$ は $\boldsymbol{A}$ の第 j 行を，$\tilde{\boldsymbol{f}}_k$ は $\boldsymbol{F}$ の第 k 列を表す．第 3 章の(3.8)式を参照すると，(4.15)は，変数 j を従属変数，$\boldsymbol{F}$ の各列を説明変数として，切片は 0 である重回帰分析のモデルといえる．例えば，$\tilde{\boldsymbol{x}}_j$ を国語として a_{ij} に表 4.2 の因子分析の解を代入すると，(4.15)は「国語 $= 0.73\,\tilde{\boldsymbol{f}}_1 + 0.10\,\tilde{\boldsymbol{f}}_2 +$ 誤差」と表せる．(4.12)と(4.13)より $\boldsymbol{F}$ の各列は標準化されているため，カッコ内の負荷量 0.73, 0.10 は**標準回帰係数**とみなせ，大小比較ができる．すなわち，国語の成績への寄与は，$\tilde{\boldsymbol{f}}_2$ よりも $\tilde{\boldsymbol{f}}_1$ の方が大きいと言える．国語以外も(4.15)の式で表せ，それを視覚的に表したのが図 4.1 と図 4.2 である．ここで，$\tilde{\boldsymbol{f}}_1, \tilde{\boldsymbol{f}}_2$ から変数に伸びるパス(矢印)の幅を，負荷量の大きさに比例させている．両図ともに，$\tilde{\boldsymbol{f}}_1$ は国語・社会に太いパスを伸ばして文科系能力

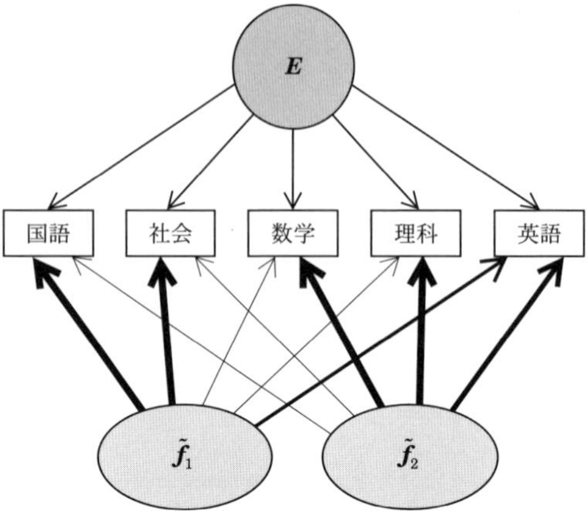

図 4.1　主成分分析の解

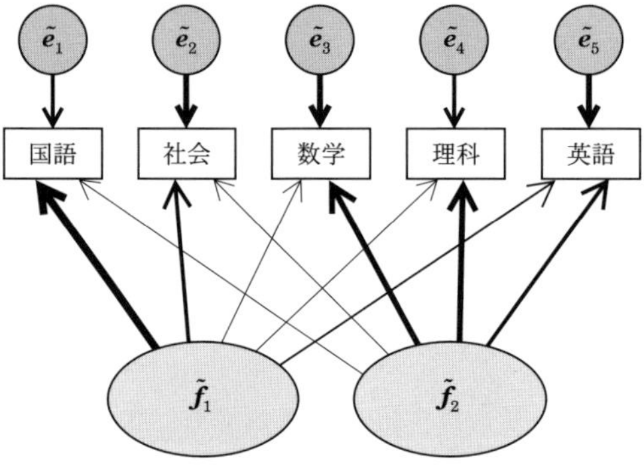

図 4.2　因子分析の解

を表すのに対して，数学・理科に太いパスを伸ばす $\tilde{\boldsymbol{f}}_2$ は理科系能力を表し，$\tilde{\boldsymbol{f}}_1, \tilde{\boldsymbol{f}}_2$ 双方から比較的太いパスを受ける英語は文科・理科系双方の能力に関わるといった解釈ができよう．

さて，図 4.1 と図 4.2 は，上部の誤差の描き方で異なる．主成分分析の誤差には制約がないので，図 4.1 では，一個の丸で誤差全体 $\boldsymbol{E}$ を表して，そこから各変数にパスを伸ばしている．一方，因子分析の図 4.2 では，誤差 $\tilde{\boldsymbol{e}}_j$ が対応する変数 $\tilde{\boldsymbol{x}}_j$ にだけパスを伸ばしているが，これは，(4.11)が示すように，因子分析の誤差は変数間で無相関であることを表す．この性質のため，$\tilde{\boldsymbol{f}}_1, \tilde{\boldsymbol{f}}_2$ が複数の変数に**共通の因子**であるのに対して，誤差 $\tilde{\boldsymbol{e}}_j$ は各変数に**独自の因子**であるとみなせる．例えば，数学の誤差分散 0.69 は，数学の成績の高低の 69% は，共通因子では説明されず，数学に独自の因子(いわば数学特有の能力)を表すとみなせる．こうした解釈は，主成分分析の誤差分散ではできない．

4.4 • 主成分分析の解

(4.1)のようにモデル化される主成分分析の解は，**最小二乗基準**(誤差の平方和)

$$\phi = \|\boldsymbol{E}\|^2 = \|\boldsymbol{X} - \boldsymbol{F}\boldsymbol{A}'\|^2 \tag{4.16}$$

を最小にする $\boldsymbol{F}, \boldsymbol{A}$ である．ここで，$\mathrm{rank}(\boldsymbol{F}\boldsymbol{A}')$ の上限は m であるので，定理 4.3 の $\boldsymbol{M}$ は $\boldsymbol{F}\boldsymbol{A}'$ に置き換えられ，定理 4.1, 4.2 と系 4.1 の $\boldsymbol{X}$ をデータ行列とすれば，

$$\boldsymbol{F}\boldsymbol{A}' = \boldsymbol{K}_m \boldsymbol{D}_m \boldsymbol{L}_m' \tag{4.17}$$

のとき，(4.16)は最小になる．その最小値 $\phi_{\min}$ は，(4.16)を展開した $\|\boldsymbol{X}\|^2 - 2\mathrm{tr}\,\boldsymbol{X}'\boldsymbol{F}\boldsymbol{A}' + \|\boldsymbol{F}\boldsymbol{A}'\|^2$ に(4.17)を代入して，$\phi_{\min} = \|\boldsymbol{X}\|^2 - 2\mathrm{tr}\,\boldsymbol{X}'\boldsymbol{K}_m\boldsymbol{D}_m\boldsymbol{L}_m' + \|\boldsymbol{K}_m\boldsymbol{D}_m\boldsymbol{L}_m'\|^2$ と表せ，さらに，(4.6)を使って，$\phi_{\min} = \|\boldsymbol{X}\|^2 - \|\boldsymbol{D}_m\|^2 = \|\boldsymbol{X}\|^2(1-g_m) = \|\boldsymbol{D}\|^2(1-g_m) \geqq 0$ と書き換えられる．ここで，

$$g_m = \frac{\|\boldsymbol{D}_m\|^2}{\|\boldsymbol{X}\|^2} = \frac{\|\boldsymbol{D}_m\|^2}{\|\boldsymbol{D}\|^2} \tag{4.18}$$

は，$\phi_{\min}$ が小さいほど大きな値をとる 0 以上 1 以下の比率であり，**累積寄与率**と呼ばれる．なお，(4.17)を使えば，(4.5)は $\boldsymbol{X} = \boldsymbol{F}\boldsymbol{A}' + \boldsymbol{K}_{[m]}\boldsymbol{D}_{[m]}\boldsymbol{L}_{[m]}'$ と書き換えられ，これと(4.10)を見比べれば，分析結果の $\boldsymbol{E}$ は，

$$\boldsymbol{E} = \boldsymbol{K}_{[m]}\boldsymbol{D}_{[m]}\boldsymbol{L}_{[m]}'. \tag{4.19}$$

となることがわかる．(4.19)より，変数間の誤差の共分散行列は $n^{-1}\boldsymbol{E}'\boldsymbol{E} = \boldsymbol{L}_{[m]}'\boldsymbol{D}_{[m]}^2\boldsymbol{L}_{[m]}$ と表せ，これは(4.11)のような対角行列にはならない．

(4.17)より，スカラー α, β と非特異行列 $\boldsymbol{S}$ を使って，$\boldsymbol{F}, \boldsymbol{A}$ の解は，

$$\boldsymbol{F} = \alpha\boldsymbol{K}_m\boldsymbol{D}_m^{\beta}\boldsymbol{S}, \qquad \boldsymbol{A} = \alpha^{-1}\boldsymbol{L}_m\boldsymbol{D}_m^{(1-\beta)}\boldsymbol{S}^{-1} \tag{4.20}$$

と表せる．ただし，$\alpha \neq 0$ である．上式の $\boldsymbol{F}$，(4.7)，$\boldsymbol{1}_n'\boldsymbol{X} = \boldsymbol{0}_p'$ より(4.12)の

$\mathbf{1}_n'\boldsymbol{F} = \mathbf{0}_p'$ が導かれ，この結果と $\boldsymbol{E} = \boldsymbol{X} - \boldsymbol{F}\boldsymbol{A}'$ より(4.12)の $\mathbf{1}_n'\boldsymbol{E} = \mathbf{0}_p'$ が導かれる．さらに，(4.8)，(4.19)，(4.20)より(4.12)の $\boldsymbol{F}'\boldsymbol{E} = \boldsymbol{O}$ が導かれる．条件(4.13)を考慮すると，(4.20)が示す不定性は，$\boldsymbol{F} = n^{1/2}\boldsymbol{K}_m\boldsymbol{T}$，$\boldsymbol{A} = n^{-1/2}\boldsymbol{L}_m\boldsymbol{D}_m\boldsymbol{T}$ のように縮小できる．

4.5 • 変数の重みつき合計としての主成分

$\boldsymbol{F}$ の第 k 列 $\tilde{\boldsymbol{f}}_k$ の要素を，第 k **主成分得点**と呼ぶ．ここまでの主成分分析の定式化ではなく，主成分得点を $\boldsymbol{X} = [\tilde{\boldsymbol{x}}_1, \cdots, \tilde{\boldsymbol{x}}_p]$ の各変数の重みつき合計 $\tilde{\boldsymbol{f}}_k = w_{1k}\tilde{\boldsymbol{x}}_1 + \cdots + w_{pk}\tilde{\boldsymbol{x}}_p = \boldsymbol{X}\boldsymbol{w}_k$ と定義して，**重みベクトル** $\boldsymbol{w}_k = [w_{1k}, \cdots, w_{pk}]'$ を求める問題として定式化することが，むしろ伝統的な主成分分析の導入法である．すなわち，p 変数×m 成分の重み行列を $\boldsymbol{W} = [\boldsymbol{w}_1, \cdots, \boldsymbol{w}_m]$ と定義すると，$\boldsymbol{F} = \boldsymbol{X}\boldsymbol{W}$ と表せるが，$\boldsymbol{W}'\boldsymbol{W} = \boldsymbol{I}_m$，$\boldsymbol{F}'\boldsymbol{F}$ が対角行列という制約条件のもとで，$n^{-1}\tilde{\boldsymbol{f}}_k'\tilde{\boldsymbol{f}}_k = n^{-1}\boldsymbol{w}_k'\boldsymbol{X}'\boldsymbol{X}\boldsymbol{w}_k$ を最大化する $\boldsymbol{w}_k$ を $k = 1, \cdots, m$ について求める問題と，主成分分析は定式化できる．上記の最大化は，

$$\mathrm{tr}\,\boldsymbol{F}'\boldsymbol{F} = \mathrm{tr}\,\boldsymbol{W}'\boldsymbol{X}'\boldsymbol{X}\boldsymbol{W} \tag{4.21}$$

を最大にする $\boldsymbol{W}$ を求めることと言い換えられる．$\mathbf{1}_n'\boldsymbol{X} = \mathbf{0}_p'$ より $\boldsymbol{F} = \boldsymbol{X}\boldsymbol{W}$ の列平均も 0 であることから，$n^{-1}\tilde{\boldsymbol{f}}_k'\tilde{\boldsymbol{f}}_k$ は主成分得点の分散を表す．すなわち，主成分分析は，変数の重みつき合計得点の**分散最大化**の問題とみなせる．

(4.21)の最大化と前節までの定式化の同等性は，$\boldsymbol{F} = \boldsymbol{X}\boldsymbol{W}$ を(4.16)に代入すれば，見出せる．この代入によって，(4.16)は

$$\phi = \|\boldsymbol{X} - \boldsymbol{X}\boldsymbol{W}\boldsymbol{A}'\|^2 \tag{4.22}$$

と書き換えられるが，(4.1)より $\mathrm{rank}(\boldsymbol{X}\boldsymbol{W}\boldsymbol{A}')$ の上限が m であることから，定理 4.3 の $\boldsymbol{M}$ は $\boldsymbol{X}\boldsymbol{W}\boldsymbol{A}'$ に置き換えられ，(4.22)が最小になるのは $\boldsymbol{X}\boldsymbol{W}\boldsymbol{A}' = \boldsymbol{K}_m\boldsymbol{D}_m\boldsymbol{L}_m'$ のときである．この式は，(4.8)より，$\boldsymbol{X}\boldsymbol{W}\boldsymbol{A}' = \boldsymbol{X}\boldsymbol{L}_m\boldsymbol{L}_m'$，さらに，$\boldsymbol{W}\boldsymbol{A}' = \boldsymbol{L}_m\boldsymbol{L}_m'$ と書き換えられる．以上の結果は，(4.22)の最小化と，(4.22)に $\boldsymbol{A} = \boldsymbol{W}$ を代入した

$$\phi = \|\boldsymbol{X} - \boldsymbol{X}\boldsymbol{W}\boldsymbol{W}'\|^2 \tag{4.23}$$

の最小化が同等であることを示す．ここで，条件 $\boldsymbol{W}'\boldsymbol{W} = \boldsymbol{I}_m$ を使えば，(4.23)は，$\phi = \|\boldsymbol{X}\|^2 - \mathrm{tr}\,\boldsymbol{W}'\boldsymbol{X}'\boldsymbol{X}\boldsymbol{W}'$ と展開でき，前節までの定式化から導かれた(4.23)の最小化と，条件 $\boldsymbol{W}'\boldsymbol{W} = \boldsymbol{I}_m$ のもとでの(4.21)の最大化の同等性

がわかる．この最大化は，定理4.5より，$\boldsymbol{W}=\boldsymbol{L}_m\boldsymbol{T}$ のときに達成される．この解を $\boldsymbol{F}=\boldsymbol{X}\boldsymbol{W}$ に代入して，(4.6)，(4.8)を使えば，主成分得点の行列は $\boldsymbol{F}=\boldsymbol{X}\boldsymbol{L}_m\boldsymbol{T}=\boldsymbol{K}_m\boldsymbol{D}_m\boldsymbol{T}$ と表せるが，$\boldsymbol{F}'\boldsymbol{F}$ が対角行列という条件を考慮すると，$\boldsymbol{T}=\boldsymbol{I}_m$ でなければならない．このとき，$\boldsymbol{F}-\boldsymbol{K}_m\boldsymbol{D}_m$ であり，$\boldsymbol{F}'\boldsymbol{F}=\boldsymbol{D}_m^2$ となる．なお，解 $\boldsymbol{F}=\boldsymbol{K}_m\boldsymbol{D}_m$ は(4.20)の特殊ケースである．

主成分分析は，データの散布を**可視化**するものとみなせることを，以下に示そう．$\boldsymbol{X}$ および $\boldsymbol{F}$ の第 i 行を，それぞれ，$\boldsymbol{x}_i'(1\times p)$，$\boldsymbol{f}_i'=[f_{i1},\cdots,f_{im}]$ と表すと，$\boldsymbol{F}=\boldsymbol{X}\boldsymbol{W}$ の第 i 行は $\boldsymbol{f}_i'=\boldsymbol{x}_i'\boldsymbol{W}$ と表せるが，これを使って，誤差平方和(4.23)は $\sum_{i=1}^{n}\|\boldsymbol{x}_i'-\boldsymbol{x}_i'\boldsymbol{W}\boldsymbol{W}'\|^2=\sum_{i=1}^{n}\|\boldsymbol{x}_i'-\boldsymbol{f}_i'\boldsymbol{W}'\|^2$ と書き換えられ，主成分分析は，個体 i のデータベクトル $\boldsymbol{x}_i'$ を

$$\boldsymbol{f}_i'\boldsymbol{W}'=f_{i1}\boldsymbol{w}_1'+\cdots+f_{im}\boldsymbol{w}_m' \tag{4.24}$$

によって近似しているといえる．ここで，$\boldsymbol{W}'\boldsymbol{W}=\boldsymbol{I}_m$ より，$\boldsymbol{w}_1,\cdots,\boldsymbol{w}_m$ は互いに直交する座標軸を定義する長さ1のベクトルであり，主成分得点 f_{ik} はその軸上の座標値とみなせる．以上の近似を，$m=2$，$\boldsymbol{x}_i'$ を表4.1の各受験者の成績として，図4.3に描いた．表4.1は5変数のため，受験者の散布図は，私たちには見えない5次元の空間を要するが，図4.3の(A)に模式的に描き，これを近似する(4.24)，すなわち，$\boldsymbol{f}_i'\boldsymbol{W}'=f_{i1}\boldsymbol{w}_1'+f_{i2}\boldsymbol{w}_2'$ を(B)に描いた．$\boldsymbol{f}_i'\boldsymbol{W}'$ が表す点も5次元の空間内にあるが，すべての点は $\boldsymbol{w}_1,\boldsymbol{w}_2$ を座標軸とする平面上にあるので，それを正面からみれば，主成分得点 $[f_{i1},f_{i2}]$ を座標値とした個体 $i=1,\cdots,n$ の散布図となる．

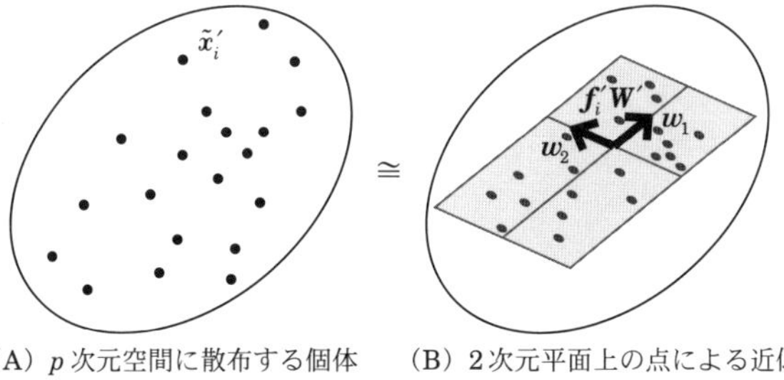

(A) p 次元空間に散布する個体　(B) 2次元平面上の点による近似

図 4.3　多次元空間における個体散布(A)の可視化(B)

4.6 ● 因子分析の確率モデルと最尤法

3章～6章は，行列の代数だけに基づいて多変量データ解析を解説することを基本方針としているが，因子分析では，確率モデルに基づく定式化が普及しているため([3],[7])，本節と4.7節だけは，確率統計の数理に基づく記述を交えざるを得ない．すなわち，因子分析の確率モデルでは，一般に，(4.10)の $\boldsymbol{F}, \boldsymbol{E}$，および，$\boldsymbol{X}$ の各行は，それぞれ，確率的に変動して種々の値を取るベクトル $\boldsymbol{f}', \boldsymbol{e}', \boldsymbol{x}'$ で占められると想定される．一方，$\boldsymbol{A}$ および(4.11)の $\boldsymbol{\Psi}$ は，それらの解を求めるべき固定値のパラメータ行列とみなされる．したがって，(4.10)は $\boldsymbol{x}' = \boldsymbol{f}'\boldsymbol{A}+\boldsymbol{e}'$ と書き換えられ，これを転置すれば，

$$\boldsymbol{x} = \boldsymbol{A}\boldsymbol{f}+\boldsymbol{e} \tag{4.25}$$

となる．すなわち，確率的に変動する**因子**ベクトル $\boldsymbol{f}$ に負荷量行列 $\boldsymbol{A}$ が乗じられて，それに誤差が加わったものが，観測される $\boldsymbol{x}$ であると仮定される．さらに，(4.11),(4.12),(4.13)に記される計五つの式は，

$$\begin{aligned} &E[\boldsymbol{f}] = \boldsymbol{0}_m, \quad E[\boldsymbol{f}\boldsymbol{f}'] = \boldsymbol{I}_m, \quad E[\boldsymbol{f}\boldsymbol{e}'] = \boldsymbol{O}, \\ &E[\boldsymbol{e}] = \boldsymbol{0}_p, \quad E[\boldsymbol{e}\boldsymbol{e}'] = \boldsymbol{\Psi}. \end{aligned} \tag{4.26}$$

と書き換えられる．ここで，$E[\boldsymbol{f}\boldsymbol{e}']$ は $m \times p$ の $\boldsymbol{f}\boldsymbol{e}'$ の期待値の行列を表し，簡単に言えば，無限に多く観測された $\boldsymbol{f}\boldsymbol{e}'$ を平均した行列を表す．(4.25)と(4.26)より，$E[\boldsymbol{x}] = E[\boldsymbol{A}\boldsymbol{f}+\boldsymbol{e}] = \boldsymbol{A}E[\boldsymbol{f}]+E[\boldsymbol{e}] = \boldsymbol{0}_p$ であるため，$\boldsymbol{x}$ の共分散行列は $\boldsymbol{\Sigma} = E[\boldsymbol{x}\boldsymbol{x}']$ と表せ，これは，次のように書き換えられる．

$$\begin{aligned} \boldsymbol{\Sigma} &= E[(\boldsymbol{A}\boldsymbol{f}+\boldsymbol{e})(\boldsymbol{A}\boldsymbol{f}+\boldsymbol{e})'] \\ &= E[\boldsymbol{A}\boldsymbol{f}\boldsymbol{f}'\boldsymbol{A}'+\boldsymbol{A}\boldsymbol{f}\boldsymbol{e}'+\boldsymbol{e}\boldsymbol{f}'\boldsymbol{A}'+\boldsymbol{e}\boldsymbol{e}'] \\ &= \boldsymbol{A}E[\boldsymbol{f}\boldsymbol{f}']\boldsymbol{A}'+\boldsymbol{A}E[\boldsymbol{f}\boldsymbol{e}']+E[\boldsymbol{e}\boldsymbol{f}']\boldsymbol{A}'+E[\boldsymbol{e}\boldsymbol{e}'] \\ &= \boldsymbol{A}\boldsymbol{A}'+\boldsymbol{\Psi}. \end{aligned} \tag{4.27}$$

パラメータ $\boldsymbol{A}$ と $\boldsymbol{\Psi}$ を推定するためのいくつかの方法があるが，ここでは，**最尤法**を取り上げる．最尤法の原理を解説するため，$\boldsymbol{\Theta} = [\boldsymbol{A}, \boldsymbol{\Psi}]$ が与えられたときの $\boldsymbol{x}$ の確率密度を $P(\boldsymbol{x}|\boldsymbol{\Theta})$ と表そう．データ行列 $\boldsymbol{X}$ の行 $\boldsymbol{x}_1', \cdots, \boldsymbol{x}_n'$ が互いに独立に観測されたとすると，それらの同時確率密度は，$P(\boldsymbol{X}|\boldsymbol{\Theta}) = \prod_{i=1}^{n} P(\boldsymbol{x}_i|\boldsymbol{\Theta})$ と表せる．一文で最尤法を定義すれば，「起きた出来事の尤もらしさが最大になるようにパラメータを推定する方法」と表せ，私たちが日

常的に出来事の原因を探すときの心理と似ている．カッコ内の出来事はデータ行列 $\boldsymbol{X}$，パラメータは $\boldsymbol{\Theta}$ であり，尤もらしさは $P(\boldsymbol{X}|\boldsymbol{\Theta})$ によって表される．つまり，$P(\boldsymbol{X}|\boldsymbol{\Theta})$ を最大にする $\boldsymbol{\Theta}$ を求めるのが最尤法である．このように，$P(\boldsymbol{X}|\boldsymbol{\Theta})$ を $\boldsymbol{\Theta}$ の関数とみなすとき，それを**尤度**と呼び，その対数 $\log P(\boldsymbol{X}|\boldsymbol{\Theta})$ を**対数尤度**と呼ぶ．

$P(\boldsymbol{X}|\boldsymbol{\Theta})$ を具体的な式で表すため，$\boldsymbol{x}$ は正規分布の多変量への一般化である**多変量正規分布**に従うと仮定する．この仮定とともに，$E[\boldsymbol{x}] = \boldsymbol{0}_p$，および，$\boldsymbol{x}$ の共分散行列が(4.27)のように表せることを考慮すれば，対数尤度は，

$$\log P(\boldsymbol{X}|\boldsymbol{\Theta}) = -\frac{n}{2}\log|\boldsymbol{\Sigma}| - \frac{n}{2}\operatorname{tr}\boldsymbol{S}\boldsymbol{\Sigma}^{-1} + \text{定数}$$

$$= -\frac{n}{2}\log|\boldsymbol{A}\boldsymbol{A}' + \boldsymbol{\Psi}| - \frac{n}{2}\operatorname{tr}\boldsymbol{S}(\boldsymbol{A}\boldsymbol{A}' + \boldsymbol{\Psi})^{-1} + c \qquad (4.28)$$

となることが知られている(例えば，[3])．ここで，$\boldsymbol{S} = n^{-1}\boldsymbol{X}'\boldsymbol{X}$ はデータから算出される共分散行列であり，c は $\boldsymbol{\Theta} = [\boldsymbol{A}, \boldsymbol{\Psi}]$ に関係ない定数を表す．$P(\boldsymbol{X}|\boldsymbol{\Theta})$ を最大にする $\boldsymbol{\Theta}$ とその対数(4.28)を最大にする $\boldsymbol{\Theta}$ は同じであり，最尤法ではむしろ後者が着目される．

4.7 ● 因子分析の反復解法

解を数式で表せる分析手法を「解析的に解ける」と言うのに対して，そうでない手法を「解析的に解けない」と言うことがある．主成分分析や前章の重回帰分析は前者の手法に属するが，因子分析は後者に属する．つまり，(4.28)を最大にする $\boldsymbol{\Theta} = [\boldsymbol{A}, \boldsymbol{\Psi}]$ を式では表せない．こうした場合には，パラメータを適当な初期値に定めた後，パラメータの値を解に近づける更新を繰り返す**反復解法**が使われる．

$\boldsymbol{\Theta}$ の解を求めるためのいくつかの反復解法のうち，ここでは **EM アルゴリズム**を取り上げる．これは，因子分析だけでなく種々の統計解析法に使われる一般的な解法であるが(第 8 章参照)，因子分析に即して解法の原理を解説する．まず，実際には観測されない因子 $\boldsymbol{f}'$ が観測されるものと想定して，$\boldsymbol{f}'$ の観測値が各行を占める $n \times m$ の $\boldsymbol{F}$ とデータ行列 $\boldsymbol{X}$ の同時確率密度 $P(\boldsymbol{X}, \boldsymbol{F}|\boldsymbol{\Theta})$ を考える．そして，第 l 回目の反復で得られたパラメータ $\boldsymbol{\Theta} = [\boldsymbol{A},$

$\boldsymbol{\Psi}$] を $\boldsymbol{\Theta}_l = [\boldsymbol{A}_l, \boldsymbol{\Psi}_l]$ と表すと，次の関係式が成り立つことから，EM アルゴリズムが導かれる．

$$
\begin{aligned}
&\log P(\boldsymbol{X}|\boldsymbol{\Theta}_{l+1}) - \log P(\boldsymbol{X}|\boldsymbol{\Theta}_l) \\
&\quad = \log E_f\left[\frac{P(\boldsymbol{X},\boldsymbol{F}|\boldsymbol{\Theta}_{l+1})}{P(\boldsymbol{X},\boldsymbol{F}|\boldsymbol{\Theta}_l)}\right] \geqq E_f\left[\log\frac{P(\boldsymbol{X},\boldsymbol{F}|\boldsymbol{\Theta}_{l+1})}{P(\boldsymbol{X},\boldsymbol{F}|\boldsymbol{\Theta}_l)}\right] \\
&\quad = E_f[\log P(\boldsymbol{X},\boldsymbol{F}|\boldsymbol{\Theta}_{l+1})] - E_f[\log P(\boldsymbol{X},\boldsymbol{F}|\boldsymbol{\Theta}_l)].
\end{aligned}
\tag{4.29}
$$

ここで，$E_f[\ \ ]$ は，$\boldsymbol{X}$ と $\boldsymbol{\Theta}_l$ が与えられたときの $\boldsymbol{f}$ に関する [ ] 内の変数の期待値を表す．(4.29)の導出は，第 8 章を参照されたい．(4.29)の右辺に着目すると，$E_f[\log P(\boldsymbol{X},\boldsymbol{F}|\boldsymbol{\Theta})]$ を最大にする $\boldsymbol{\Theta}$ を $\boldsymbol{\Theta}_{l+1}$ とすれば，右辺は 0 以上になり，$\log P(\boldsymbol{X}|\boldsymbol{\Theta}_{l+1}) \geqq \log P(\boldsymbol{X}|\boldsymbol{\Theta}_l)$，つまり，$\boldsymbol{\Theta}$ の更新に伴う対数尤度の増加が保証される．したがって，対数尤度がそれ以上増加せず，収束したと判定されるまで，更新を繰り返せば，その時点の $\boldsymbol{\Theta}$ を解とみなせる．

さて，因子 $\boldsymbol{f}$ も多変量正規分布に従うと仮定すると，同時確率密度 $P(\boldsymbol{X},\boldsymbol{F}|\boldsymbol{\Theta})$ の対数は，

$$
\begin{aligned}
&\log P(\boldsymbol{X},\boldsymbol{F}|\boldsymbol{\Theta}) \\
&\quad = -\frac{n}{2}\log|\boldsymbol{\Psi}| - \frac{1}{2}\mathrm{tr}(\boldsymbol{X}-\boldsymbol{F}\boldsymbol{A}')\boldsymbol{\Psi}^{-1}(\boldsymbol{X}-\boldsymbol{F}\boldsymbol{A}')' - \frac{1}{2}\mathrm{tr}\,\boldsymbol{F}'\boldsymbol{F} + \text{定数} \\
&\quad = -\frac{n}{2}\log|\boldsymbol{\Psi}| - \frac{1}{2}\mathrm{tr}\,\boldsymbol{\Psi}^{-1}(\boldsymbol{X}'\boldsymbol{X} - 2\boldsymbol{X}'\boldsymbol{F}\boldsymbol{A}' + \boldsymbol{A}\boldsymbol{F}'\boldsymbol{F}\boldsymbol{A}') \\
&\qquad - \frac{1}{2}\mathrm{tr}\,\boldsymbol{F}'\boldsymbol{F} + \text{定数} \\
&\quad = -\frac{n}{2}\log|\boldsymbol{\Psi}| - \frac{n}{2}\mathrm{tr}\,\boldsymbol{\Psi}^{-1}(\boldsymbol{S} - 2\boldsymbol{S}_{xf}\boldsymbol{A}' + \boldsymbol{A}\boldsymbol{S}_{ff}\boldsymbol{A}') - \frac{n}{2}\mathrm{tr}\,\boldsymbol{S}_{ff} + \text{定数}
\end{aligned}
\tag{4.30}
$$

と表されることが知られる(例えば，[5])．ここで，$\boldsymbol{S} = n^{-1}\boldsymbol{X}'\boldsymbol{X}$，$\boldsymbol{S}_{xf} = n^{-1}\boldsymbol{X}'\boldsymbol{F}$，$\boldsymbol{S}_{ff} = n^{-1}\boldsymbol{F}'\boldsymbol{F}$ である．したがって，最大化すべき(4.30)の期待値は，

$$
\begin{aligned}
&E_f[\log P(\boldsymbol{X},\boldsymbol{F}|\boldsymbol{\Theta}_{l+1})] \\
&\quad = -\frac{n}{2}\log|\boldsymbol{\Psi}| - \frac{n}{2}\mathrm{tr}\,\boldsymbol{\Psi}^{-1}(\boldsymbol{S} - 2E_f[\boldsymbol{S}_{xf}]\boldsymbol{A}' + \boldsymbol{A}E_f[\boldsymbol{S}_{ff}]\boldsymbol{A}') \\
&\qquad - \frac{n}{2}\mathrm{tr}\,E_f[\boldsymbol{S}_{ff}] + \text{定数}
\end{aligned}
\tag{4.31}
$$

と表せるので，次に記す二つのステップを反復すればよい．

まず，(4.31)に現れる $E_f[\mathbf{S}_{xf}]$ と $E_f[\mathbf{S}_{ff}]$ を求める．これは，

$$E_f[\mathbf{S}_{xf}] = \mathbf{S}\boldsymbol{\Sigma}^{-1}\boldsymbol{A}_l \tag{4.32}$$

$$E_f[\mathbf{S}_{ff}] - \boldsymbol{A}_l'\boldsymbol{\Sigma}^{-1}\mathbf{S}\boldsymbol{\Sigma}^{-1}\boldsymbol{A}_l + \boldsymbol{I}_m - \boldsymbol{A}_l'\boldsymbol{\Sigma}^{-1}\boldsymbol{A}_l \tag{4.33}$$

と表せることが知られる([5])．ここで，(4.27)より $\boldsymbol{\Sigma} = \boldsymbol{A}_l\boldsymbol{A}_l' + \boldsymbol{\Psi}_l$ である．以上のステップを E **ステップ**と呼ぶ．次に，(4.31)を最大にする $\boldsymbol{\Theta} = [\boldsymbol{A}, \boldsymbol{\Psi}]$ を，$\boldsymbol{\Theta}_{l+1} = [\boldsymbol{A}_{l+1}, \boldsymbol{\Psi}_{l+1}]$ とする．これは，$\boldsymbol{A}$ および $\boldsymbol{\Psi}$ に関する(4.31)の偏微分が，それぞれ，$\boldsymbol{O}$ に等しいとする方程式を解いて，

$$\boldsymbol{A}_{l+1} = E_f[\mathbf{S}_{xf}]E_f[\mathbf{S}_{ff}]^{-1}, \tag{4.34}$$

$$\boldsymbol{\Psi}_{l+1} = \mathrm{diag}(\boldsymbol{S} - E_f[\mathbf{S}_{xf}]E_f[\mathbf{S}_{ff}]^{-1}E_f[\mathbf{S}_{xf}]) \tag{4.35}$$

によって与えられる．ここで，diag( )は，カッコ内の行列の対角要素を対角に配した対角行列を表す．以上のステップを M **ステップ**と呼ぶ．E, M ステップの遂行，すなわち，(4.32)〜(4.35)を求めることを，収束するまで反復すればよい．

4.8 • 回転法

モデル(4.10)に基づけば，(4.14)に記したように，$\boldsymbol{TT}' = \boldsymbol{I}_m$ となる $m \times m$ の行列 $\boldsymbol{T}$ を $\boldsymbol{A}$ の後から乗じた $\boldsymbol{AT}$ も負荷量行列の解とみなせる．さらに，因子分析の確率モデル(4.25)も $\boldsymbol{x} = \boldsymbol{ATT}'\boldsymbol{f} + \boldsymbol{e}$ と書き換えられ，$\boldsymbol{Tf}$ を(4.26)の $\boldsymbol{f}$ に代入できることから，$\boldsymbol{AT}$ を解とみなせる．このように解の行列に $\boldsymbol{T}$ を乗じたものも解とみなせることを，$\boldsymbol{T}$ の幾何学性質にちなんで，回転の不定性と呼び，$\boldsymbol{AT}$ が有益な行列となるように $\boldsymbol{T}$ を定める問題を**回転**と呼ぶ．

どのような $\boldsymbol{AT}$ が有益であるかは研究目的に依存するが，$\boldsymbol{AT}$ が解釈しやすい行列になると有益である．解釈しやすい $\boldsymbol{AT}$ とは，絶対値が大きい要素と小さい要素に分離した $\boldsymbol{AT}$ を指し，こうした $\boldsymbol{AT}$ は**単純構造**を持つと呼ばれる．単純構造を持つ $\boldsymbol{AT}$ が解釈しやすい理由は，絶対値の大きい要素だけに着目すればよいからである．そこで，回転は，$\boldsymbol{AT}$ の単純構造の達成度を表す関数 $h(\boldsymbol{AT})$ を定義して，条件 $\boldsymbol{TT}' = \boldsymbol{I}_m$ のもとで $h(\boldsymbol{AT})$ を最大にする $\boldsymbol{T}$ を求める問題と定式化される．

$h(\boldsymbol{AT})$ は種々の仕方で定義できるが，ポピュラーな定義に，$\boldsymbol{AT}$ の要素を 2 乗した行列を考え，その各列の分散の和を $h(\boldsymbol{AT})$ とする，すなわち，

$$h(\boldsymbol{AT}) = \sum_{k=1}^{m} \left\{ \frac{1}{p} \sum_{j=1}^{p} \left(\ddot{a}_{jk}^2 - \frac{1}{p} \sum_{l=1}^{p} \ddot{a}_{lk}^2 \right)^2 \right\} \tag{4.36}$$

とする方法がある．ここで，$\ddot{a}_{jk}$ は $\boldsymbol{AT}$ の (j, k) 要素を表す．$\boldsymbol{TT}' = \boldsymbol{T}'\boldsymbol{T} = \boldsymbol{I}_m$ のもとで(4.36)を最大にする $\boldsymbol{T}$ を求めることを，**バリマックス回転**と呼ぶ．この回転によって $\ddot{a}_{jk}$ の 2 乗の分散が大きくなれば，$\ddot{a}_{jk}$ の絶対値の分散も大きくなって，$\boldsymbol{AT}$ が単純構造を持つことが理解できよう．この回転問題も解析的には解けず，反復解法を要するが，その説明は割愛する．ここまで考慮した条件 $\boldsymbol{TT}' = \boldsymbol{I}_m$ のもとでの回転を特に**直交回転**と呼び，この制約を緩めた回転を斜交回転と呼ぶ．

上記の単純構造を目指す回転とは別に，$\boldsymbol{AT}$ によって近似したい $p \times m$ のターゲット行列 $\boldsymbol{A}_T$ が与えられ，

$$g(\boldsymbol{T}) = \|\boldsymbol{A}_T - \boldsymbol{AT}\|^2 \tag{4.37}$$

を最小にする直交行列 $\boldsymbol{T}$ を求める問題は，**直交プロクラステス回転**と呼ばれる．(4.37) を展開して $\boldsymbol{TT}' = \boldsymbol{I}_m$ を用いると，$g(\boldsymbol{T}) = \|\boldsymbol{A}_T\| + \mathrm{tr}\,\boldsymbol{A}'\boldsymbol{A} - 2\mathrm{tr}\,\boldsymbol{A}_T'\boldsymbol{AT}$ となり，右辺で $\boldsymbol{T}$ に関係するのは最後の項だけである．したがって，この回転は，条件 $\boldsymbol{TT}' = \boldsymbol{T}'\boldsymbol{T} = \boldsymbol{I}_m$ のもとで $\mathrm{tr}\,\boldsymbol{A}_T'\boldsymbol{AT}$ を最大にする $\boldsymbol{T}$ を求めることと定式化できる．この解は，定理 4.4 の $\boldsymbol{C}$ を $\boldsymbol{T}$，$\boldsymbol{X}$ を $\boldsymbol{A}'\boldsymbol{A}_T$ と置き換えると，その定理に記されるとおり，解析的に与えられる．この回転は，本章の文脈だけではなく，種々の多変量解析の解法の一部によく使われる．

参考文献

［1］ K. Adachi, *Matrix-based introduction to multivariate data analysis*, Springer, 2016.
［2］ S. Banerjee, and A. Roy, *Linear algebra and matrix analysis for statistics*, Boca Raton, FL: CRC Press, 2014.
［3］ 市川雅教，『因子分析』，朝倉書店，2010.
［4］ 服部 環・海保博之，『Q&A 心理データ解析』，福村出版，1996.
［5］ 豊田秀樹，『因子分析入門――R で学ぶ』，東京図書，2012.
［6］ J. M. F. ten Berge, *Least squares optimization in multivariate analysis*, DSWO Press, 1993.

[7] H., Yanai, and M. Ichikawa, *Factor analysis*, In C. R. Rao and S. Sinharay (Eds), *Handbook of statistics* vol. 26: *Psychometrics*, pp. 257–296, Elsevier, 2007.

第5章

正準相関分析と多重対応分析

足立浩平
●大阪大学

5.1 • 行列の基礎：ブロック行列・平方根行列など

$n\times p$ の行列 $\boldsymbol{Y}$ は，$\boldsymbol{Y}=\begin{bmatrix}\boldsymbol{Y}_{11} & \cdots & \boldsymbol{Y}_{1J}\\ \vdots & \vdots & \vdots\\ \boldsymbol{Y}_{I1} & \cdots & \boldsymbol{Y}_{IJ}\end{bmatrix}$ のように，$n_i\times p_j$ の行列 $\boldsymbol{Y}_{ij}\ (i=1,\cdots,I;\ j=1,\cdots,J)$ の配列に分割できる．ここで，$n=\sum_{i=1}^{I}n_i$, $p=\sum_{j=1}^{J}p_i$ である．行列 $\boldsymbol{Y}_{ij}$ を $\boldsymbol{Y}$ の (i,j) **ブロック**と呼び，$\boldsymbol{Y}$ を，$\boldsymbol{Y}_{ij}$ を (i,j) ブロックとするる**ブロック行列**と呼ぶ．$n\times p$ のブロック行列 $\boldsymbol{A}=\begin{bmatrix}\boldsymbol{A}_{11} & \cdots & \boldsymbol{A}_{1J}\\ \vdots & \vdots & \vdots\\ \boldsymbol{A}_{I1} & \cdots & \boldsymbol{A}_{IJ}\end{bmatrix}$ を $p\times m$ のブロック行列 $\boldsymbol{Q}=\begin{bmatrix}\boldsymbol{Q}_{11} & \cdots & \boldsymbol{Q}_{1K}\\ \vdots & \vdots & \vdots\\ \boldsymbol{Q}_{J1} & \cdots & \boldsymbol{Q}_{JK}\end{bmatrix}$ の左から乗じて得られる $n\times m$ の行列 $\boldsymbol{V}=\begin{bmatrix}\boldsymbol{V}_{11} & \cdots & \boldsymbol{V}_{1K}\\ \vdots & \vdots & \vdots\\ \boldsymbol{V}_{I1} & \cdots & \boldsymbol{V}_{IK}\end{bmatrix}=\boldsymbol{AQ}$ の (i,k) ブロックは，

$$\boldsymbol{V}_{ik}=\sum_{j=1}^{J}\boldsymbol{A}_{ij}\boldsymbol{Q}_{jk}=\boldsymbol{A}_{i1}\boldsymbol{Q}_{1k}+\cdots+\boldsymbol{A}_{iJ}\boldsymbol{Q}_{Jk}$$

と表せる．ここで，$\boldsymbol{Q}_{jk}$ は $n_j\times m_k\left(\sum_{k=1}^{K}m_k=m\right)$ ですべての $\boldsymbol{A}_{ij}$ と $\boldsymbol{Q}_{jk}$ について，積 $\boldsymbol{A}_{ij}\boldsymbol{Q}_{jk}$ が定義できることを想定している．

この章では，ブロックが横だけに並ぶ行列 $\boldsymbol{X}=[\boldsymbol{X}_1,\cdots,\boldsymbol{X}_J]$，縦だけに並ぶ $\boldsymbol{C}=\begin{bmatrix}\boldsymbol{C}_1\\ \vdots\\ \boldsymbol{C}_J\end{bmatrix}$，および，それらの積 $\boldsymbol{XC}=\boldsymbol{X}_1\boldsymbol{C}_1+\cdots+\boldsymbol{X}_J\boldsymbol{C}_J$ が使われる．また，要素が0であることを空白で表すと，$\boldsymbol{B}=\begin{bmatrix}\boldsymbol{B}_1 & & \\ & \ddots & \\ & & \boldsymbol{B}_J\end{bmatrix}$ のように，対角に並ぶブロック以外の要素がすべて0の行列も本章で使われるが，行列 $\boldsymbol{B}$ を，$\boldsymbol{B}_j\ (j=1,\cdots,J)$ を第 j 対角ブロックとする**ブロック対角行列**と呼ぶ．

この段落では，前章の定理4.2で定義された $n\times p$ の行列 $\boldsymbol{X}$ を考慮する．$(\boldsymbol{X}'\boldsymbol{X})^{1/2}$ は $\boldsymbol{X}'\boldsymbol{X}$ の**平方根行列**と呼ばれ，$(\boldsymbol{X}'\boldsymbol{X})^{1/2}(\boldsymbol{X}'\boldsymbol{X})^{1/2}=\boldsymbol{X}'\boldsymbol{X}$ を満たす行列である．これは，定理4.2の特異値分解を用いて，$(\boldsymbol{X}'\boldsymbol{X})^{1/2}=\boldsymbol{L\Lambda L}'$ で与えられる．なお，$\boldsymbol{D}$ を対角行列とすると，$\boldsymbol{D}^{1/2}$ も対角行列であり，その対角要素は $\boldsymbol{D}$ の対角要素の平方根となる．$\boldsymbol{X}'\boldsymbol{X}$ が非特異のとき $(\boldsymbol{X}'\boldsymbol{X})^{-1}$ が存在し，その平方根行列は $(\boldsymbol{X}'\boldsymbol{X})^{-1/2}$ と表される．つまり，$(\boldsymbol{X}'\boldsymbol{X})^{-1/2}(\boldsymbol{X}'\boldsymbol{X})^{-1/2}=(\boldsymbol{X}'\boldsymbol{X})^{-1}$ であり，定理4.2の特異値分解を用いて，$(\boldsymbol{X}'\boldsymbol{X})^{-1/2}=\boldsymbol{L\Lambda}^{-1}\boldsymbol{L}'$ で与えられる．

さて，所与の行列 $\boldsymbol{Z}_1\ (n\times p), \boldsymbol{Z}_2\ (n\times q)$ からなる $\boldsymbol{Z}_1'\boldsymbol{Z}_2$ を，未知の行列 $\boldsymbol{V}\ (p\times m)$ の転置と $\boldsymbol{W}\ (q\times m)$ が挟む形をとる双線形関数 $\boldsymbol{V}'\boldsymbol{Z}_1'\boldsymbol{Z}_2\boldsymbol{W}$ の**トレース**の最大化に関する定理を掲げる.

●定理 5.1

$\boldsymbol{A}, \boldsymbol{Z}_1, \boldsymbol{Z}_2$ を所与の行列とし，$\boldsymbol{Z}_1'\boldsymbol{Z}_1, \boldsymbol{Z}_2'\boldsymbol{Z}_2$ が非特異とする．そのとき，制約条件 $\boldsymbol{V}'\boldsymbol{Z}_1'\boldsymbol{Z}_1\boldsymbol{V} = \boldsymbol{W}'\boldsymbol{Z}_2'\boldsymbol{Z}_2\boldsymbol{W} = \boldsymbol{I}_m$ のもとで，不等式 $g(\boldsymbol{V}, \boldsymbol{W}) = \mathrm{tr}\,\boldsymbol{V}'\boldsymbol{A}\boldsymbol{W} \leqq \mathrm{tr}\,\boldsymbol{\Omega}_m$ が成り立ち，上限 $g(\boldsymbol{V}, \boldsymbol{W}) = \mathrm{tr}\,\boldsymbol{\Omega}_m$ は，

$$\boldsymbol{V} = (\boldsymbol{Z}_1'\boldsymbol{Z}_1)^{1/2}\boldsymbol{P}_m, \qquad \boldsymbol{W} = (\boldsymbol{Z}_2'\boldsymbol{Z}_2)^{-1/2}\boldsymbol{Q}_m \tag{5.1}$$

のときに達成される．ここで，$\boldsymbol{\Omega}$ は，

$$\boldsymbol{S} = (\boldsymbol{Z}_1'\boldsymbol{Z}_1)^{-1/2}\boldsymbol{A}(\boldsymbol{Z}_2'\boldsymbol{Z}_2)^{-1/2}$$

の特異値分解 $\boldsymbol{S} = \boldsymbol{P\Omega Q}'$ によって与えられる対角行列であり，$\boldsymbol{P}_m$ および $\boldsymbol{Q}_m$ の列は，それぞれ，$\boldsymbol{P}$ および $\boldsymbol{Q}$ の最初の m 列からなる.

上記の定理の証明は，[1] (Appendix A. 4) に解説される．(5. 1) の右辺の後ろから $m\times m$ の直交行列 $\boldsymbol{T}$ を乗じた $(\boldsymbol{Z}_1'\boldsymbol{Z}_1)^{-1/2}\boldsymbol{P}_m\boldsymbol{T}$ と $(\boldsymbol{Z}_2'\boldsymbol{Z}_2)^{-1/2}\boldsymbol{Q}_m\boldsymbol{T}$ をそれぞれ $\boldsymbol{V}, \boldsymbol{W}$ としても，定理 5.1 の制約条件は満たされ，$g(\boldsymbol{V}, \boldsymbol{W})$ は上限を達成する．すなわち，定理 5.1 が関わる $g(\boldsymbol{V}, \boldsymbol{W})$ の条件つき最大化は回転の不定性を持つ．しかし，本書の定理 5.1 に関わる手法では，$\boldsymbol{T} = \boldsymbol{I}_m$ と固定する．そのとき，解は $\boldsymbol{V}'\boldsymbol{A}\boldsymbol{W} = \boldsymbol{\Omega}_m$ を満たす.

5. 2 ● 正準相関分析

n 個体×p 変数のデータ行列 $\boldsymbol{X}$ が，$\boldsymbol{X} = [\boldsymbol{X}_1, \cdots, \boldsymbol{X}_J]$ のように J 個のブロックに分割されているとする．ここで，ブロック $\boldsymbol{X}_j\ (j = 1, \cdots, J)$ は n 個体×p_j 変数の行列であり，$p = \sum_{j=1}^{J} p_j$ である．つまり，延べ p 個の変数が，J 個の**変数群**に分かれているとする．なお，$\boldsymbol{X}$ は，$\boldsymbol{1}_n'\boldsymbol{X} = \boldsymbol{0}_p'$ となるように平均からの偏差に変換されているとする．ここで，$\boldsymbol{0}_p'$ は $p\times 1$ の零ベクトル $\boldsymbol{0}_p$ の転置を表し，$\boldsymbol{1}_n$ は要素がすべて 1 の $n\times 1$ のベクトルである．表 5.1 には，$J = 2$ のときの $\boldsymbol{X} = [\boldsymbol{X}_1, \boldsymbol{X}_2]$ を例示する.

さて，$\boldsymbol{X}_j$ の右から p_j 変数×m 次元の係数行列 $\boldsymbol{C}_j = [\boldsymbol{c}_{j1}, \cdots, \boldsymbol{c}_{jm}]$ を乗じた

表 5.1 二種のテストの成績([9]，表 5.1)を標準化したデータ

個体	X_1：体力診断テスト							X_2：運動能力テスト				
	横跳	垂直跳	背筋	握力	踏台	前屈	伏臥	短距離	幅跳	玉投	懸垂	持久走
1	−0.42	−0.68	0.74	1.19	0.56	1.62	1.51	−0.96	1.13	−0.30	0.11	−0.22
2	1.36	−0.68	−1.24	−0.49	−0.99	0.45	−1.20	0.18	0.54	0.79	−0.68	−0.60
3	−0.42	1.35	−0.48	−1.24	2.15	0.45	1.75	−0.96	−0.26	1.52	0.38	0.62
⋮	⋮	⋮	⋮	⋮	⋮	⋮	⋮	⋮	⋮	⋮	⋮	⋮
37	1.36	0.91	0.99	0.44	−1.45	−0.23	−1.81	−0.96	1.51	0.07	0.90	−0.38
38	0.17	1.20	−0.92	0.07	−0.92	1.29	1.26	0.08	1.91	0.07	0.38	−0.47

n 個体×m 次元の行列 $\boldsymbol{X}_j\boldsymbol{C}_j$ を考えよう．ただし，$m \leqq \min(n, p)$ とする．$\boldsymbol{X}_j$ の第 i 行を $\boldsymbol{x}'_{ij} = [x_{ij1}, \cdots, x_{ijp_j}]$ $(1\times p_j)$，$\boldsymbol{C}_j$ の第 l 列を $\boldsymbol{c}_{jl} = [c_{j1l}, \cdots, c_{jp_jl}]'$ $(p_j\times 1)$ と表すと，$\boldsymbol{X}_j\boldsymbol{C}_j$ の (i, l) 要素は，

$$\boldsymbol{x}'_{ij}\boldsymbol{c}_{jl} = c_{j1l}x_{ij1} + \cdots + c_{jp_jl}x_{ijp_j} \tag{5.2}$$

と表せ，変数群 j の p_j 個の変数の重みつき合計得点である．この変数群 j の得点 $\boldsymbol{x}'_{ij}\boldsymbol{c}_{jl}$ と異なる変数群 j^* $(\neq j)$ の得点 $\boldsymbol{x}'_{ij^*}\boldsymbol{c}_{j^*l}$ ができるだけ近くなる係数を求める分析法を，本節と次節で扱う．

正準相関分析は $J = 2$ のときの分析法であり，$\boldsymbol{X}_1\boldsymbol{C}_1 - \boldsymbol{X}_2\boldsymbol{C}_2$ の要素の平方和

$$\mu = \|\boldsymbol{X}_1\boldsymbol{C}_1 - \boldsymbol{X}_2\boldsymbol{C}_2\|^2 \tag{5.3}$$

を，制約条件 $n^{-1}\boldsymbol{C}'_j\boldsymbol{X}'_j\boldsymbol{X}_j\boldsymbol{C}_j = \boldsymbol{I}_m$ $(j = 1, 2)$ のもとで最小にする $\boldsymbol{C}_j$ $(j = 1, 2)$ を求める方法である．(5.3)を展開して，制約条件を考慮すると，$\mu = 2nm - 2\mathrm{tr}\,\boldsymbol{C}'_1\boldsymbol{X}'_1\boldsymbol{X}_2\boldsymbol{C}_2$ と書き換えられ，正準相関分析は，上記の条件のもとで，$\mathrm{tr}\,\boldsymbol{C}'_1\boldsymbol{X}'_1\boldsymbol{X}_2\boldsymbol{C}_2$ を最大にする $\boldsymbol{C}_j$ $(J = 1, 2)$ を求めることと定式化できることがわかる．この解は，定理 5.1 の $\boldsymbol{Z}_1$ を $n^{-1/2}\boldsymbol{X}_1$，$\boldsymbol{Z}_2$ を $n^{-1/2}\boldsymbol{X}_2$，$\boldsymbol{A}$ を $\boldsymbol{X}'_1\boldsymbol{X}_2$ に置き換え，$\boldsymbol{V}$ と $\boldsymbol{W}$ をそれぞれ $\boldsymbol{C}_1$ と $\boldsymbol{C}_2$ に置き換えれば，与えられる．本節では，以下，$m = 1$ としたときの正準相関分析を解説する．

$m = 1$ のとき，制約条件は $n^{-1}\boldsymbol{c}'_{j1}\boldsymbol{X}'_j\boldsymbol{X}_j\boldsymbol{c}_{j1} = 1$ $(j = 1, 2)$，(5.3)は $\mu = \|\boldsymbol{X}_1\boldsymbol{c}_{11} - \boldsymbol{X}_2\boldsymbol{c}_{21}\|^2$ と書き換えられ，この最小化は，前段に記したように，内積 $n^{-1}\boldsymbol{c}'_{11}\boldsymbol{X}'_1\boldsymbol{X}_2\boldsymbol{c}_{21}$ の最大化と同値である．さらに，制約条件より，この内積は，

$$\frac{n^{-1}\boldsymbol{c}_{11}\boldsymbol{X}'_1\boldsymbol{X}_2\boldsymbol{c}_{21}}{\sqrt{n^{-1}\boldsymbol{c}_{11}\boldsymbol{X}'_1\boldsymbol{X}_1\boldsymbol{c}_{11}}\sqrt{n^{-1}\boldsymbol{c}_{21}\boldsymbol{X}'_2\boldsymbol{X}_2\boldsymbol{c}_{21}}} \tag{5.4}$$

に等しい．ここで，$\boldsymbol{X}_j\boldsymbol{c}_{j1}$ $(j = 1, 2)$ は，$l = 1$ とした(5.2)を第 i 要素とする

$n \times 1$ のベクトルである．$\boldsymbol{X}_1$ と $\boldsymbol{X}_2$ の列平均は 0 であるため，(5.4)の分母は $\boldsymbol{X}_1\boldsymbol{c}_{11}$ と $\boldsymbol{X}_2\boldsymbol{c}_{21}$ の要素の標準偏差の積，分子は両ベクトル間の共分散であるため，(5.4)は合計得点 $\boldsymbol{X}_1\boldsymbol{c}_{11}$ と $\boldsymbol{X}_2\boldsymbol{c}_{21}$ の相関係数を表す．この係数(5.4)は $\boldsymbol{X}_1$ と $\boldsymbol{X}_2$ の**正準相関係数**と呼ばれ，$\boldsymbol{X}_1$ の変数群と $\boldsymbol{X}_2$ の変数群の相互関係の強さの指標として使われる．

表 5.1 のデータに $m = 1$ とした正準相関分析を適用すると，

$$\boldsymbol{x}'_{i1}\boldsymbol{c}_{11} = 0.44\times\text{横跳}+0.27\times\text{垂直跳}+0.58\times\text{背筋}+0.06\times\text{握力} \\ +0.22\times\text{踏台}+0.09\times\text{前屈}+0.17\times\text{伏臥} \tag{5.5}$$

$$\boldsymbol{x}'_{i2}\boldsymbol{c}_{21} = -0.66\times\text{短距離}+0.77\times\text{幅跳}+0.79\times\text{玉投} \\ +0.62\times\text{懸垂}-0.69\times\text{持久走} \tag{5.6}$$

という結果が得られ，(5.4)は 0.85 となる．(5.5)，(5.6)は，(5.2)の変数(x)に表 5.1 のそれらの名称を，(5.2)の係数(c)に解を代入したものであるが，体力診断および運動能力テストの諸種目を，それぞれ，(5.5)，(5.6)のように重みづけて合計すると，2 種のテストの合計得点は最もよく合致することを表す．さらに，正準相関係数(5.4)が 0.85 と上限の 1 に近いことは，両テストの種目群の相互関係が強いことを表す．

5.3 ● 正準相関分析の一般化

正準相関分析を変数群の数 J が 2 以上のケースに**一般化**して，$\boldsymbol{X}_1\boldsymbol{C}_1, \cdots, \boldsymbol{X}_J\boldsymbol{C}_J$ の対応する要素が互いに近い値をとるような係数行列 $\boldsymbol{C}_1, \cdots, \boldsymbol{C}_J$ を求めることを考えよう．そのための準備として，新たに $n \times m$ の行列 $\boldsymbol{F}$ を導入した

$$\eta(\boldsymbol{F}, \boldsymbol{C}_1, \boldsymbol{C}_2) = \|\boldsymbol{F}-\boldsymbol{X}_1\boldsymbol{C}_1\|^2+\|\boldsymbol{F}-\boldsymbol{X}_2\boldsymbol{C}_2\|^2 \tag{5.7}$$

の最小化と，(5.3)の最小化が同等であることに着目しよう．この同等性は，次のように証明される．まず，$\boldsymbol{U} = 2^{-1}(\boldsymbol{X}_1\boldsymbol{C}_1+\boldsymbol{X}_2\boldsymbol{C}_2)$ とおくと，$\sum j\mathrm{tr}\,(\boldsymbol{F}-\boldsymbol{U})^1\,(\boldsymbol{U}-\boldsymbol{X}_j\boldsymbol{C}_j) = 0$ より，(5.7)が $\eta(\boldsymbol{F}, \boldsymbol{C}_1, \boldsymbol{C}_2) = 2\|\boldsymbol{F}-\boldsymbol{U}\|^2+\|\boldsymbol{U}-\boldsymbol{X}_1\boldsymbol{C}_1\|^2+\|\boldsymbol{U}-\boldsymbol{X}_2\boldsymbol{C}_2\|^2$ と書き換えられ，これは，所与の $\boldsymbol{C}_1, \boldsymbol{C}_2$ に対して，(5.7)が $\boldsymbol{F} = \boldsymbol{U} = 2^{-1}(\boldsymbol{X}_1\boldsymbol{C}_1+\boldsymbol{X}_2\boldsymbol{C}_2)$ のときに最小化されることを示す．この式を(5.7)に代入すると，

$$\eta(\boldsymbol{F}, \boldsymbol{C}_1, \boldsymbol{C}_2) = \left\| \frac{1}{2}(\boldsymbol{X}_1\boldsymbol{C}_1 + \boldsymbol{X}_2\boldsymbol{C}_2) - \boldsymbol{X}_1\boldsymbol{C}_1 \right\|^2 + \left\| \frac{1}{2}(\boldsymbol{X}_1\boldsymbol{C}_1 + \boldsymbol{X}_2\boldsymbol{C}_2) - \boldsymbol{X}_2\boldsymbol{C}_2 \right\|^2$$
$$= \left\| \frac{1}{2}\boldsymbol{X}_2\boldsymbol{C}_2 - \frac{1}{2}\boldsymbol{X}_1\boldsymbol{C}_1 \right\|^2 + \left\| \frac{1}{2}\boldsymbol{X}_1\boldsymbol{C}_1 - \frac{1}{2}\boldsymbol{X}_2\boldsymbol{C}_2 \right\|^2$$
$$= \frac{1}{2}\left\| \boldsymbol{X}_1\boldsymbol{C}_1 - \boldsymbol{X}_2\boldsymbol{C}_2 \right\|^2 \tag{5.8}$$

つまり，(5.3)の 1/2 が導かれる.

$J \geqq 3$ のケースへの正準相関分析の一般化は，(5.8)を拡張した

$$\eta(\boldsymbol{F}, \boldsymbol{C}) = \sum_{j=1}^{J} \|\boldsymbol{F} - \boldsymbol{X}_j\boldsymbol{C}_j\|^2 \tag{5.9}$$

を最小にする $\boldsymbol{F}, \boldsymbol{C} = [\boldsymbol{C}_1', \cdots, \boldsymbol{C}_J']'$ $(p \times m)$ を求めることと定式化できる([8]). ここで，制約条件は，$\boldsymbol{X}_j\boldsymbol{C}_j$ よりむしろ $\boldsymbol{F}$ に

$$\frac{1}{n}\boldsymbol{F}'\boldsymbol{F} = \boldsymbol{I}_m \tag{5.10}$$

のように課される. (5.9)の最小化は，$\boldsymbol{X}_1\boldsymbol{C}_1, \cdots, \boldsymbol{X}_J\boldsymbol{C}_J$ のすべてが $\boldsymbol{F}$ に類似することを要請し，その結果，$\boldsymbol{X}_1\boldsymbol{C}_1, \cdots, \boldsymbol{X}_J\boldsymbol{C}_J$ の対応要素の隔たりも小さくなる.

条件(5.10)のもとでの(5.9)を最小化する解を求めるために，この最小化が，同じ条件のもとで，

$$f(\boldsymbol{F}, \boldsymbol{C}) = \left\| \boldsymbol{X}\boldsymbol{D}_X^{-1/2} - \frac{1}{n}\boldsymbol{F}\boldsymbol{C}'\boldsymbol{D}_X^{1/2} \right\|^2 \tag{5.11}$$

を最小にする $\boldsymbol{F}, \boldsymbol{C}$ を求めることと同等であることに着目しよう. ここで，$\boldsymbol{D}_X$ は $\boldsymbol{X}_j'\boldsymbol{X}_j$ を第 j 対角ブロックとする $p \times p$ のブロック対角行列，すなわち，

$$\boldsymbol{D}_X = \begin{bmatrix} \boldsymbol{X}_1'\boldsymbol{X}_1 & & \\ & \ddots & \\ & & \boldsymbol{X}_J'\boldsymbol{X}_J \end{bmatrix} \tag{5.12}$$

である. 上記の同等性は，次のように証明される. (5.9)を展開して，(5.10)を用いると，(5.9)は

$$\eta(\boldsymbol{F}, \boldsymbol{C}) = nmJ - 2\mathrm{tr}\,\boldsymbol{F}'\boldsymbol{X}\boldsymbol{C} + \mathrm{tr}\,\boldsymbol{C}'\boldsymbol{D}_X\boldsymbol{C} \tag{5.9$'$}$$

と書き換えられる. 一方，(5.11)の n 倍を展開して，(5.10)を用いると，

$$n \times f(\boldsymbol{F}, \boldsymbol{C}) = n\mathrm{tr}\,\boldsymbol{X}\boldsymbol{D}_X^{-1}\boldsymbol{X}' - 2\mathrm{tr}\,\boldsymbol{X}'\boldsymbol{F}\boldsymbol{C}' + \mathrm{tr}\,\boldsymbol{C}'\boldsymbol{D}_X\boldsymbol{C} \tag{5.11$'$}$$

となり，パラメータに関わる部分は，(5.9′)と(5.11′)ともに，$-2\mathrm{tr}\,\boldsymbol{X}'\boldsymbol{F}\boldsymbol{C}' +$

tr $\boldsymbol{C}'\boldsymbol{D}_X\boldsymbol{C}$ となる([1], [2]).

ここまで明記しなかった m の制限を，$m \leqq \mathrm{rank}(\boldsymbol{X}\boldsymbol{D}_X^{-1/2})$ としよう．$\mathrm{rank}(n^{-1}\boldsymbol{F}\boldsymbol{C}'\boldsymbol{D}_X^{1/2}) \leqq m \leqq \mathrm{rank}(\boldsymbol{X}\boldsymbol{D}_X^{-1/2})$ より，(5.11′) を最小にする $n^{-1}\boldsymbol{F}\boldsymbol{C}'\boldsymbol{D}_X^{1/2}$ は，第4章の定理4.3の $\boldsymbol{X}$ を $\boldsymbol{X}\boldsymbol{D}_X^{-1/2}$，$\boldsymbol{M}$ を $n^{-1}\boldsymbol{F}\boldsymbol{C}'\boldsymbol{D}_X^{1/2}$ に置き換えれば与えられる．すなわち，$\boldsymbol{X}\boldsymbol{D}_X^{-1/2}$ の特異値分解を

$$\boldsymbol{X}\boldsymbol{D}_X^{-1/2} = \boldsymbol{N}\boldsymbol{\Theta}\boldsymbol{M}' \tag{5.13}$$

と定義すると，$n^{-1}\boldsymbol{F}\boldsymbol{C}'\boldsymbol{D}_X^{1/2} = \boldsymbol{N}_m\boldsymbol{\Theta}_m\boldsymbol{M}_m'$ のときに(5.11′)は最小化される．ここで，$\boldsymbol{N}_m$ および $\boldsymbol{M}_m$ は，それぞれ，$\boldsymbol{N}$ および $\boldsymbol{M}$ の最初の m 列からなる行列で，$\boldsymbol{\Theta}_m$ は $m\times m$ の $\boldsymbol{\Theta}$ の第1対角ブロックである．制約条件(5.10)を考慮すれば，$\boldsymbol{F}$ と $\boldsymbol{C}$ の解は，

$$\boldsymbol{F} = \sqrt{n}\,\boldsymbol{N}_m\boldsymbol{T}, \qquad \boldsymbol{C} = \sqrt{n}\,\boldsymbol{D}_X^{-1/2}\boldsymbol{M}_m\boldsymbol{\Theta}_m\boldsymbol{T} \tag{5.14}$$

によって与えられる．ただし，$\boldsymbol{T}$ は $m\times m$ の直交行列であり，これを $\boldsymbol{T} = \boldsymbol{I}_m$ に特定するためには，$\boldsymbol{C}'\boldsymbol{D}_X\boldsymbol{C}$ が対角行列であるという制約条件を(5.10)に付加すればよい．そのとき，$\boldsymbol{C}'\boldsymbol{D}_X\boldsymbol{C} = n\boldsymbol{\Theta}_m^2$ となる．

以上の**一般化正準相関分析**は，それ自身が役立つというより，むしろ，次節の分析法の基礎となる点で重要である．なお，$J \geqq 3$ のケースへの拡張として，本節とは異なるアプローチがあること([6])，および，近年，[7]がさらに一般性の高い拡張を行っていることを付記する．

5.4 • 多変量カテゴリカルデータ

表5.2(A)にデータ行列の例を示すが，その要素は数量ではなく，表5.2(B)の**カテゴリー**をコード化したものである(次ページ)．このようにコード番号を要素とするデータ行列を $\boldsymbol{Y} = (y_{ij})$ と表し，その列を項目と呼ぼう．例えば，項目「志向」のカテゴリーは「1＝基礎，2＝実学」とコード化され，学生1は「実学」志向のため，(A)では $y_{13} = 2$ となっている．以上のデータは，表5.2(C)のように，個体×カテゴリーの行列 $\boldsymbol{G}_j$ ($j = 1, 2, 3$) を使って表しなおせる．ここで，$\boldsymbol{G}_j$ は項目 j に対応して，$\boldsymbol{G}_j$ の第 i 行 $\boldsymbol{g}_{ij}'$ の第 k 要素は，

$$g_{ijk} = \begin{cases} 1 & (k = y_{ij}) \\ 0 & (\text{その他}) \end{cases} \tag{5.15}$$

と定義され，$\boldsymbol{g}_{ij}$ は一つの要素だけが1で，他の要素はすべて0である．例え

表 5.2　学生の所属学部・最も得意な科目・志向性のデータ．[2]の仮想数値例

学生	(A)データ行列 $\boldsymbol{Y}$			(B)データ行列 $\boldsymbol{Y}$			(C)メンバーシップ行列 $\boldsymbol{G} = [\boldsymbol{G}_1, \boldsymbol{G}_2, \boldsymbol{G}_3]$								
	コード表示			カテゴリー表示			$\boldsymbol{G}_1$（学部）			$\boldsymbol{G}_2$（得意科目）				$\boldsymbol{G}_3$（志向）	
	学部	得意	志向	学部	得意	志向	理学	医学	工学	数学	生物	物理	化学	基礎	実学
1	3	4	2	工学	化学	実学	0	0	1	0	0	0	1	0	1
2	1	2	1	理学	生物	基礎	1	0	0	0	1	0	0	1	0
3	2	3	2	医学	物理	実学	0	1	0	0	0	1	0	0	1
4	1	1	1	理学	数学	基礎	1	0	0	1	0	0	0	1	0
5	2	2	1	医学	生物	基礎	0	1	0	0	1	0	0	1	0
6	3	3	2	工学	物理	実学	0	0	1	0	0	1	0	0	1
7	2	2	2	医学	生物	実学	0	1	0	0	1	0	0	0	1
8	1	3	1	理学	物理	基礎	1	0	0	0	0	1	0	1	0
9	2	4	2	医学	化学	実学	0	1	0	0	0	0	1	0	1
10	3	1	1	工学	数学	基礎	0	0	1	1	0	0	0	1	0

ば，学生 8 の項目 2（得意）の値は $y_{82} = 3$（物理）であるので，$\boldsymbol{g}'_{82} = [0, 0, 1, 0]$ となる．

前節までの $\boldsymbol{X}_j$ のサイズに合わせて，$\boldsymbol{G}_j$ の列数を p_j と表し，$j = 1, \cdots, J$, $p = \sum_{j=1}^{J} p_j$ としよう．すなわち，$\boldsymbol{G}_j$ は n 個体×p_j カテゴリーの行列であり，その (i, k) 要素は(5.15)のように定義される．以上の $\boldsymbol{G}_j$，および，それをブロックとする $n \times p$ の $\boldsymbol{G} = [\boldsymbol{G}_1, \cdots, \boldsymbol{G}_J]$ を**メンバーシップ行列**あるいは**ダミー変数行列**と呼ぶ．前節の(5.9)の $\boldsymbol{X}_j$ を $\boldsymbol{G}_j$ に代えた関数

$$\eta(\boldsymbol{F}, \boldsymbol{C}) = \sum_{j=1}^{J} \| \boldsymbol{F} - \boldsymbol{G}_j \boldsymbol{C}_j \|^2 \tag{5.16}$$

を最小にする n 個体×m 次元の行列 $\boldsymbol{F}$ と p カテゴリー×m 次元の $\boldsymbol{C} = [\boldsymbol{C}'_1, \cdots, \boldsymbol{C}'_J]'$ を求める方法が，本章の後半の主題である．この方法は，種々の名称で呼ばれるが，現在は**多重対応分析**という呼称が普及している．なお，この呼称はもともと本書とは別の定式化による方法を指していたこと([4])，および，日本では**数量化 3 類**([5])という呼称もあることを付記する．後述するように，$\boldsymbol{C}_j$ の第 k 行 $\boldsymbol{c}'_{jk}$ $(1 \times m)$ は，項目 j のコード番号 k のカテゴリーにふさわしい得点ベクトル，$\boldsymbol{F}$ の第 i 行 $\boldsymbol{f}'_i$ $(1 \times m)$ は個体 i の得点ベクトルを表すことになるので，$\boldsymbol{C}, \boldsymbol{F}$ の列を次元と呼び，$\boldsymbol{C}$ の要素を**カテゴリー得点**，$\boldsymbol{F}$ の要素を**個体得点**と呼ぶ．

5.5 • 多重対応分析の解法

多重対応分析では，制約条件(5.10)に，$\boldsymbol{F}$ の列平均が 0 すなわち $\mathbf{1}_n'\boldsymbol{F} = \mathbf{0}_m'$ という条件が付加される．(3.5)の中心化行列を使うと，制約条件 $\mathbf{1}_n'\boldsymbol{F} = \mathbf{0}_m'$ は

$$\boldsymbol{F} = \boldsymbol{JF} \tag{5.17}$$

と書き換えられる．この条件が必要な理由は，(5.15)から窺えるように，メンバーシップ行列が

$$\boldsymbol{G}_j\mathbf{1}_{p_j} = \mathbf{1}_n \tag{5.18}$$

を満たすことに関係する．すなわち，もし条件(5.17)がなければ，性質(5.18)のため，$\boldsymbol{F}$ のある列と，対応する $\boldsymbol{C}$ の列の要素がすべて 1 という無意味な列を含む解が得られる([2])．このことは，$m = 1$ として，$\boldsymbol{F}$ を $\mathbf{1}_n$，$\boldsymbol{C}$ を $\mathbf{1}_K$ とすると，(4.15)が $\sum_{j=1}^{J}\|\mathbf{1}_n - \boldsymbol{G}_j\mathbf{1}_{p_j}\|^2 = \sum_{j=1}^{J}\|\mathbf{1}_n - \mathbf{1}_n\|^2 = 0$ のように，下限を達成することから理解できよう．しかし，条件(5.17)があれば，上記の無意味な得点は解から除外される．

多重対応分析の解法が，一般化正準相関分析の解法とほぼ同じであることを示すため，(5.12)の $\boldsymbol{X}_j'\boldsymbol{X}_j$ を $\boldsymbol{G}_j'\boldsymbol{G}_j$ に置き換えた行列を $\boldsymbol{D}_G$ と表そう．ここで，(5.15)より

$$\boldsymbol{G}_j'\boldsymbol{G}_j = \begin{bmatrix} d_{j1} & & \\ & \ddots & \\ & & d_{jp_j} \end{bmatrix} \tag{5.19}$$

は，項目 k のカテゴリー j の出現頻度 $d_{jk}(j = 1, \cdots, p_k)$ を対角要素とする対角行列となり，$\boldsymbol{D}_G$ も対角行列である．条件(5.10),(5.17)のもとで(5.16)を最小化することは，同じ条件のもとでの

$$h(\boldsymbol{F}, \boldsymbol{C}) = \left\| \boldsymbol{JGD}_G^{-1/2} - \frac{1}{n}\boldsymbol{FC}'\boldsymbol{D}_G^{1/2} \right\|^2 \tag{5.20}$$

の最小化と同じである．この同等性は，次のように示される．(5.16)を展開して，(5.10)と(5.17)を用いると，(5.16)は

$$\eta(\boldsymbol{F}, \boldsymbol{C}) = nmJ - 2\mathrm{tr}\,\boldsymbol{F}'\boldsymbol{JGC} + \mathrm{tr}\,\boldsymbol{C}'\boldsymbol{D}_X\boldsymbol{C} \tag{5.16'}$$

と書き換えられる．一方，(5.20)の n 倍を展開して，(5.10)を用いると，$n\times$

$h(\boldsymbol{F},\boldsymbol{C}) = n\mathrm{tr}\,\boldsymbol{J}\boldsymbol{G}\boldsymbol{D}_G^{-1}\boldsymbol{G}'\boldsymbol{J} - 2\mathrm{tr}\,\boldsymbol{F}'\boldsymbol{J}\boldsymbol{G}\boldsymbol{C}' + \mathrm{tr}\,\boldsymbol{C}'\boldsymbol{D}_G\boldsymbol{C}$ となり，パラメータに関わる部分は，(5.16′)と同じである．

(5.20)の $\boldsymbol{JG}$ と $\boldsymbol{D}_G$ をそれぞれ $\boldsymbol{X}, \boldsymbol{D}_X$ に代えると，(5.11)になることから，条件(5.10)のもとで(5.16)を最小にする $\boldsymbol{F}$ と $\boldsymbol{C}$ を求めるためには，前節の解法がそのまま使える．すなわち，(5.13)の特異値分解を，

$$\boldsymbol{J}\boldsymbol{G}\boldsymbol{D}_G^{-1/2} = \boldsymbol{N}\boldsymbol{\Theta}\boldsymbol{M}' \tag{5.21}$$

と定義しなおして，$m \leqq \mathrm{rank}(\boldsymbol{J}\boldsymbol{G}\boldsymbol{D}_G^{-1/2})$ とすると，上記の $\boldsymbol{F}$ と $\boldsymbol{C}$ は，(5.14)の $\boldsymbol{D}_X$ を $\boldsymbol{D}_G$ に置き換えた

$$\boldsymbol{F} = \sqrt{n}\,\boldsymbol{N}_m\boldsymbol{T}, \qquad \boldsymbol{C} = \sqrt{n}\,\boldsymbol{D}_G^{-1/2}\boldsymbol{M}_m\boldsymbol{\Theta}_m\boldsymbol{T} \tag{5.22}$$

によって与えられる．ここで，$\boldsymbol{T}$ は $m\times m$ の直交行列である．ここまで，考慮しなかった(5.17)を(5.22)が満たすことは，(5.21)を使って(5.22)の $\boldsymbol{F}$ が

$$\boldsymbol{F} = \sqrt{n}\,\boldsymbol{N}\boldsymbol{\Theta}\boldsymbol{M}'\boldsymbol{M}_m\boldsymbol{\Theta}_m^{-1}\boldsymbol{T} = \sqrt{n}\,\boldsymbol{J}\boldsymbol{G}\boldsymbol{D}_G^{-1/2}\boldsymbol{N}_m\boldsymbol{\Theta}_m^{-1}\boldsymbol{T}$$

と書き換えられ，これと(3.6)の $\boldsymbol{JJ} = \boldsymbol{J}$ から証明される．したがって，(5.22)が多重対応分析の解である．

(5.22)の右辺に $\boldsymbol{T}$ がつくことは，解に回転の不定性があることを示す．$\boldsymbol{T}$ を $\boldsymbol{I}_m$ に特定するためには，

$$\frac{1}{Jn}\boldsymbol{C}'\boldsymbol{D}_G\boldsymbol{C} = \frac{1}{Jn}\sum_{j=1}^{J}\boldsymbol{C}_j'\boldsymbol{G}_j'\boldsymbol{G}_j\boldsymbol{C}_j \tag{5.23}$$

が対角行列であるという制約条件を(5.10)，(5.17)に付加すればよく，そのとき(5.23)は対角行列 $J^{-1}\boldsymbol{\Theta}_m^2$ に等しくなる．ここで，$\boldsymbol{C}_j$ の第 s 列を $\tilde{\boldsymbol{c}}_{js}$ と表すと，n 個体が該当する次元 s のカテゴリー得点を並べた $n\times 1$ のベクトルは $\boldsymbol{G}_j\tilde{\boldsymbol{c}}_{js}$ と表せ，これを使って，(5.23)の右辺の $n^{-1}\boldsymbol{C}_j'\boldsymbol{G}_j'\boldsymbol{G}_j\boldsymbol{C}_j$ の (s, t) 要素は $n^{-1}\tilde{\boldsymbol{c}}_{js}'\boldsymbol{G}_j'\boldsymbol{G}_j\tilde{\boldsymbol{c}}_{jt}$ と表せる．これが n 個体のカテゴリー得点の次元 s, t 間の共分散であることは，[2](3.6 節)に示される．すなわち，(5.23)は，カテゴリー得点の次元間共分散行列 $n^{-1}\boldsymbol{C}_j'\boldsymbol{G}_j'\boldsymbol{G}_j\boldsymbol{C}_j$ を項目 $(j = 1, \cdots, J)$ を通して平均した行列を表し，それを対角行列に制約することは，カテゴリー得点の次元間の独立性を高めるという意義をもつ．次節の適用例でも以上の制約を用いて，$\boldsymbol{T} = \boldsymbol{I}_m$ としている．ただし，4.8 節に記した回転によって $\boldsymbol{T}$ を求めるというアプローチもある([2])．

5.6 ● 等質性仮定

前段の解法で得られる得点の最適性をみるため，「個体 i の得点と，個体 i が該当・所属するカテゴリーの得点は，等質的な(近い)値をとるはずである」という自然な仮定から導かれる目的関数が，(5.16)に一致することを示そう．ここで，カッコ内の仮定は**等質性仮定**と呼ばれ，下線を引いた得点は，項目 j のカテゴリー番号 k の得点ベクトル $\boldsymbol{c}'_{jk}$ (つまり $\boldsymbol{C}_j$ の第 k 行)の添え字 k を y_{ij} (個体 i が該当する項目 j のカテゴリーの番号)とおいた $\boldsymbol{c}'_{jy_{ij}}$ で表せる．等質性仮定は $\boldsymbol{c}'_{jy_{ij}}$ と個体 i の得点ベクトル $\boldsymbol{f}'_i$ との平方距離 $\|\boldsymbol{f}'_i-\boldsymbol{c}'_{jy_{ij}}\|^2$ が小さいことを要請するが，これの全個体・項目の総和は，

$$\sum_{i=1}^{n}\sum_{j=1}^{J}\|\boldsymbol{f}'_i-\boldsymbol{c}'_{jy_{ij}}\|^2=\sum_{i=1}^{n}\sum_{j=1}^{J}\|\boldsymbol{f}'_i-\boldsymbol{g}'_{ij}\boldsymbol{C}_j\|^2 \tag{5.24}$$

の右辺のように書き換えられ，(5.16)に一致することがわかる．ここで，右辺は，$\boldsymbol{G}_j$ の第 i 行 $\boldsymbol{g}'_{ij}$ の要素が(5.15)を満たして，$\boldsymbol{g}'_{ij}\boldsymbol{C}_j=\boldsymbol{g}'_{ij}[\boldsymbol{c}_{j1},\cdots,\boldsymbol{c}_{jp_j}]'=\boldsymbol{c}'_{jy_{ij}}$ となることから導かれる．等質性仮定から(5.16)に等しい(5.24)が導出される点で，本節の方法は，**等質性分析**とも呼ばれる([3])．

表 5.2 のデータに対する次元数 $m=2$ の多重対応分析の解を，図 5.1 に示す．この図は，$\boldsymbol{f}_i, \boldsymbol{c}_{jk}$ を座標値として，個体とカテゴリーをプロットしたもの

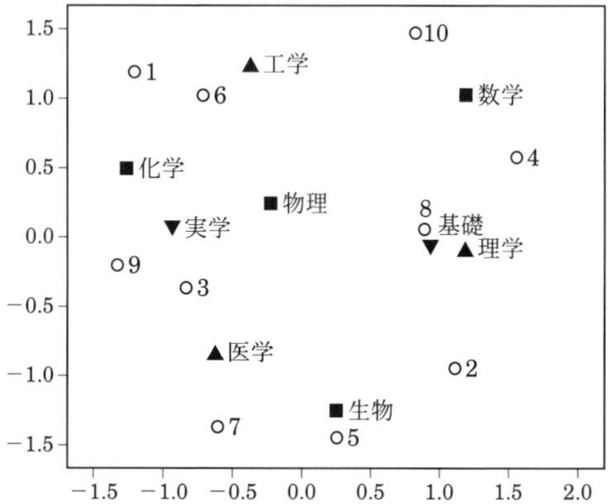

図 5.1 個体得点とカテゴリー得点の散布図

である．目的関数が(5.24)のように点間距離に基づいて定義されるため，地図と同様に図5.1を見て，カテゴリー間，個体間，個体-カテゴリー間関係を把握できる．例えば，カテゴリーの理学と基礎が近接することから「理学部生は基礎を重視する傾向がある」と推察でき，さらに，近接する個体1と6は互いに類似し，個体3は近接する医学・物理・実学に関わることなどが視覚的にわかる．さらに，(5.23)を対角行列に制約するという条件を考慮すれば，図5.1の横軸・縦軸の次元を解釈することにも意味がある．横軸は左右にある基礎と実学を対比していると解釈できるの対して，縦軸は，医学と生物が下に，工学と数学が上に位置づけられることに着目すると，生体に関わる分野とそうでない分野を対比していると解釈できよう．

参考文献

[1] K. Adachi, *Matrix-based introduction to multivariate data analysis*. Springer, 2016.

[2] 足立浩平・村上 隆,『非計量多変量解析法――主成分分析から多重対応分析へ』, 朝倉書店，2011.

[3] A. Gifi, *Nonlinear multivariate analysis*. Wiley, 1990.

[4] M. J. Greenacre, *Theory and applications of correspondence analysis*. Academic Press, 1984.

[5] 林 知己夫,『数量化――理論と方法』朝倉書店，1993.

[6] J. R. Kettenring, Canonical analysis of several sets of variables, *Biometrika*, **58**, 433-460, 1971.

[7] H. Shimodaira, Cross-validation of matching correlation analysis by resampling matching weights, *Neural Networks*, **75**, 126-140, 2016.

[8] 高根芳雄,『制約つき主成分分析法――新しい多変量データ解析法』, 朝倉書店，1995.

[9] 田中 豊・垂水共之,『Windows統計解析ハンドブック 多変量解析』, 共立出版，1995.

第6章

クラスター分析と判別分析

足立浩平
●大阪大学

クラスター分析と判別分析は，個体を群に分類するために使われる点で共通するが，データに含まれる個体の所属群が未知か既知によって両分析は峻別される．クラスター分析は，個体の所属群が未知のときに使われ，互いに似た個体どうしは同じ群に，異なる個体どうしは異なる群になるように個体を分類する，いわば，群を見出すための手法である．一方，判別分析は，データに含まれる個体の所属群が既知である場合の手法であり，そうしたデータを分析して，所属群が未知の新たな個体を分類するために使われる．両分析ともに複数手法から成るが，この章では代表的な手法を取り上げる．

6.1 ● 行列の基礎：分類の基礎となる行列

個体 $i\ (=1, \cdots, n)$ のデータベクトル $\boldsymbol{x}_i' = [x_{i1}, \cdots, x_{ip}]$ を第 i 行とする n 個体×p 変数の行列を $\boldsymbol{X} = [\boldsymbol{x}_1, \cdots, \boldsymbol{x}_n]'$ と表し，n 個体が $K\ (<n)$ 個の群のいずれかに分類されるとする．表 6.1 には，$n=5$，$K=2$ のケースを想定して，分類に関わる行列・ベクトルを例示する．

表 6.1 の左に例示される $\boldsymbol{y}$ の第 i 要素 y_i と n 個体×K 群の**メンバーシップ行列** $\boldsymbol{G}$ は，前章 5.4 節に登場した y_{ij} と $\boldsymbol{G}_j$ から添え字 j が除かれたものである．すなわち，個体 i が分類される群の番号が y_i であり，$\boldsymbol{G}$ の要素は，

$$g_{ik} = \begin{cases} 1 & (k = y_i) \\ 0 & (\text{その他}) \end{cases} \tag{6.1}$$

と定義される．以上の $\boldsymbol{y}, \boldsymbol{G}$ が，クラスター分析では未知であり，求めるべきパラメータとなるのに対して，判別分析では $\boldsymbol{X}$ とともに観測される．

表 6.1 個体の分類に関わる行列・ベクトルの例

個体	$\boldsymbol{y}$	$\boldsymbol{G}$		$\boldsymbol{X}$	所属群の平均	総平均
1	2	0	1	$\boldsymbol{x}_1'$	$\bar{\boldsymbol{x}}_2'$	$\bar{\boldsymbol{x}}'$
2	1	1	0	$\boldsymbol{x}_2'$	$\bar{\boldsymbol{x}}_1'$	$\bar{\boldsymbol{x}}'$
3	1	1	0	$\boldsymbol{x}_3'$	$\bar{\boldsymbol{x}}_1'$	$\bar{\boldsymbol{x}}'$
4	2	0	1	$\boldsymbol{x}_4'$	$\bar{\boldsymbol{x}}_2'$	$\bar{\boldsymbol{x}}'$
5	1	1	0	$\boldsymbol{x}_5'$	$\bar{\boldsymbol{x}}_1'$	$\bar{\boldsymbol{x}}'$

(6.1)より，$\boldsymbol{D}=\boldsymbol{G}'\boldsymbol{G}$ は K 群×K 群の対角行列となって，その第 k 対角要素 n_k が群 k の個体の数を表し，群 k に属する個体の平均ベクトルは $\bar{\boldsymbol{x}}_k'=n_k^{-1}\sum_{i=1}^{n} g_{ik}\boldsymbol{x}_i'$ と表される．これを第 k 行とする K 群×p 変数の行列が $\boldsymbol{D}^{-1}\boldsymbol{G}'\boldsymbol{X}$ と表せることは，表 6.1 の $\boldsymbol{G}$ と $\boldsymbol{X}$ を使った次の例から了解できよう．

$$\boldsymbol{D}=\begin{bmatrix}3 & 0\\ 0 & 2\end{bmatrix} \quad \text{より} \quad \boldsymbol{C}=\boldsymbol{D}^{-1}\boldsymbol{G}'\begin{bmatrix}\boldsymbol{x}_1'\\ \boldsymbol{x}_2'\\ \boldsymbol{x}_3'\\ \boldsymbol{x}_4'\\ \boldsymbol{x}_5'\end{bmatrix}=\begin{bmatrix}\frac{1}{3}(\boldsymbol{x}_2'+\boldsymbol{x}_3'+\boldsymbol{x}_5')\\ \frac{1}{2}(\boldsymbol{x}_1'+\boldsymbol{x}_4')\end{bmatrix}=\begin{bmatrix}\bar{\boldsymbol{x}}_1'\\ \bar{\boldsymbol{x}}_2'\end{bmatrix}. \tag{6.2}$$

この $\boldsymbol{D}^{-1}\boldsymbol{G}'\boldsymbol{X}$ の前から $\boldsymbol{G}$ を乗じて，それを $\boldsymbol{X}$ から減じた $\boldsymbol{X}-\boldsymbol{G}\boldsymbol{D}^{-1}\boldsymbol{G}'\boldsymbol{X}$ は，表 6.1 の $\boldsymbol{G}$ と $\boldsymbol{X}$ を使うと，

$$\boldsymbol{G}\begin{bmatrix}\bar{\boldsymbol{x}}_1'\\ \bar{\boldsymbol{x}}_2'\end{bmatrix}=\begin{bmatrix}\bar{\boldsymbol{x}}_2'\\ \bar{\boldsymbol{x}}_1'\\ \bar{\boldsymbol{x}}_1'\\ \bar{\boldsymbol{x}}_2'\\ \bar{\boldsymbol{x}}_1'\end{bmatrix} \quad \text{より} \quad \boldsymbol{X}-\boldsymbol{G}\boldsymbol{D}^{-1}\boldsymbol{G}'\boldsymbol{X}=\begin{bmatrix}\boldsymbol{x}_1'\\ \boldsymbol{x}_2'\\ \boldsymbol{x}_3'\\ \boldsymbol{x}_4'\\ \boldsymbol{x}_5'\end{bmatrix}-\begin{bmatrix}\bar{\boldsymbol{x}}_2'\\ \bar{\boldsymbol{x}}_1'\\ \bar{\boldsymbol{x}}_1'\\ \bar{\boldsymbol{x}}_2'\\ \bar{\boldsymbol{x}}_1'\end{bmatrix}=\begin{bmatrix}\boldsymbol{x}_1'-\bar{\boldsymbol{x}}_2'\\ \boldsymbol{x}_2'-\bar{\boldsymbol{x}}_1'\\ \boldsymbol{x}_3'-\bar{\boldsymbol{x}}_1'\\ \boldsymbol{x}_4'-\bar{\boldsymbol{x}}_2'\\ \boldsymbol{x}_5'-\bar{\boldsymbol{x}}_1'\end{bmatrix} \tag{6.3}$$

と表せ，第 i 行が，個体 i のデータから個体 i が所属する群の平均を減じた差ベクトルとなる．この差ベクトルが短いことは，個体が所属群の中心に集まる「**良い分類**」を表す．以上の点に加えて，(6.3)の $\boldsymbol{X}-\boldsymbol{G}\boldsymbol{D}^{-1}\boldsymbol{G}'\boldsymbol{X}$ は，次の段落に論じるように，分類の基礎となる行列の性質を導く．

各個体のベクトルからの全個体の総平均ベクトル $\bar{\boldsymbol{x}}'=n^{-1}\sum_{i=1}^{n}\boldsymbol{x}_i'=n^{-1}\boldsymbol{1}_n'\boldsymbol{X}$ を一律に減じた行列は，$\begin{bmatrix}\boldsymbol{x}_1'-\bar{\boldsymbol{x}}'\\ \vdots\\ \boldsymbol{x}_n'-\bar{\boldsymbol{x}}'\end{bmatrix}=\boldsymbol{X}-n^{-1}\boldsymbol{1}_n\boldsymbol{1}_n'\boldsymbol{X}$ と表せるが，これを左辺として，(6.3)の $\boldsymbol{X}-\boldsymbol{G}\boldsymbol{D}^{-1}\boldsymbol{G}'\boldsymbol{X}$ を右辺の第 1 項とした等式

$$\boldsymbol{X}-n^{-1}\boldsymbol{1}_n\boldsymbol{1}_n'\boldsymbol{X}=(\boldsymbol{X}-\boldsymbol{G}\boldsymbol{D}^{-1}\boldsymbol{G}'\boldsymbol{X})+(\boldsymbol{G}\boldsymbol{D}^{-1}\boldsymbol{G}'\boldsymbol{X}-n^{-1}\boldsymbol{1}_n\boldsymbol{1}_n'\boldsymbol{X}) \tag{6.4}$$

は明らかに成り立つ．(6.4)の「左辺＝右辺」から「n^{-1}(左辺)$'$(左辺)＝n^{-1}(右辺)$'$(右辺)」を導き，「n^{-1}(右辺)$'$(右辺)」を展開すると，$\boldsymbol{S}_T=\boldsymbol{S}_W+\boldsymbol{S}_B+2\boldsymbol{S}_{WB}$ と表せる式が得られる．ただし，

$$\boldsymbol{S}_T=\frac{1}{n}(\boldsymbol{X}-n^{-1}\boldsymbol{1}_n\boldsymbol{1}_n'\boldsymbol{X})'(\boldsymbol{X}-n^{-1}\boldsymbol{1}_n\boldsymbol{1}_n'\boldsymbol{X})=\frac{1}{n}\boldsymbol{X}'\boldsymbol{J}\boldsymbol{X} \tag{6.5}$$

$$\boldsymbol{S}_W = \frac{1}{n}(\boldsymbol{X}-\boldsymbol{G}\boldsymbol{D}^{-1}\boldsymbol{G}'\boldsymbol{X})'(\boldsymbol{X}-\boldsymbol{G}\boldsymbol{D}^{-1}\boldsymbol{G}'\boldsymbol{X})$$

$$= \frac{1}{n}\boldsymbol{X}'(\boldsymbol{I}_p-\boldsymbol{G}'\boldsymbol{D}^{-1}\boldsymbol{G}')\boldsymbol{X} \tag{6.6}$$

$$\boldsymbol{S}_B = \frac{1}{n}(\boldsymbol{G}\boldsymbol{D}^{-1}\boldsymbol{G}'\boldsymbol{X}-n^{-1}\mathbf{1}_n\mathbf{1}'_n\boldsymbol{X})'(\boldsymbol{G}\boldsymbol{D}^{-1}\boldsymbol{G}'\boldsymbol{X}-n^{-1}\mathbf{1}_n\mathbf{1}'_n\boldsymbol{X})$$

$$= \frac{1}{n}\boldsymbol{X}'(\boldsymbol{G}\boldsymbol{D}^{-1}\boldsymbol{G}'-n^{-1}\mathbf{1}_n\mathbf{1}'_n)\boldsymbol{X} \tag{6.7}$$

$$\boldsymbol{S}_{WB} = (\boldsymbol{X}-\boldsymbol{G}\boldsymbol{D}^{-1}\boldsymbol{G}'\boldsymbol{X})'(\boldsymbol{G}\boldsymbol{D}^{-1}\boldsymbol{G}'\boldsymbol{X}-n^{-1}\mathbf{1}_n\mathbf{1}'_n\boldsymbol{X})$$

$$= \boldsymbol{O} \quad \text{（零行列）} \tag{6.8}$$

である．ここで，(6.5)の右辺は，(3.5),(3.6)の $\boldsymbol{J}$ を用いて導かれ，(6.6)～(6.8)の右辺は，$\boldsymbol{D} = \boldsymbol{G}'\boldsymbol{G}$，$\boldsymbol{G}\mathbf{1}_K = \mathbf{1}_n$，$\boldsymbol{D}\mathbf{1}_K = \boldsymbol{G}'\boldsymbol{G}\mathbf{1}_k = \boldsymbol{G}'\mathbf{1}_n$ を使って導かれる．(6.8)より，

$$\boldsymbol{S}_T = \boldsymbol{S}_W+\boldsymbol{S}_B \tag{6.9}$$

が得られるが，この左辺の(6.5)はデータ行列 $\boldsymbol{X}$ の変数間の**共分散行列**にほかならず，それが，$\boldsymbol{S}_W$ と $\boldsymbol{S}_B$ の和に分割されることがわかる．

(6.9)の3種の行列が意味することを，図6.1($n = 10$，$p = 2$，$K = 3$ のケースを想定)を使って，例解しよう．図の(A)に，総平均 $\bar{\boldsymbol{x}}$ の周りに散布する $\boldsymbol{x}_i$ を囲む楕円を描いたが，この楕円の広がりや傾きの情報が，共分散行列 $\boldsymbol{S}_T$ によって表される．図の(B)の $\boldsymbol{x}_i$ は(A)と同じであるが，それらが所属群の平均 $\bar{\boldsymbol{x}}_k$ のまわりに散布する様子を(B)の楕円が表す．中心が同じ点になるように(B)の三つの楕円を重ね合わせた楕円の形状が，$\boldsymbol{S}_W$ によって表されるが，いずれの楕円も群内での個体の散布を表すため，$\boldsymbol{S}_W$ を**群内共分散行列**と呼ぼう．(C)の楕円は，全平均 $\bar{\boldsymbol{x}}$ のまわりに散布する群平均を囲むが，この楕円は群間の相違を表すため，その形状に関わる $\boldsymbol{S}_B$ を**群間共分散行列**と呼ぶことができる．

(6.9)の両辺のトレースを n 倍した $n\mathrm{tr}\,\boldsymbol{S}_T = n\mathrm{tr}\,\boldsymbol{S}_W+n\mathrm{tr}\,\boldsymbol{S}_B$ の各項と，(6.5),(6.6),(6.7)と比較すると，この等式は，

$$\underset{\text{全体平方和}}{\|\boldsymbol{J}\boldsymbol{X}\|^2} = \underset{\text{群内平方和}}{\|\boldsymbol{X}-\boldsymbol{G}\boldsymbol{D}^{-1}\boldsymbol{G}'\boldsymbol{X}\|^2}+\underset{\text{群間平方和}}{\|\boldsymbol{G}\boldsymbol{D}^{-1}\boldsymbol{G}'\boldsymbol{X}-n^{-1}\mathbf{1}_n\mathbf{1}'_n\boldsymbol{X}\|^2} \tag{6.10}$$

と書き換えられる．ここで，左辺と右辺の2項は，それぞれ，図6.1(A),(B),(C)に記す矢線の長さの平方和に等しいので，それぞれの項は，(6.10)の下

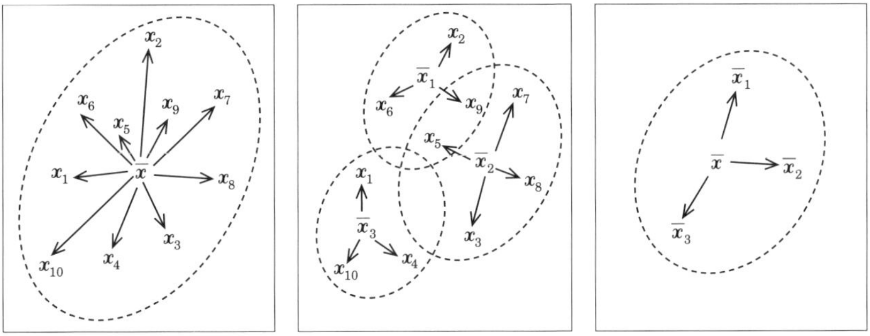

(A) 全平均から個体に伸びる矢線と $\boldsymbol{S_T}$ の楕円　(B) 群の平均から群内の個体に伸びる矢線と $\boldsymbol{S_W}$ の楕円　(C) 全平均から群平均に伸びる矢線と $\boldsymbol{S_B}$ の楕円

図 6.1　個体のデータ $\boldsymbol{x}_i$，全平均 $\bar{\boldsymbol{x}}$，群平均 $\bar{\boldsymbol{x}}_k$ の散布図．個体 2, 6, 9 は群 1，個体 1, 4, 10 は群 3，他の個体は群 2 に所属し，ベクトルの座標値の場所にその記号が記されている．

に付記したように名づけられる．例えば，右辺の第 1 項は，個体 i の $\boldsymbol{x}_i$ とそれが所属する群 $k = y_i$ の平均 $\bar{\boldsymbol{x}}_{y_i}$ との距離 $\|\boldsymbol{x}_i - \bar{\boldsymbol{x}}_{y_i}\|$ の平方を，$i = 1, \cdots, n$ を通した和であるので，**群内平方和**と呼ばれる．

6.2 • 階層的クラスター分析

クラスター分析の中でも，**階層的方法**と呼ばれる手法は，個体がどのように分類されるかを，**樹形図**(デンドログラム)と呼ばれる階層図で表すためのグラフ作成法である．前節の行列の基礎は，本節では後半部だけに現れる．

図 6.2(次ページ)によって階層的方法の原理を例解しよう．図の左には，5 個体 ×2 変数の $\boldsymbol{X}$ の各行(個体) ($\boldsymbol{x}_1' = [4, 1], \cdots, \boldsymbol{x}_5' = [5, 1]$) の散布図が描かれるが，これに階層的クラスター分析を適用すると，右の樹形図が次の 3 ステップを通して求められる．

（1） $\boldsymbol{x}_1, \cdots, \boldsymbol{x}_5$ 間の距離を比較し，$\boldsymbol{x}_1$ と $\boldsymbol{x}_5$ が最短であるため，個体 1 と 5 を一つの群として併合する．この併合を右の樹形図の交わり「群 1」が示す．

（2） 群 1 の代表点を所属個体の点の平均 $\bar{\boldsymbol{x}}_1 = 0.5(\boldsymbol{x}_1 + \boldsymbol{x}_5) = [4.5, 1]'$ として，$\bar{\boldsymbol{x}}_1, \boldsymbol{x}_2, \boldsymbol{x}_3, \boldsymbol{x}_4$ 間の距離を求め，$\boldsymbol{x}_2$ と $\boldsymbol{x}_4$ が最短である

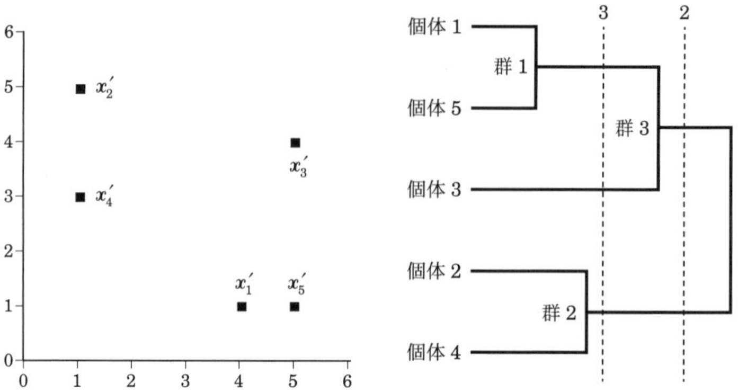

図 6.2　データ行列 $\boldsymbol{X}$ の各行の散布図(左)から得られる樹形図(右)

ため，個体 2 と 4 を「群 2」として併合する．

（3） 群 2 の代表点 $\bar{\boldsymbol{x}}_2 = 0.5(\boldsymbol{x}_2+\boldsymbol{x}_4)$ と $\bar{\boldsymbol{x}}_1$ と $\boldsymbol{x}_3$ の距離を求め，$\boldsymbol{x}_3$ と $\bar{\boldsymbol{x}}_1$ が最短であるため，個体 3 を群 1 に併合する．この併合を右の群 3 が示す．

図 6.1 の樹形図より，より早いステップつまり左の方で併合される個体ほど，互いに類似することがわかる．また，図の垂直の点線で樹形図をスライスすれば，個体を群に分割できる．例えば，点線 3 でスライスすれば，5 個体を，個体 1 と 5 の群，個体 2 と 4 の群，個体 3 だけからなる群の 3 群に分割できる．

上述のステップの(2), (3)における手順の違いによって，階層的方法は下位手法に細分される．その中でも，前段の例解に使った手法は**重心法**と呼ばれ，群と個体，および，群間の距離の算出に平均(重心)を用いるのが特徴であるが，不合理な樹形図を与えることがある．一方，経験的に合理的な樹形図を与えることが多い[9]の**ウォード法**では，群 k と群 l の距離が，(6.10)を書き換えた「**群間平方和 ＝ 全体平方和－群内平方和**」の平方根と定義される．ここで，右辺の全体平方和の「全体」は，本節の文脈では，群 k と群 l を併合した個体の集合を指し，群内平方和とは群 k 内と群 l 内の平方和を指す．なお，群に属する個体が一つのときは，その群内の平方和は 0 となる．

6.3 ● $\boldsymbol{k}$ 平均クラスター分析

最小二乗法に基づく**クラスター分析**の基本的方法に，**$\boldsymbol{k}$ 平均法**がある([4])．この方法では，群の数 K を特定の整数に指定した上で，

$$h(\boldsymbol{G}, \boldsymbol{C}) = \|\boldsymbol{X} - \boldsymbol{G}\boldsymbol{C}\|^2 \tag{6.11}$$

を最小にするメンバーシップ行列 $\boldsymbol{G}$ と各群の特徴を表す K 群 $\times p$ 変数の行列 $\boldsymbol{C}$ を求める．ここで，$\boldsymbol{G}$ を所与としたときの $\boldsymbol{C}$ の解を求めるため，(6.11)が $\|\boldsymbol{X} - \boldsymbol{G}\boldsymbol{D}^{-1}\boldsymbol{G}'\boldsymbol{X}\|^2 + \|\boldsymbol{G}\boldsymbol{D}^{-1}\boldsymbol{G}'\boldsymbol{X} - \boldsymbol{G}\boldsymbol{C}\|^2$ と書き換えられことに着目しよう．この式の第 2 項だけが $\boldsymbol{C}$ に関わることから，この項は，(6.2)に例示する $\boldsymbol{D}^{-1}\boldsymbol{G}'\boldsymbol{X}$ が $\boldsymbol{C}$ となるときに下限の 0 を達成するため，$\boldsymbol{C}$ の解は

$$\boldsymbol{C} = \boldsymbol{D}^{-1}\boldsymbol{G}'\boldsymbol{X} \tag{6.12}$$

と表せる．これを(6.11)に代入すると，(6.10)の群内平方和 $\|\boldsymbol{X} - \boldsymbol{G}\boldsymbol{D}^{-1}\boldsymbol{G}'\boldsymbol{X}\|^2$ となり，**$\boldsymbol{k}$ 平均法**は**群内平方和**を最小にする群を見出す方法であることがわかる．

k 平均法では，$\boldsymbol{C}$ の解を表す(6.12)に未知の $\boldsymbol{G}$ が含まれるため，$\boldsymbol{G}$ の適当な初期値からスタートして，(6.12)による $\boldsymbol{C}$ の算出と，その $\boldsymbol{C}$ を用いて $\boldsymbol{G}$ を求めることを，収束するまで交互に行う反復計算を要する．以下に，後者の $\boldsymbol{G}$ の求め方を記す．まず，(6.1)より，個体 i の所属群 y_i がわかれば $\boldsymbol{G}$ は定まり，(6.11)が $\sum_{i=1}^{n} \|\boldsymbol{x}_i' - \boldsymbol{c}_{y_i}'\|^2$ に書き換えられることに着目する．この関数の最小化は，各個体 $i = 1, \cdots, n$ のそれぞれについて $\|\boldsymbol{x}_i' - \boldsymbol{c}_{y_i}'\|$ を最小にする y_i を求めれば，達成される．この y_i は $1, \cdots, K$ のいずれかであるので，距離 $\|\boldsymbol{x}_i' - \boldsymbol{c}_k'\|$ $(k = 1, \cdots, K)$ を求めて，距離が最小となる k を y_i とすればよい．すなわち，y_i を求めるステップは

$$y_i = \underset{1 \leqq k \leqq K}{\operatorname{argmin}} \|\boldsymbol{x}_i' - \boldsymbol{c}_k'\| \qquad (i = 1, \cdots, n) \tag{6.13}$$

と表せる．

以上の k 平均法を，$K = 3$ として，表 6.2(A)のデータ行列 $\boldsymbol{X}$([6])に適用して得られた $y_1, \cdots, y_n$ を，表 6.2(B)に示す．(B)の群番号の大小には意味はなく，単に，同じ番号の個体が同じ群に分類されることを表す．例えば，$y_k = 1$ の僧侶・大学教授・作家は同じ群に分類されることがわかる．

表 6.2 個体が形容語(変数)によって印象づけられる程度を表したデータ(A)とクラスター分析の解(B)

個体(業種)	(A)データ行列 $\boldsymbol{X}$												(B)解
	立派な	役立つ	よい	大きい	力がある	強い	速い	騒がしい	若い	誠実な	かたい	忙しい	y_{ij}(所属群)
僧侶	3.2	2.7	3.7	2.8	2.6	2.6	2.2	1.4	1.7	3.3	3.8	1.8	1
銀行員	3.4	3.5	3.4	2.5	2.2	2.6	3.2	2.1	3.6	4.1	4.7	4.2	3
漫画家	3.0	3.2	3.5	2.2	2.1	2.2	3.3	3.4	4.1	3.4	1.3	4.3	2
デザイナー	3.2	3.2	3.5	2.6	2.5	2.6	3.6	2.9	4.2	3.2	1.5	4.0	2
保母	4.2	4.6	4.5	3.1	3.0	3.2	2.8	3.3	4.1	4.5	2.3	4.9	3
大学教授	4.0	4.0	3.8	3.4	3.2	3.1	2.4	1.5	1.6	3.7	3.9	3.0	1
医師	4.0	4.8	3.9	3.5	3.8	3.7	3.2	2.1	2.6	3.7	3.6	4.5	3
警察官	3.7	4.6	4.1	3.4	4.0	4.1	4.3	3.4	3.5	4.2	4.4	4.0	3
新聞記者	3.6	4.3	3.7	2.9	3.5	3.6	4.7	4.2	4.1	3.9	3.7	5.0	3
船のり	3.6	3.6	3.5	3.5	4.2	4.2	3.5	3.5	3.7	3.5	2.5	3.5	3
プロスポーツ選手	3.7	3.2	3.7	3.9	4.7	4.7	4.9	3.5	4.2	3.7	2.8	4.1	3
作家	3.4	3.7	3.5	3.1	2.7	2.4	2.3	1.8	2.3	3.3	2.9	3.3	1
俳優	3.2	3.2	3.6	2.9	2.2	2.5	3.3	3.3	3.4	2.8	1.8	4.3	2
スチュワーデス	3.2	3.8	3.8	2.8	2.3	2.4	3.9	2.5	4.7	3.9	2.3	4.3	2

6.4 ● クラスター分析から判別分析へ

クラスター分析では未知であった $\boldsymbol{G}$ が，**判別分析**では既知であり，n(個体)×$(p+K)$(変数＋群) のブロック行列 $[\boldsymbol{X}, \boldsymbol{G}]$ が分析の対象となる．こうした行列として著名な[1]のデータを表 6.3 に示す．

最も単純な判別分析は，k 平均法の最小二乗基準(6.11)の $\boldsymbol{G}$ を既知として，これを最小にする $\boldsymbol{C}$ を求めることと定式化できよう．この分析では，$\boldsymbol{G}$ は既知であるので，単に(6.12)を求めるだけである．判別分析の目的は，この解を用いて，データには含まれない所属群が未知の個体の群を判別することである．この判別のどのように行うかを考えるため，(6.11)を書き換えた $\sum_{i=1}^{n}\|\boldsymbol{x}_i'-\boldsymbol{c}_{y_i}'\|^2$ に着目しよう．これの最小化は，「個体のデータ $\boldsymbol{x}_i$ とその所属群の特徴ベクトル $\boldsymbol{c}_{y_i}$ との距離は短いはずである」という仮定に基づくといえる．この仮定から，新たな個体のデータベクトルを $\boldsymbol{x}$，これと群 k の特徴

表 6.3 アヤメの四つの変数を標準化した $\boldsymbol{X}$ と群別 $\boldsymbol{G}$*)

アヤメ	$\boldsymbol{X}$				$\boldsymbol{G}$		
	がく長	がく幅	花弁長	花弁幅	群 1	群 2	群 3
1	−0.90	1.02	−1.34	−1.31	1	0	0
2	−1.14	−0.13	−1.34	−1.31	1	0	0
⋮	⋮	⋮	⋮	⋮	⋮	⋮	⋮
50	−1.02	0.56	−1.34	−1.31	1	0	0
51	1.40	0.33	0.53	0.26	0	1	0
52	0.67	0.33	0.42	0.39	0	1	0
⋮	⋮	⋮	⋮	⋮	⋮	⋮	⋮
100	−0.17	−0.59	0.19	0.13	0	1	0
101	0.55	0.56	1.27	1.71	0	0	1
102	−0.05	−0.82	0.76	0.92	0	0	1
⋮	⋮	⋮	⋮	⋮	⋮	⋮	⋮
150	0.07	−0.13	0.76	0.79	0	0	1

*) 素データは[3]のページ
http://astro.temple.edu/~alan/MMST/datasets.html
から入手できる.

ベクトルとの距離を $d(\boldsymbol{x}|k)$ と表すと，次のように，個体を最短距離の群に分類する**判別規則**が導かれる.

$$d(\boldsymbol{x}|k^*) = \min_{1 \leqq k \leqq K} d(\boldsymbol{x}|k) \text{ のとき，} \boldsymbol{x} \text{ を示す個体を群 } k^* \text{ に分類する.} \tag{6.14}$$

ここで，(6.12)すなわち $\boldsymbol{c}_k' = \bar{\boldsymbol{x}}_k'$ より $d(\boldsymbol{x}|k) = \|\boldsymbol{x}' - \boldsymbol{c}_k'\| = \|\boldsymbol{x}' - \bar{\boldsymbol{x}}_k'\|$ である. 例えば，表 6.3 のデータでは，$\bar{\boldsymbol{x}}_1' = [-1.0, 0.9, -1.3, -1.3]$, $\bar{\boldsymbol{x}}_2' = [0.1, -1.7, 0.3, 0.2]$, $\bar{\boldsymbol{x}}_3' = [0.9, -0.2, 1.0, 1.1]$ となるが，これらと $\boldsymbol{x}$ との距離 $\|\boldsymbol{x}' - \bar{\boldsymbol{x}}_k'\|$ $(k = 1, 2, 3)$ を求め，距離が最小の群に個体は分類される. 以上の分析を**単純距離判別分析**と呼ぼう.

実は，前段の方法が判別分析として紹介されることは稀で，判別分析の一手法は，(6.11)の $\boldsymbol{X}$ の後ろから係数行列 $\boldsymbol{B}$ を乗じられる基準

$$f(\boldsymbol{B}, \tilde{\boldsymbol{C}}) = \|\boldsymbol{XB} - \boldsymbol{G}\tilde{\boldsymbol{C}}\|^2 \tag{6.15}$$

を最小化する方法として定式化できる. ここで，$\boldsymbol{X}$ は平均からの偏差からなると想定され，$\boldsymbol{B}$ は p 変数×m 成分の行列で，$m \leqq \min(K-1, p)$ である. したがって，$\boldsymbol{XB}$ の列数は $\boldsymbol{X}$ の列数を超えることはなく，これに合わせて，$\boldsymbol{G}$ の右に係る行列も，列数が p の $\boldsymbol{C}$ ではなく，それと区別される $K \times m$ の

$\widetilde{C}$ となっている．X に B が乗じられることの意味を見るため，B の第 l 列を $b_l = [b_{1l}, \cdots, b_{pl}]'$ と表すと，XB の第 i 行が $[x_i' b_1, \cdots, x_i' b_m]$ のように m 種の得点からなり，各得点は，**判別得点**と呼ばれ

$$x_i' b_l = b_{1l} x_{i1} + \cdots + b_{pl} x_{ip} \qquad (l = 1, \cdots, m) \tag{6.16}$$

のように，変数 $x_{i1}, \cdots, x_{ip}$ の重みつき合計になることに着目しよう．群間の相違に強く関与する変数ほど，大きな重み（B の要素）を与えられれば，重みつけがない場合に比べ，より正確な判別ができることが期待される．以上の判別分析では，(6.14)の $d(x|k)$ が $\|x'B - c_k'B\|$ と定義される．(6.15)の最小化と関連手法は，次節と 6.6 節に詳述される．

ここまで，G が未知か所与かの区別，B が X に乗じられるか否かの区別が現れたが，これらの区別を行と列にした 2×2 の表 6.4 の各セルに，4 種の分析法の定式化を記した．セルの(1)，(2)，(4)が，それぞれ，K 平均法，単純距離判別分析，前段（次節に詳述）の判別分析を表す．セルの(3)は，所定の制約条件のもとに(6.15)の右辺を最小にする $B, G, \widetilde{C}$ を求める，いわば XB のクラスター分析であるが（[8]），未普及の新手法であるため，本書では割愛する．

表 6.4　群別が既知か未知・重みの有無による手法の類別

	重みなし	重みつき
クラスター分析　G：未知	（1）　$\min_{G,\widetilde{C}} \|X - GC\|^2$	（3）　$\min_{B,G,\widetilde{C}} \|XB - G\widetilde{C}\|^2$
判別分析　G：既知	（2）　$\min_{\widetilde{C}} \|X - GC\|^2$	（4）　$\min_{B,\widetilde{C}} \|XB - G\widetilde{C}\|^2$

6.5 ● 全体共分散を制約した正準判別分析

以下，データ行列 X は，$1_n' X = 0_p'$ となるように，平均からの偏差に変換されているとする．判別分析の定式化の 1 つは，制約条件

$$B' S_T B = I_m \tag{6.17}$$

のもとで，前節の(6.15)を最小化する $B, \widetilde{C}$ を求めることである．所与の B について(6.15)を最小にする $\widetilde{C}$ は，(6.2)に例示される $D^{-1}G'X$ の X を XB に置き換えた $\widetilde{C} = D^{-1}G'XB$ で与えられ，これを(6.15)に代入すると，**最小二乗基準**は

$$f(\boldsymbol{B}) = \|\boldsymbol{XB}-\boldsymbol{GD}^{-1}\boldsymbol{G}'\boldsymbol{XB}\|^2 = n\mathrm{tr}\,\boldsymbol{B}'\boldsymbol{S}_W\boldsymbol{B} \tag{6.18}$$

と書き換えられる．ここで，右辺は，(6.6)の $\boldsymbol{X}$ を $\boldsymbol{XB}$ に代えることによって導かれる．さらに，(6.18)の第2辺を展開して(6.17)と $\boldsymbol{G}'\boldsymbol{G} = \boldsymbol{D}$ を使うと，(6.18)は，$f(\boldsymbol{B}) = nm - g(\boldsymbol{B})$ と書き換えられる．ただし，

$$g(\boldsymbol{B}) = \|\boldsymbol{GD}^{-1}\boldsymbol{G}'\boldsymbol{XB}\|^2 = n\mathrm{tr}\,\boldsymbol{B}'\boldsymbol{S}_B\boldsymbol{B} \tag{6.19}$$

である．ここで，右辺は，(6.7)に $\boldsymbol{1}'_n\boldsymbol{X} = \boldsymbol{0}'_p$ を代入した上で，$\boldsymbol{X}$ を $\boldsymbol{XB}$ に代えれば導かれる．すなわち，条件(6.17)のもとで，(6.19)の最大化と，(6.15)から導出される(6.18)の最小化は同値である．

上記の条件と最大化・最小化が持つ意味は，(6.9), (6.10)から導き出される次の二つの式に見出せる．まず，(6.9)の両辺に左右から $\boldsymbol{B}'$ および $\boldsymbol{B}$ を乗じると，

$$\boldsymbol{B}'\boldsymbol{S}_T\boldsymbol{B} = \boldsymbol{B}'\boldsymbol{S}_W\boldsymbol{B} + \boldsymbol{B}'\boldsymbol{S}_B\boldsymbol{B} \tag{6.20}$$

が得られ，この両辺のトレースの n 倍である $n\mathrm{tr}\,\boldsymbol{B}'\boldsymbol{S}_T\boldsymbol{B} = n\mathrm{tr}\,\boldsymbol{B}'\boldsymbol{S}_W\boldsymbol{B} + n\mathrm{tr}\,\boldsymbol{B}'\boldsymbol{S}_B\boldsymbol{B}$ は，(6.10)の $\boldsymbol{X}$ を $\boldsymbol{XB}$ に代え，$\boldsymbol{1}'_n\boldsymbol{X} = \boldsymbol{0}'_p$ とそれに基づく $\boldsymbol{X} = \boldsymbol{JX}$ を代入した

$$\underbrace{\|\boldsymbol{XB}\|^2}_{\boldsymbol{XB}\text{の全体平方和}} = \underbrace{\|\boldsymbol{XB}-\boldsymbol{GD}^{-1}\boldsymbol{G}'\boldsymbol{XB}\|^2}_{\boldsymbol{XB}\text{の群内平方和}} + \underbrace{\|\boldsymbol{GD}^{-1}\boldsymbol{G}'\boldsymbol{XB}\|^2}_{\boldsymbol{XB}\text{の群間平方和}} \tag{6.21}$$

となる．ここで，一つ前の式(6.20)の左辺は，$\boldsymbol{X} = \boldsymbol{JX}$ と(6.5)より $n^{-1}\boldsymbol{B}'\boldsymbol{X}'\boldsymbol{JXB} = n^{-1}\boldsymbol{B}'\boldsymbol{X}'\boldsymbol{XB}$ と書き換えられて，判別得点(6.16)を要素とする $\boldsymbol{XB}$ の列間の共分散行列を表し，これが，(6.20)の右辺のように，判別得点の群内・群間共分散行列の和に分解される．これに平行して，(6.21)は，判別得点を含む $\boldsymbol{XB}$ の全体平方和が，群内・群間平方和に分割されることを示す．以上の分割を踏まえると，条件(6.17)は判別得点の共分散行列を $\boldsymbol{I}_m$ に等しいと制約するもので，これは，(6.21)の左辺 $\|\boldsymbol{XB}\|^2 = n\mathrm{tr}\,\boldsymbol{B}'\boldsymbol{S}_T\boldsymbol{B}$ を $n\mathrm{tr}\,\boldsymbol{I}_m = nm$ のように一定値に限定することを意味し，この限定のもとで，(6.21)右辺の第1項に等しい(6.18)の最小化は，(6.21)右辺の第2項に等しい(6.19)の最大化と同値になる．つまり，本節の判別分析は，それ自体は群判別に関係しない(6.21)の左辺を一定値にした上で，小さくあるべき $\boldsymbol{XB}$ の**群内平方和**の最小化，そして，それと同値である $\boldsymbol{XB}$ の**群間平方和**の最大化を行うものである．

さて，$n^{-1}\boldsymbol{B}'\boldsymbol{X}'\boldsymbol{XB} = \boldsymbol{I}_m$ と書き換えられる条件(6.17)のもとで，(6.19)す

なわち $n\mathrm{tr}\,\boldsymbol{B}'\boldsymbol{S}_B\boldsymbol{B} = \mathrm{tr}\,\boldsymbol{B}'\boldsymbol{X}'\boldsymbol{G}\boldsymbol{D}^{-1}\boldsymbol{G}'\boldsymbol{X}\boldsymbol{B}$ を最大にする $\boldsymbol{B}$ の解は，前章の定理5.1の $\boldsymbol{Z}_1$ と $\boldsymbol{Z}_2$ の両者を $n^{-1/2}\boldsymbol{X}$ に，$\boldsymbol{W}$ と $\boldsymbol{V}$ の両者を $\boldsymbol{B}$ に置き換え，さらに，$\boldsymbol{A}$ を $\boldsymbol{X}'\boldsymbol{G}\boldsymbol{D}^{-1}\boldsymbol{G}'\boldsymbol{X}$ と置き換えれば，$\boldsymbol{B} = (n^{-1}\boldsymbol{X}'\boldsymbol{X})^{-1/2}\boldsymbol{Q}_m = \boldsymbol{S}_T^{-1/2}\boldsymbol{Q}_m$ のように解析的に求められることがわかる．

以上の方法は，(6.20)の左辺が**全体共分散行列**と呼べることから，全体共分散を制約した正準判別分析と名づけられる．下線を引いた限定がつくのは，次節に記す別バージョンがあるためである．

6.6 ● 群内共分散を制約した正準判別分析

前節の方法は，条件(6.17)のもとで $r_T = \mathrm{tr}\,\boldsymbol{B}'\boldsymbol{S}_B\boldsymbol{B}/\mathrm{tr}\,\boldsymbol{B}'\boldsymbol{S}_T\boldsymbol{B}$ の比を最大化していると言い換えられる．この比の分母に(6.20)を代入すると，$r_T = (1+\mathrm{tr}\,\boldsymbol{B}'\boldsymbol{S}_W\boldsymbol{B}/\mathrm{tr}\,\boldsymbol{B}'\boldsymbol{S}_B\boldsymbol{B})^{-1}$ と書き換えられ，r_T とは分母が異なる比 $r_W = \mathrm{tr}\,\boldsymbol{B}'\boldsymbol{S}_B\boldsymbol{B}/\mathrm{tr}\,\boldsymbol{B}'\boldsymbol{S}_W\boldsymbol{B}$ の増大に伴って r_T が大きくなることがわかる．本節で取り上げる正準判別分析は，r_W の最大化に関わり，$\boldsymbol{X}\widetilde{\boldsymbol{B}}$ の群内共分散行列を

$$\widetilde{\boldsymbol{B}}'\boldsymbol{S}_W\widetilde{\boldsymbol{B}} = \boldsymbol{I}_m \tag{6.22}$$

のように制約して，この条件のもとに前節の(6.19)の $\boldsymbol{B}$ を $\widetilde{\boldsymbol{B}}$ に代えた $n\mathrm{tr}\,\widetilde{\boldsymbol{B}}'\boldsymbol{S}_B\widetilde{\boldsymbol{B}}$ を最大にする $\widetilde{\boldsymbol{B}}$ を求めることと定式化できる．ここで，前節の方法で得られる $\boldsymbol{B}$ と区別するため，それに対応する行列を $\widetilde{\boldsymbol{B}}$ と表している．**正準判別分析**という用語は，むしろ本節の方法を指すことが多い．その理由は確率統計の数理に基づく最適性にあるが，第3〜6章は行列代数だけに基づく記述を方針としているため，次の段落で最適性をごく簡単に紹介し，その詳細は参考文献に譲る．

群 k に属する個体のデータが，平均を $\bar{\boldsymbol{x}}_k$ とする**多変量正規分布**に従うとする．したがって，群間で分布の平均は異なるが，形状は群間で同じと仮定し，さらに，ランダムに選んだ個体がどの群に属するかを表す確率が群間で等しいと仮定すると，(6.14)において

$$d(\boldsymbol{x}|k) = [(x_i-\bar{\boldsymbol{x}}_k)'\boldsymbol{S}_W^{-1}(\boldsymbol{x}_i-\bar{\boldsymbol{x}}_k)]^{1/2} \tag{6.23}$$

とする判別規則が最適性を持つことが知られる([5])．そして，$m = \min(K-1, p)$ のときに，$\widetilde{\boldsymbol{B}}$ の解を用いた距離 $\|\boldsymbol{x}_i'\widetilde{\boldsymbol{B}}-\bar{\boldsymbol{x}}_k'\widetilde{\boldsymbol{B}}\|$ と(6.23)の間に，

$$\|\boldsymbol{x}_i'\widetilde{\boldsymbol{B}}-\bar{\boldsymbol{x}}_k'\widetilde{\boldsymbol{B}}\|^2+k\text{ に無関係な項} = (\boldsymbol{x}_i-\bar{\boldsymbol{x}}_k)'\boldsymbol{S}_W^{-1}(\boldsymbol{x}_i-\bar{\boldsymbol{x}}_k) \tag{6.24}$$

の関係が成り立つため([10])，(6.14)において $d(\boldsymbol{x}|k) = \|\boldsymbol{x}_i'\widetilde{\boldsymbol{B}} - \bar{\boldsymbol{x}}_k'\widetilde{\boldsymbol{B}}\|$ とした正準判別分析による群判別と，(6.23)による判別が同値となる．

$\widetilde{\boldsymbol{B}}$ の解法を記すため，$\boldsymbol{H} = \boldsymbol{I}_p - \boldsymbol{G}'\boldsymbol{D}^{-1}\boldsymbol{G}'$ と定義した上で，(6.6)と $\boldsymbol{HH} = \boldsymbol{H}$ を使って，(6.22)を $n^{-1}\widetilde{\boldsymbol{B}}'\boldsymbol{X}'\boldsymbol{H}'\boldsymbol{HX}\widetilde{\boldsymbol{B}} = \boldsymbol{I}_m$ と書き換えよう．この条件のもとで，$n\mathrm{tr}\,\widetilde{\boldsymbol{B}}'\boldsymbol{S}_B\widetilde{\boldsymbol{B}} = \mathrm{tr}\,\widetilde{\boldsymbol{B}}'\boldsymbol{GD}^{-1}\boldsymbol{G}'\widetilde{\boldsymbol{B}}$ を最大にする解は，前章の定理 5.1 の $\boldsymbol{Z}_1$ と $\boldsymbol{Z}_2$ の両者を $n^{-1/2}\boldsymbol{HX}$ に，$\boldsymbol{W}$ と $\boldsymbol{V}$ の両者を $\widetilde{\boldsymbol{B}}$ に，$\boldsymbol{A}$ を $\boldsymbol{X}'\boldsymbol{GD}^{-1}\boldsymbol{G}'\boldsymbol{X}$ に置き換えれば，$\widetilde{\boldsymbol{B}}$ の解は $\boldsymbol{S}_W^{-1/2}\boldsymbol{Q}_m$ によって与えられることがわかる．この $\widetilde{\boldsymbol{B}}$ と前節の $\boldsymbol{B}$ の解の間には，$\widetilde{\boldsymbol{B}} = \boldsymbol{B\Delta}$ の関係があることが知られる([10])．ここで，$\boldsymbol{\Delta}$ は対角要素が正の対角行列であり，$m \geqq 2$ でかつ $\boldsymbol{\Delta}$ の対角要素が等しくなければ，一般に，前節と本節の方法は異なる解を与えるものと区別できる．しかし，$m = 1$ のときは，両方法は同じ群判別を行い，さらに，$m = 1$ かつ $K = 2$ のとき，[1]の**線形判別分析**と同じ群判別を行う．

以上の正準判別分析を，$m = 2$ として，表 6.3 のデータに適用すると，判別得点が

$$\boldsymbol{x}_i'\boldsymbol{b}_1 = -0.69\times\text{がく長} - 0.68\times\text{がく幅} + 3.91\times\text{花弁長} + 2.18\times\text{花弁幅}, \tag{6.25}$$

$$\boldsymbol{x}_i'\boldsymbol{b}_2 = 0.02\times\text{がく長} + 0.95\times\text{がく幅} - 1.67\times\text{花弁長} + 2.20\times\text{花弁幅} \tag{6.26}$$

と表せる解が得られる．ここで，左辺の $\tilde{\boldsymbol{b}}_l$ $(l = 1, 2)$ は $\widetilde{\boldsymbol{B}}$ の第 l 列を表し，右辺は，(6.16)の重みと変数の部分に，対応する解と変数名を代入したものである．表 6.3 の個体 1 のデータ $\boldsymbol{x}_1' = [-0.90, 1.02, -1.34, -1.31]$ を(6.25)，(6.26)の変数に代入すると，$\boldsymbol{x}_1'\widetilde{\boldsymbol{B}} = [\boldsymbol{x}_1'\tilde{\boldsymbol{b}}_1, \boldsymbol{x}_1'\tilde{\boldsymbol{b}}_2] = [-8.16, 0.31]$ のように個体 1 の判別得点ベクトルが得られるが，同様にして得られる全個体の得点ベクトル $\boldsymbol{x}_i'\widetilde{\boldsymbol{B}}$ $(i = 1, \cdots, 150)$ をプロットしたのが図 6.3(次ページ)であるが，同一群に属する個体は，判別得点の群平均を中心にして，互いに近い位置に分布していることが窺える．

表 6.3 には含まれない新たな個体のデータ $\boldsymbol{x} = [1.8, 0.4, 0.1, -0.6]$ が得られたとしよう．これを(6.25)，(6.26)に代入すると，$\boldsymbol{x}'\widetilde{\boldsymbol{B}} = [-2.4, -1.1]$ という判別得点が得られ，その位置を図 6.3 に × で表示している．この × と群 1, 2, 3 の平均の点との距離を比べると，× は群 2 の平均に最も近く，判別規則(6.14)によれば，上記の個体は群 2 に分類できる．

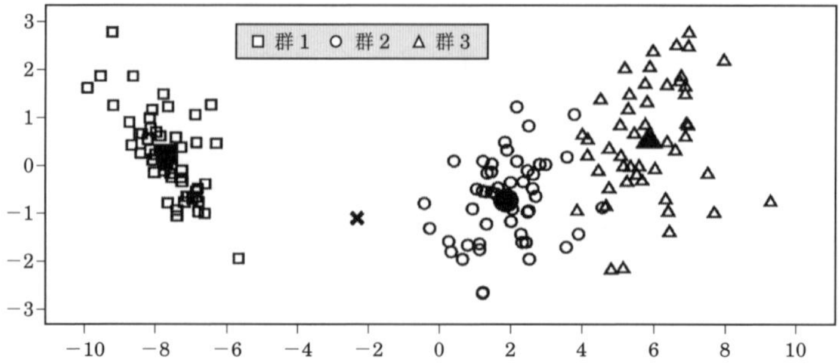

図 6.3 判別得点による個体と群内平均の散布図(点の形で所属群を区別し，黒で塗りつぶした点で平均を表示)

6.7 ● 誤判別率の評価

判別分析の解によって，新たな個体の所属群をどの程度正確に分類できるかを表す指標が，**誤判別率**の小ささであり，それを簡便に見積もる方法は，**一個抜き交差検証法**と呼ばれる．その手順は次の(1)〜(3)のとおりである．

(1) $n\times(K+p)$ の行列 $[\boldsymbol{X},\boldsymbol{G}]$ から，その第 i 行 $[\boldsymbol{x}_i',\boldsymbol{g}_i']$ を除いた $(n-1)\times(K+p)$ の行列をデータとみなして，前節までの判別分析を行ってパラメータの解を求める．

(2) このパラメータの解を使った判別規則(6.14)によって，$\boldsymbol{x}=\boldsymbol{x}_i$ の群判別を行う．ここで，真の群は $\boldsymbol{g}_i'$ からわかるので，判別結果の正誤がわかる．

(3) 以上の手続きを $i=1,\cdots,n$ と代えながら行って誤判別数をカウントし，それを n で除した比率を誤判別率とする．

前段の手続きを表 6.3 のデータに適用して，ここまで紹介した判別分析法の誤判別率を評価した結果，6.4 節の単純距離判別分析，6.5 節の方法，および，前節の方法の誤判別率は，それぞれ，0.153, 0.147，および，0.020 であった．前節の正準判別分析の誤判別率は非常に低く，それを正判別の百分率に変換

した $(1-0.02)\times 100\% = 98\%$ は判別の正確さを実感させる．一方，全体共分散を制約した正準判別分析の誤判別率は 0.147 と高く，単純距離判別分析の 0.153 よりわずかに改善されるだけであるが，この正準判別分析も，その最小二乗基準(6.15)は，表 6.4 のようにクラスター分析との比較がしやすい自然な関数であり，新たな判別分析法の開発の基礎となり得る(例えば，[2])．

なお，本書で割愛した**ロジスティック回帰**による判別分析については，[7] を参照されたい．

参考文献

[1] R. A. Fisher, The use of multiple measurements in taxonomic problems, *Annals of Eugenics*, **7**, 179-188, 1936.

[2] T. Hastie, R. Tibshirani, and A. Buja, Flexible discriminant analysis by optimal scoring, *Journal of the American Statistical Association*, **89**, 1255-1270, 1994.

[3] A. J. Izenman, *Modern multivariate statistical techniques: Regression, classification, and manifold learning*, Springer, 2008.

[4] J. B. MacQueen, Some methods for classification and analysis of multivariate observations, *Proceedings of the 5th Berkeley Symposium*, Vol. 1, 281-297, 1967.

[5] 佐藤義治,『多変量データの分類 —— 判別分析・クラスター分析』, 朝倉書店, 2009.

[6] 心理実験指導研究会,『実験とテスト = 心理学の基礎 —— 解説編』, 培風館, 1985.

[7] 丹後俊郎・山岡和枝・高木晴良,『新版 ロジスティック回帰分析 —— SAS を利用した統計解析の実際』, 朝倉書店, 2013.

[8] M. Vichi, and H. A. L. Kiers, Factorial k-means analysis for two-way data, *Computational Statistics and Data Analysis*, **37**, 49-64, 2001.

[9] J. H. Ward, Hierarchical grouping to optimize an objective function, *Journal of the American Statistical Association*, **58**, 236-244, 1963.

[10] 柳井晴夫・高木廣文,『多変量解析ハンドブック』, 現代数学社, 1986.

第7章

統計的機械学習

鹿島久嗣
●京都大学

7.1 ● 統計的機械学習の基本

7.1.1 ●機械学習

近頃，人工知能にまつわるニュースが世間を賑わせている．アメリカの老舗クイズ番組ではコンピュータが人間のチャンピオンを圧倒し，国内ではついにコンピュータ将棋プログラムが人間のプロ棋士の実力を超えつつあるそうだ．そして，各社研究開発にしのぎを削る自動車の自動運転技術はもはや夢物語ではない．人工知能の活躍に後押しされるように，有力企業がこぞって人工知能技術の開発に大きな投資を行うと発表しているが，その一方で，急速に発展している人工知能技術に警戒の声も上がっている．ビル・ゲイツやスティーヴン・ホーキングといった影響力のある著名人までもが人工知能技術の発展に脅威を感じ警鐘を鳴らしている．ここではその信憑性については議論しないが，いずれにせよ人工知能技術に対する世間の関心が高まっていることの現れといえるだろう．

そもそも人工知能とは情報学の一分野で，人間のような知能をコンピュータ上で実現することを目指すものである．アラン・チューリングやジョン・フォン・ノイマンといった，コンピュータの黎明期に活躍した偉人たちもまた，人工知能についてさまざまな考えを巡らせていたことが知られており，言語理解，音声認識，画像認識，ロボットなどの現在では独立した研究分野に成長している分野も，もとをたどれば人工知能に行きつくことも珍しいことではない．実は，人工知能のブームが訪れたのは今回が初めてではない．人工知能はこれまでにも何度かのブームと(同じ数だけの冬の時代を)経験してきた．そして今回の人工知能ブームにおいて重要な役割を果たしているのが，これから紹介する機械学習である．

機械学習は，生物，とくに人間のもつ「学習」という能力を機械(コンピュータ)に持たせることを目指す人工知能の一分野である．当初は論理推論をその数理的基盤としていた機械学習だが，現在では統計的なアプローチが主流になっており，自然言語処理や遺伝子情報処理をはじめとするさまざまな研究分野やビジネス領域において多くの成功を収めている．近年の情報通信技術や計測技術の進歩などに支えられた情報基盤の発展は目覚ましく，さまざまな分野で情報が電子的なデータとして蓄積されるようになったいま，人々の関心はデータを「いかに貯めるか」から「いかに使うか」へ移行しつつある．先進的な企業による膨大なデータに基づくサービスに象徴されるように，多くの企業がビッグデータの旗印のもと，データの利活用をその競争力の源泉として位置づけられ，データ解析を駆使して大量のデータの中から有用な知見を発見し，企業の意思決定に役立てるデータサイエンティストと呼ばれる専門職への注目の高まりとともに，その人材不足が叫ばれているのが現状である．このような中で，ビッグデータ解析に挑むための武器としての機械学習が大きな注目を集めている．特に最近では，深層学習(ディープラーニング)と呼ばれる機械学習のアプローチがさまざまなタスクで高い性能を発揮し，その勢いは増すばかりである．

以降では，機械学習，特に統計的機械学習の基本的な考え方とその応用について紹介する．現在では，機械学習と統計科学，データマイニング，パターン認識といった関連分野との境界はかなりあいまいになってきており，最近では人工知能もほぼ同じ意味の言葉として用いる場面も見受けられる．このため多くの概念や道具が共通に用いられており，本書の他の章との共通点も多く見られるだろう．

7.1.2 ●機械学習の問題設定

機械学習にできることは大きく分けて予測と発見の２つがある．予測とは，その名のとおり「これから何が起こるか？」という問いに答えるもので，過去から現在までの経験やデータをもとに，将来(のデータ)に対する予測を行うものである．広い意味では，必ずしも時間的に将来のことでなくとも，これまでに観測できていない事柄について推測を行うことであれば予測に含まれる．一方で，発見とは「いま何が起こっているか？」という問いに答えるものであり，過去から現在までのデータから何らかの知見を得ようとするものだ．後に説明するように，大まかには前者が教師付き学習，後者は教師なし学習と呼ばれる問題設定に該当する．

学習するプログラムを実現するためには，まず学習の問題をコンピュータ上で扱えるように表現できることが重要である．機械学習では学習するシステムを，入力に対して何らかの判断に基づき出力を行う機械として，すなわち入出力の関係として捉えることができる．そこで，入力の定義域と出力の値域をそれぞれ X と Y として，学習システムを関係 $f: X \to Y$ として表し，入力 $\boldsymbol{x} \in X$ は通常は D 次元の実数値ベクトル：

$$\boldsymbol{x} = (x_1, x_2, \cdots, x_D)^\top \in \Re^D$$

として表現される．例えば入力が画像である場合には，$\boldsymbol{x}$ は各ピクセルの輝度を並べたものであったり，もっと抽象的な特徴であったりするし，ある不動産物件が入力であるような場合には，物件の特徴を部屋数や築年数，その地域の犯罪率などを並べたベクトルで表現する．機械学習ではこの入力ベクトルのことを，対象の特徴を表現したベクトルという意味で特徴ベクトルと呼ぶ．一方で，出力 $y \in Y$ は多くの場合は1次元であり，予測の対象が，たとえば画像に猫が写っている $(y = +1)$ かいない $(y = -1)$ かなどといった離散的な値をとる場合もあれば，不動産の価格や，画像に写っている猫の数などのように実数値あるいは整数値をとる場合もある．しばしば前者の場合は判別問題，後者は回帰問題と呼ばれる．予測対象が複数種類ある場合には y も多次元となる．

機械学習における学習とはデータから関数 f を推定することとして捉えられる．ただし，f にまったく制限を設けないというのでは扱いにくいので，通常は f のクラスをある程度制限する．y が実数値をとる回帰の場合によく用いられるのが線形回帰モデル(図7.1)であり，特徴ベクトル $\boldsymbol{x}$ の各次元の値が出力に対して加法的に貢献するようなモデルとして以下の式によって与えられる：

$$f(\boldsymbol{x}) = w_1 x_1 + w_2 x_2 + \cdots + w_D x_D = \boldsymbol{w}^\top \boldsymbol{x}.$$

ここで，$\boldsymbol{w} = (w_1, w_2, \cdots, w_D)^\top \in \Re^D$ はモデルパラメータと呼ばれるベクトルであり，先の不動産価格の例であれば，部屋数 (x_1) や築年数 (x_2)，地域犯罪率

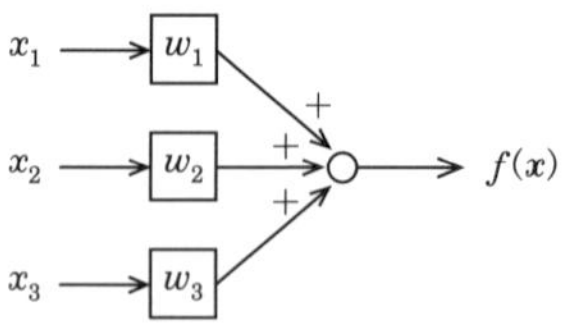

図 7.1 線形回帰モデル．特徴ベクトル $\boldsymbol{x} = (x_1, x_2, x_3)^\top$ の各次元の値が出力 $f(\boldsymbol{x}) = w_1 x_1 + w_2 x_2 + w_3 x_3$ に対して加法的に貢献する．

(x_3) のそれぞれが不動産価格に対してプラスの方向に貢献しているのかマイナスの方向に貢献しているのか，さらにはどの程度貢献しているのかを表す変数となる．

出力 y が離散値をとる判別の場合にも同様のモデルを用いることができ，2つのカテゴリの判別を行う場合を考えると，線形判別モデルは先ほどの回帰モデルの符号をとって $\mathrm{sign}(f(\boldsymbol{x}))$ のように定義できる(図 7.2)．ここで $\mathrm{sign}(\cdot)$ は引数が 0 以上であれば $+1$ を返し，そうでなければ -1 を返すような関数とする．つまり，判別すべき2つのカテゴリをそれぞれ $y=+1$ と $y=-1$ に割り当てたことになる．また，このとき $|f(\boldsymbol{x})|$ は $\boldsymbol{x}$ に対する判別の確信度合いとして解釈することができる．

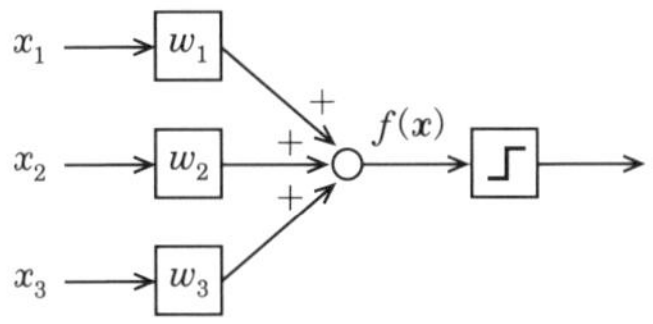

図 7.2 線形判別モデル．線形回帰モデル(図 7.1)の出力 $f(\boldsymbol{x})$ の符号をとることで2値($+1$ または -1)の判別を行う．

さて，いよいよ学習の問題を定義する．先に述べたように，機械学習の問題設定には大きく分けて教師付き学習と教師なし学習の2つがある．教師付き学習とはその名のとおり，先生が生徒に寄り添って何をすべきかを教えてくれるというイメージで，どのような入力があったときにどのような出力を返せばよいか(と同時に，どのような出力を返してはいけないか)が事例として与えられるものである．これらは訓練データと呼ばれ，$\boldsymbol{x}^{(1)}$ という入力があったときには $y^{(1)}$ と返すこと，$\boldsymbol{x}^{(2)}$ という入力があったときには $y^{(2)}$ と返すこと，…といった形で，N 組の訓練データ $\{(\boldsymbol{x}^{(i)}, y^{(i)})\}_{i=1}^{N}$ が与えられる．訓練データにはすべての入力パターンが網羅されているわけではないため，与えられた例を抽象化して任意の入力パターンに対応できるようにするのは学習者の役目である．このことを汎化と呼ぶ．この汎化，すなわち将来目にする入力に対して正しい出力を与えることこそが学習の最終目的である．このような教師付き学習の問題設定は，おもに予測的な目的のために用いられる．

教師なし学習では入力の集合 $\boldsymbol{x}^{(1)}, \boldsymbol{x}^{(2)}, \cdots, \boldsymbol{x}^{(N)}$ のみが与えられ，それぞれの入力に対してとるべき出力の値は与えられない．したがって，入力データ集合がどのようなグループに分けられるか，あるいはどのデータがグループから外れているかなど，データに含まれるパターンを見つけることが目的となる．たとえばデータ集合を4つのグループに分ける場合には $Y = \{1, 2, 3, 4\}$ となるが，教師付き学習の場合とは異なり，「1」や「2」などのグループを表す記号そのものには意味はなく，入れ替えても差し支えない．教師なし学習の問題設定は，おもに発見的なデータ解析の文脈で用いられることが多く，クラスタリング(データのグループ分け)や異常検知手法などがよく用いられる．

教師付き学習の具体例として，文書を対象とした評判分析を考えよう．例えばある会社がひと月前に新しい製品を発売したとする．会社としては，「世の中の評判はどうだろう？」とか「この製品を気に入っている人は，この製品のどのようなところを気に入っているのだろうか？」，あるいは「何かこれまでに気づいていない欠陥はないだろうか？」など気になることも多いだろう．ブログやSNSなどのソーシャルメディア上での人々の発言を集めてきてこれらを調べれば，何かわかるかもしれない．もちろん，自分たちですべてに目を通すというのは大変な労力なので，できるだけ作業を自動化したい．このようなときに使えるのが評判分析と呼ばれる技術である．評判分析はテキストデータとして集められた人々の声を解析することによってその傾向や特徴的なパターンを捉え，有用な知見を得ようというものだ．例えばブログを対象とした場合を考えよう．データの単位は1つのブログ記事であり，これを入力 $\boldsymbol{x}$ としたときに，この記事が自社の新製品に対して好意的 $(y = +1)$ か，あるいは批判的 $(y = -1)$ であるかを自動的に判別することができれば，全体の傾向をつかみ，それぞれのグループをさらに深堀りして解析することができそうである．

テキストの判別器を構成する問題は，前述の教師付き学習の枠組みで考えることができる．いくつかのブログ記事に関しては自分たちで実際に目を通して好意的か批判的かを判断して訓練データ集合を作り，これをもとに教師付き学習アルゴリズムによって判別器を構成する．ここで問題となるのが文書をどのように特徴ベクトル $\boldsymbol{x}$ として表現するかである．幸いにして「単語の袋(bag-of-words)」と呼ばれる経験的にうまくいく方法が知られており，ベクトル $\boldsymbol{x}$ の各次元に辞書中に含まれる単語を割り当て，文書中にその単語が現れた場合に1(あるいはその出現回数)として，そうでないときには0とするものである．当然のことながら単語間の係り受けなどの関係は失われるが，これでも多くの場合で十分な性能が得られることが知られている．

実は，特徴ベクトルの構成は機械学習を実際に使うにあたって一番難しいところである．当然のことながら，予測したいものに対してこれを予測できるだけの情報量をもったデータを使用しなければ，予測が当たることはまったく期待できない．例えば，出力変数 y として明日の天気を予測しようとするときに，今日の株価を入力 $\boldsymbol{x}$ として使っても(おそらくは)まったく役に立たないだろう．仮に万が一，株価に天気を予測できるだけの情報があるとして，具体的に $\boldsymbol{x}$ の各次元に何をもってくればよいかというのもまた自明ではない．ある特定の銘柄の株価なのか，あるいは市場平均なのか，さらにこれらの一定期間の平均を使うのがよいのか，あるいは分散を見るべきなのか，数多くの可能性が考えられるのである．どの情報を利用するか，また，その情報のどこに着目するかといった特徴ベクトルの構成の問題は，データ解析に取り組む人間の洞察や試行錯誤に依存する部分も大きく，一筋縄ではいかない問題である．

7.1.3 ●教師付き学習問題の定式化

教師付き学習問題の具体的な定式化について見ていこう．機械学習における学習とは，結局のところはモデルのパラメータ(線形モデルの場合には $\boldsymbol{w}$)を調整することであった．私たちが利用できるのは訓練データ集合だけなので，基本的には各訓練データの入力に対して正しい出力を復元できるような $\boldsymbol{w}$ がよいパラメータであると考えるのが自然である．ただしモデルの表現力が足りなかったり，データにノイズが含まれているような場合には完全な復元は不可能だ．そこで，i 番目の訓練データの出力 $y^{(i)}$ とこれに対するモデルの出力 $f(\boldsymbol{x}^{(i)})$ がどの程度食い違っているかを測る関数 L を考える．これは損失関数と呼ばれ目的に合わせて決めるものだが，例えば回帰問題では2乗誤差損失関数 $L(y, f(\boldsymbol{x})) = (y - f(\boldsymbol{x}))^2$ がしばしば用いられる．2乗誤差損失関数を用いて最適なパラメータ $\boldsymbol{w}^*$ を求める問題は，最小化問題として：

$$\boldsymbol{w}^* = \underset{\boldsymbol{w}}{\operatorname{argmin}} \sum_{i=1}^{N} L(y^{(i)}, f(\boldsymbol{x}^{(i)})) \tag{7.1}$$

のように書くことができる．線形回帰モデルと 2 乗誤差損失関数を用いた場合には，最小化問題は

$$\boldsymbol{w}^* = \underset{\boldsymbol{w}}{\operatorname{argmin}} \sum_{i=1}^{N} (y^{(i)} - \boldsymbol{w}^\top \boldsymbol{x}^{(i)})^2 \tag{7.2}$$

となる．式(7.2)の目的関数 $\boldsymbol{w}$ について微分して 0 と置くことで，連立一次方程式が得られ，これを解くことによってこの問題の解 $\boldsymbol{w}^*$ を求めることができる．

判別問題では0–1損失と呼ばれる，$y^{(i)} = \operatorname{sign} f(\boldsymbol{x}^{(i)})$ であるならば 0 を，そうでないならば 1 をとる損失関数を考えることができる．この場合，式(7.1)は訓練データ集合に対する判別器の予測誤り回数を最小化する．0–1 損失を最小化するということは意味としては明確だが，一方で目的関数が不連続の関数となるため，最小化問題を解くという観点からは扱いにくい面がある．なので，損失関数はその意味するところはもちろんのこと，特に大規模データへの適用を考えた場合には最適化問題としての扱いやすさも考慮して設計する必要があるのである．判別問題の損失関数としてしばしば用いられるのが，ヒンジ損失：

$$L(y, f(\boldsymbol{x})) = \max\{0, 1 - yf(\boldsymbol{x})\}$$

やロジスティック損失：

$$L(y, f(\boldsymbol{x})) = \log(1 + \exp(-yf(\boldsymbol{x})))$$

で，ともに連続関数であるため 0–1 損失よりも扱いやすい形になっている．いずれも 0–1 損失の上界となっており，これらの最小化は間接的に 0–1 損失を最小化しているとも解釈できる．また，ロジスティック損失を最小化することは，ロジスティック回帰モデルの最尤推定を行うことと等価となっている．

ところで，入力 $\boldsymbol{x}$ の次元や後に紹介するニューラルネットワークの段数などの，いわゆるモデルの複雑さに比して，十分な数の訓練データを利用できないときは，モデルが訓練データ集合に対して必要以上に適合してしまうことで，かえって汎化能力が落ちてしまうといった問題が起こる．これらは過

適合や過学習と呼ばれ，予測モデル化においてしばしば深刻な問題となるのだ．ここで文書の特徴ベクトル表現である「単語の袋」表現を思い出そう．辞書に載っている単語の種類は数千から数万と非常に多い反面，文書中に登場する単語の種類数はたかだか文書中の単語数であるため，特徴ベクトル中の限られた要素のみが非零の値を取る．しかし文書の判別問題を考えたとき，いずれかのカテゴリの文書の1つだけに，ある単語が(本当はそのカテゴリとはまったく関係ないにも関わらず)たまたま現れた場合，その単語に対応するパラメータの絶対値は非常に大きな値として学習されてしまうことがある．結果として将来その単語がたまたま出現したときに，その重みが支配的になり無意味な予測をしてしまうことになるのだ．別の状況を考えよう．ニューラルネットワークなどの複雑なモデルではパラメータ数が非常に多いため，訓練データ集合に対してまったく同様の予測を行う複数のモデルが存在する．このような状況でたまたま良いモデル(パラメータ)にたどり着ければよいが，そうでない場合には予測精度が大きく低下してしまうのである．

過適合に対する対応策として知られているのが正則化と呼ばれる方法である．正則化では，得られるモデルがあまり極端にならないように制限をかける．具体的にはパラメータ $\boldsymbol{w}$ のノルムが大きくならないような制約：

$$\|\boldsymbol{w}\| \leqq C$$

を設けることで，得られるモデルがデータのノイズに過敏にならない．また最適な解が一意に決まりやすくするという効果が得られる．ここで，C は正の定数であり正則化の強さを決めるものである．C はいま考えている最適化問題自身がもつパラメータであり最適化問題の中で決定されるパラメータではないため，ハイパーパラメータと呼ばれる．正則化に用いるノルムとしては，2-ノルム：

$$\|\boldsymbol{w}\|_2 = \sqrt{w_1^2 + w_2^2 + \cdots + w_D^2}$$

がしばしば用いられる．一方，特徴ベクトルの次元が高いときや，真の予測モデルにおいて予測に効く特徴の数が少ない場合に有効なのが1-ノルム：

$$\|\boldsymbol{w}\|_1 = |w_1 + w_2 + \cdots + w_D|$$

である．1-ノルム制約は $\boldsymbol{w}$ の多くの要素を0にする，すなわち疎なモデルを得る効果があることが知られており，上記のノルムを用いた制約はともに凸制約となるため最適化問題として扱いやすいという利点もある．

7.1.4 ●予測モデルの評価

首尾よく学習が終わり予測モデルが得られたとして，次に必要なのがその評価である．これまでに述べてきたように私たちが欲しいのはモデルの汎化能力，すなわち将来のデータへの予測能力であり，訓練データ集合に対する予測能力ではない．したがってその予測能力は訓練データに対してどれだけ予測がうまくいくかでは測ることはできないのである．では，そのような将来におけるモデルの予測能力，いいかえれば予測モデルの実運用時における予測の正確さをどのように測ればよいのだろうか．実は簡単な方法でこれを実現することができる．将来のデータと，これに対するモデルの予測性能をシミュレートするために，与えられた訓練データ集合をモデル構築用データ集合と検証用データ集合に分割し，モデル構築用データ集合を用いて予測モデルを作る．その際，検証用データ集合は一切使ってはいけない．こうして作った予測モデルの予測精度を検証用データ集合によって測ることによって，疑似的にそのモデルの実運用時の性能を確認することができるのだ．実際には，訓練データ集合の切り分け方を変えながら繰り返し検証を行う方法がしばしばとられ，交差確認と呼ばれる．

上記の方法は前述の正則化におけるハイパーパラメータ C を決定する際にも有効である．ハイパーパラメータは，最終的な予測性能が最も高くなるように決められるべきなので，いろいろなハイパーパラメータの値で予測精度を測り，最も高くなるものを採用する．注意しなければならないのは，ここで決まったハイパーパラメータにおいて得られた予測精度は，そのモデルの将来の予測精度とは異なるということである．将来の予測精度を測るためには，ハイパーパラメータの値を決めるための検証用データとはさらに別の予測精度の検証用データ集合をとっておき，それを用いる必要があるため，手続きはやや煩雑になり，計算コストが高くなることもある．

7.2 ● 推薦システム

7.2.1 ●推薦システム

オンラインショッピングを利用していると，自分の趣味に合う商品や，これまでに購入した商品に関連する商品が画面に表示され，つい購入してしまうという経験をしたことのある人は多いだろう．これらの「お勧め商品」は自分に合わせて表示されたものであり，このショッピングサイトを訪れる他の人が同様の画面を見ているわけではない．ひとりひとりの顧客に対して異なる店構え，つまりウェブページを簡単に提供できるのが実店舗とは異なるネットショッピングの強みである．では，このショッピングサイトは一体どのようにしてひとりひとりの嗜好に合った商品を提示できるのだろうか．その裏で動いているのがここで紹介する推薦システムと呼ばれる仕組みである．

推薦システムとは，個人に適応した情報推薦の仕組みということができる．性別や年齢，住所や，場合によっては職業や年収などといったプロファイルと，そのサイトで過去に購入，あるいは情報を閲覧したという行動履歴をもとに，それぞれが興味を持ちそうな商品や情報を予測して提示するために，機械学習の考え方が用いられているのだ．

商品の推薦のほかにも，SNSにおける友人やコミュニティなどの推薦や，ニュースサイトにおけるニュースの推薦など，推薦技術は身の回りのいろいろなところで用いられている．実際，推薦システムは近年の機械学習技術の発展を支えた主戦場の1つといえよう．数年前にオンラインDVDレンタルおよび映像ストリーミング配信事業会社の大手であるネットフリックス社が，自社の推薦アルゴリズムの改善を目標として，莫大な賞金を懸けたコンペティションを開催した[5]．数年間にわたって開催されたこのコンペティションには多くの研究者や技術者が参加し，互いに競い合うことで推薦システムの技術は大きく進歩したといわれている．

7.2.2 ●推薦問題

データに基づく推薦システムを実現する方法を考えるにあたり，イメージしやすくするために，オンラインのショッピングサイトを考えよう．推薦システムには，ユーザ集合とアイテム集合という2つの集合があり，ユーザ集合はショッピングサイトの利用者，アイテム集合はここで扱われている商品に対応する．アイテム(商品)の集合の中でそれぞれのユーザ(利用者)に提示すべきものを(たとえば最も購入してもらえそうなものを5つなど)見つけるというのが推薦システムの目的である．

ユーザとアイテムの組のうちいくつかには，あるユーザがあるアイテムを評価した評価値が与えられているとする．多くのオンラインショッピングサイトでは，ある商品を購入したユーザがその満足度を例えば5段階評価(1〜5)で入力するような評価システムが導入されており，システムはユーザが購入したアイテムを気に入ったかどうかというフィードバックを得ることができる．

さて，まだ評価がされていないユーザとアイテムの組に対して，何らかの方法で評価値を推測できたらどうだろうか．この推測値は，もしもそのユーザがそのアイテムを評価したらどんな評価値を付けただろうかということを示したものである．もし推測した値が4や5といった高い評価値であったならば(かつ，まだそのユーザがそのアイテムを購入していないならば)，そのアイテムをそのユーザに提示することによって購入してもらえるかもしれないのだ．

さて，推薦の問題をもうすこし形式的な問題として考えてみよう．ユーザがM人とアイテムがN種類あるとして，過去の評価データは，各行をユーザ，各列をアイテムに対応させることで$M \times N$の行列として表現することができる(図7.3)．行列の各要素は，その行に対応するユーザが列に対応するアイテムに対して与えた評価値(たとえば1〜5の評価値)となる．すべてのユーザがすべてのアイテムに対して評価値を与えているわけではないので，この行列には欠損値が含まれるため，推薦の問題とは，「評価値行列のいくつかの要素の値が与えられたときに，欠損値を埋める」問題として捉えること

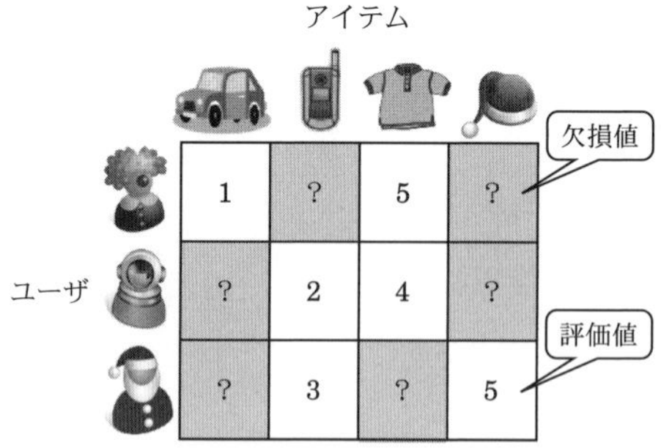

図7.3 推薦問題は，各行をユーザ，各列をアイテムに対応させた行列として表現したデータにおいて，観測された評価値をもとに欠損値を推定する行列補完問題として捉えられる．

ができる．

7.2.3 ●協調フィルタリング

推薦の問題は行列の補完問題として捉えることができると述べたが，その具体的な解法について見ていこう．

あるユーザによる各アイテムの評価値を推定するにあたり基本的な考え方となるのが，「対象のユーザによく似たユーザを見つけ，その評価値を借りてくる」というものである．いま，予測対象となっているユーザ i とよく似た嗜好をもったユーザ k を，何らかの方法で見つけたとしよう．そうすると，ユーザ k が評価値を与えているが，ユーザ i は与えていないようなアイテムに対して，ユーザ i の評価値をユーザ k の評価値で代用するという考え方ができる．このように，あるユーザに対する予測を，似た嗜好をもつ他のユーザの評価値を用いて行う方法が協調フィルタリングと呼ばれるものである．

協調フィルタリングにおいては，まず，対象のユーザによく似たユーザを見つけることが必要で，そのためにはユーザ同志の類似度を定義してやればよさそうである．協調フィルタリングではこの類似度を，評価値をもとに定義する．具体的には，二人のユーザがともに評価値を与えているアイテム集合に対して，その評価値の相関係数によって類似度を定義するのである．

初期の推薦アルゴリズムであるGroupLens[7]では，対象ユーザに最も類似したユーザだけでなく，その他のユーザの評価値も類似度に応じて予測に取り入れる．GroupLensは以下の式によってユーザ i によるアイテム j の評価値の推定値 $\hat{y}_{i,j}$ を計算する：

$$\hat{y}_{i,j} = \bar{y}_i + \frac{\sum_{k \in U_j} \rho_{i,k}(y_{k,j} - \tilde{y}_j)}{\sum_{k \in U_j} \rho_{i,k}} \tag{7.3}$$

ここで，$\bar{y}_i$ はユーザ i が与えた評価値の平均を，$\rho_{i,k}$ はユーザ i とユーザ k の類似度（相関係数）を表す．また，U_j はアイテム j を評価したユーザの集合，$y_{k,j}$ はユーザ k がアイテム j に対して与えた評価値，$\tilde{y}_j$ はアイテム j に対する平均評価値を表す．この予測式は，ユーザ i に対する予測を他のユーザの評価値をユーザ i との類似度で重みづけ平均をとることによって求めていることに大まかに相当する．

7.3 • 行列分解

予測対象のユーザに似た他のユーザ集合の評価値を用いて対象ユーザに対する予測を行うGroupLensの予測式(7.3)は，評価値行列の各行が，他の行の重み付き線形和によって表せる，つまり，評価値行列がフルランクでないことを仮定していると解釈できる．そうすると，どうやらフルランクでないという仮定が行列の補完に有効なのではないかという気になってくるだろう．そこで，この仮定をもう一歩進めて，評価値行列が単にフルランクでないだけではなく，低いランクを持つとして考えてみよう(図7.4)．一般に，データ数(この場合，行列の観測された部分)と比較して推定すべきパラメータ数(行列の欠損部分)が多い場合には精度よいパラメータ推定が困難になるが，行列の低ランク性を仮定することによって，実質パラメータ数が減少するため，行列の補完に有効であることが期待できる．実際，この考え方は推薦システムにおいて非常に有効であることがわかり，現在では多くの推薦システムにおいてこの考え方が採用されている．

行列分解モデルではユーザ i によるアイテム j の評価値の推定値 $\hat{y}_{i,j}$ を次の式によって予測する：

$$\hat{y}_{i,j} = \boldsymbol{u}_i^\top \boldsymbol{v}_j$$

ここで，$\boldsymbol{u}_i = (u_1, u_2, \cdots, u_K)^\top$ はユーザ i を K 次元の空間の一点として表すベクトルであり，同じく $\boldsymbol{v}_j = (v_1, v_2, \cdots, v_K)^\top$ はアイテム j を表すベクトルである．これはちょうど「真実の」評価値行列のランクが K であるということを仮定しているということに相当する．

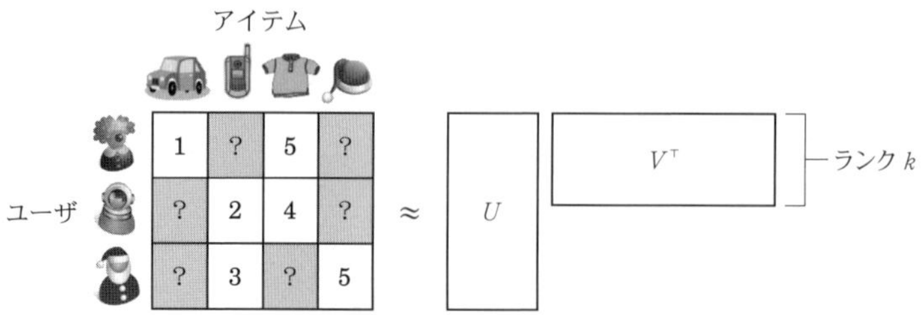

図7.4　行列分解モデルでは評価値行列が低ランク行列で近似できるとして予測を行う．

それでは，行列分解モデルにおけるパラメータ $\boldsymbol{u}_i$ $(i=1,2,\cdots,M)$ と $\boldsymbol{v}_j$ $(j=1,2,\cdots,N)$ をどのように推定すればよいだろうか．これには7.1節で紹介した回帰に基づく定式化を行う．目的関数として，モデルの出力 $\boldsymbol{u}_i^\top\boldsymbol{v}_j$ と実際の評価値 $y_{i,j}$ との2乗誤差の和：

$$\sum_{(i,j)\in O}(y_{i,j}-\boldsymbol{u}_i^\top\boldsymbol{v}_j)^2$$

を考え，これを最小化する最適化問題を解くことで $\{\boldsymbol{v}_i\}, \{\boldsymbol{v}_j\}$ を求めることができる．なお，O をユーザとアイテムの組のうち評価値が与えられたものの集合とする．

結果として得られる K 次元空間は，ユーザの嗜好やアイテムのカテゴリを表現した空間として解釈できる．たとえば，映画の推薦システムであれば，ある軸はアクション映画に，ある軸はSFに，…といった具合に対応していると考えることもできる．ただし，これらの意味づけはあくまで結果をみた人間の解釈であり，各軸の意味が明示的に与えられるものではないことがわかるだろう．

7.3.1 ●さまざまな情報の利用

ここまでは過去の評価履歴にのみ基づいた予測法について述べてきたが，初めて訪れたユーザや発売直後の商品にはまだ評価の履歴がないため，評価履歴に基づく予測を行うことはできない．このような状況は「コールドスタート」と呼ばれ，推薦システムにおける重要な課題として取り組まれている．

コールドスタートに対処するための1つの方法は，ユーザの年齢や性別，居住地といったプロファイル情報や，アイテムのカテゴリや価格といったカタログ情報などの過去の評価履歴によらない情報を用いて予測を行うというものである．このようなアプローチは協調フィルタリングに対して，内容ベースフィルタリングと呼ばれ，7.1節で紹介した回帰モデルを用いて実現できる．$\boldsymbol{x}_i^{\mathrm{user}}$ と $\boldsymbol{x}_j^{\mathrm{item}}$ をそれぞれユーザのプロファイル情報やアイテムの方とカタログ情報を表した特徴ベクトルとし，これらを連結してユーザ i とアイテム j の組に対する特徴ベクトルを以下のように定義する：

$$\boldsymbol{x}_{i,j}=\begin{pmatrix}\boldsymbol{x}^{\mathrm{user}}\\ \boldsymbol{x}^{\mathrm{item}}\end{pmatrix}$$

ユーザiのアイテムjの組に対する評価値はこの特徴ベクトルに基づく線形回帰モデル：

$$\hat{y}_{i,j} = \boldsymbol{w}^{\top}\boldsymbol{x}_{i,j}$$

を用いて予測する．

過去の評価履歴がある場合とない場合の両方に対応するためには，内容ベースフィルタリングと協調フィルタリングを組み合わせて予測を行うことが必要となる．そこで先ほどの，ユーザiとアイテムjの組に対する特徴ベクトルを以下のように定義しなおそう：

$$x_{i,j} = \begin{pmatrix} \boldsymbol{x}^{\text{user}} \\ \boldsymbol{x}^{\text{item}} \\ \mathbf{1}_{i,j} \end{pmatrix}$$

ここで，$\mathbf{1}_{i,j} = (0, \cdots, 0, 1, 0, \cdots, 0, 1, 0, \cdots, 0)^{\top}$を$i$番目と$j$番目の要素のみ1をとり，残りはすべて0をとるような$M+N$次元ベクトルとする．このように定義した特徴ベクトルに基づく線形回帰モデルによって予測が十分にうまくいく場合にはそれでよいが，これはユーザとアイテムのそれぞれの情報が加法的に貢献するようなモデルであり，前述の行列分解モデルのように両者の組み合わせを考慮したものにはなっていない．これを考慮するには以下のように，両者の「絡み」をモデルに取り入れる必要がある：

$$\hat{y}_{i,j} = \boldsymbol{x}_{i,j}^{\top}\boldsymbol{W}\boldsymbol{x}_{i,j}$$

ここで$\boldsymbol{W}$はモデルパラメータだが，ここでは$(M+N)\times(M+N)$の行列の形をしており，$\boldsymbol{W}$の各成分が特徴ベクトルの2つの次元の組み合わせに対応している．さらに，パラメータ行列$\boldsymbol{W}$にも低ランク性を仮定して$\boldsymbol{W} = \boldsymbol{Z}\boldsymbol{Z}^{\top}$とすることによって($\boldsymbol{Z}$は$(M+N)\times K$の行列)，最終的に以下のようなモデル：

$$\hat{y}_{i,j} = \boldsymbol{x}_{i,j}^{\top}\boldsymbol{Z}\boldsymbol{Z}^{\top}\boldsymbol{x}_{i,j} \tag{7.4}$$

を考えることができる[6]．このモデルは前述の行列分解モデルの一般化となっていることがわかるだろう．

プロファイル情報やカタログ情報のほかに利用可能な情報として，関連行動情報が考えられる．たとえば，あるユーザが評価情報を入力した場合，通常はそのアイテムを過去に購入したり使用したことがある可能性が高いはずだが，他のアイテムではなくそのアイテムを選択した時点である程度そのアイテムを気に入っている可能性が高いと考えられる．また，繰り返しそのアイテムの情報を閲覧している場合にも，その商品が非常に気になっていると考えられる．これらの異なる行動は，完全にではないものの，ある程度は関連しあっているものであり，異なる行動間の関係をうまくとらえることができれば，予測精度に大きく寄与する可能性がある．

7.3.2 ●予測の難しさ

予測モデルが実際に予測力をもつということは，そもそもデータが予測対象を説明できるだけの情報をもっているということはもちろんのこと，もう1つ，世界の定常性という非常に重要な仮定を暗黙のうちに行っていることを意味している．データとは過去の記録であり，一方で予測は未来のデータに関するものである．どれだけ予測モデルが過去の事象をうまく説明できたとしても，過去と未来がつながっていなければ予測は不可能となる．統計的機械学習では，過去のデータと将来のデータは同じメカニズムで生成されていると考えるのが通常である．以前，入出力の事例集合である訓練データ集合から，予測モデル f を学習する問題は，予測の当てはまり具合を表す損失関数 L の訓練データ集合についての和を最小化する問題として定式化するということを述べたが，これは実は，データを生成する確率分布 $\mathcal{D}_{x,y}$ に対する損失関数の期待値：

$$E_{x,y}[L(y, f(\boldsymbol{x}))]$$

を間接的に最小化していることになる．これは損失関数の期待値を訓練データ集合に対する平均損失で近似していることになり，つまり，訓練データを生成した確率分布と，実際の予測対象となる将来のデータが同様のメカニズムによって生成されていることを期待していることにほかならない．

世界の定常性の仮定は非常に強い制約であり，一方で，予測モデリングがうまく機能するための本質的な仮定である．しかしながら，現実の世界，とくに推薦システムが対象とするような人間を含む系においてはこのような仮定が厳密に成り立つことは必ずしも期待できない．さらに，推薦システムの予測結果に基づき，実際に商品の購入などを持ち掛けるといった形で予測対象に介入を行うことで，予測対象に変化を引き起こしてしまうような状況も考えられる．一般に，このようなフィードバック系を対象とした予測は一層難しい問題となる．

データを生成する確率分布が時間とともにゆるやかに変化する場合に限り，最近のデータをもとにモデルに修正を加えることで，変化に追従するような方法がとられることもある．短期間で大幅に状況が変化するような場合には，モデルの微修正によってこれに対応することはもはや困難となる．先のネットフリックス社の例でも，コンペティション後に，ネットフリックス社が自体のビジネスモデルの重心をDVDのレンタルからストリーミング配信に移したため，以前のモデルではうまくいかなくなり，放棄せざるを得なかったといわれている．

7.4 ● 異常検知

以前にも述べたように，教師なし学習では入力データ集合 $\{\boldsymbol{x}^{(i)}\}_{i=1}^{N}$ のみが与えられるが，出力すべき信号が明示的に与えられないため，この状況でできることは教師付き学習の場合と比べても大幅に限定される．データ間の距離などの与えられた基準に基づきデータ集合をグループに分けたり，2次元(もしくは3次元)空間にデータ集合を配置して視覚的にしたりなどによって人間がデータを理解し，何らかの気づきや知見を得る助けとするものである．このように教師なし学習の目的は，教師付き学習と比較してもやや漠然としたものになるが，その中でも特に重要な応用の1つが異常検知である．

7.4.1 ● 異常検知

工場の生産ラインや自動車の故障，あるいはコンピュータのウィルス感染やネットワークへの不正侵入のように，大掛かりなシステムの不具合がひとたび起こるとその影響は大きく，大きな経済的あるいは人的な損失を引き起こすことがある．最近ではこのようなシステムにはさまざまなセンサが設置されており，ネットワークを介してその挙動をリアルタイムで監視することができるようになっている．自動車も内部に多くのセンサとプロセッサを擁する情報機器であり，時々刻々得られるセンサデータを分析し，故障や操作ミスなどの異常の発生を事前に，あるいは早期に検知することができれば，事故などの大きな被害を免れることができるかもしれない．

一言に異常といっても，これにはさまざまなものが含まれる．クレジットカードの不正使用やネットワークへの侵入などといったイベントの発生から，新しい話題の出現やシステムの設定変更，環境変化などの状態の変化などもその範疇に含まれる．異常検知においては，これらは対象のシステムのなんらかの異常を原因として表れる，データ中の「普通でない」要素あるいはパターンとして捉えられ，これらをデータの中から発見して報告するのが異常検知技術である．

7.4.2 ●異常検知の考え方

検出したい異常が既知のものであるならば教師付き学習によっても対応することができる．ハードディスクドライブの故障や，ある種のネットワークの不具合など，あらかじめ検出したいタイプの異常がある程度想定されており，ある程度の頻度で起こる場合には，異常時のデータがある程度確保できることが期待できるが，このような場合には，教師付き学習によって異常の予測モデルを学習し，監視を行うことができるはずである．しかしながら，めったに起こらない重大な障害や，これまでに出会ったことがないようなケースに関しては，教師付き学習に用いる十分な量のデータが得られないことはもちろん，あらかじめ異常の種類さえ定義できないことも少なくない．このことが異常検知問題を考える上で本質的な困難となる．

異常時のデータをあらかじめ得ることが期待できないという問題に対して，教師なし学習による異常検知では，正常時の挙動を捉え，その振る舞いからの逸脱をもって異常とみなすという発想の転換を行う．正常時のデータであれば，正常にシステムが動いているときに十分に集めることができるので，そこから乖離したデータの出現をもって，異常の前触れと考えるのである．

では，正常時のデータからの乖離はどのように測ればよいのだろうか．これを考えるために，まずは「正常な」データとはどのようなものであるか考えてみよう．正常時のデータは，頻繁に観測されるありふれたものなはずだから，その近くにやはり正常時のデータを多くもつはずである．裏を返せば，異常なデータとは，データ空間において近傍に通常データをもたないデータ，言い換えれば，データ間の距離を考えたときに通常データから遠い距離にあるものとして考えることができる．このように，異常なデータは，他のデータとの関わりによって定義されるものであり，たとえばクレジットカードの使用額が普段と比べて非常に高いとか，普段は使用しない場所で使用したから不正使用の可能性があるといったように通常時との相対的な比較によって決まるものとなる．

7.4.3 ●距離に基づく異常検出

異常検知手法には，大きく分けて距離に基づくアプローチとモデルに基づくアプローチがある．前述のように異常検知の基本的な考え方は，検出対象のデータが正常時のデータからどれだけ離れているかということである．距離に基づくアプローチでは，これを素朴に実現したもので，まずデータ間の距離を定義する．そして，検出対象のデータと，これに最も近い正常時データへの距離を計算し，これが適当な閾値より大きければ異常データとして判断する．ただし，最も近い正常時データとの距離だけを用いると，たまたま近くに1つだけ正常時データがあると正常であると判断してしまうため，より判断を頑強にするためには k 番目に近い正常時データへの距離を用いるなどの工夫が必要であろう．

正常時データからの距離で異常度を測る方法には，1つ問題がある．同じ距離でも非常にデータが密集した領域と，疎な領域ではその距離の意味が変わってくるはずで，データ間の距離は周辺のデータ密度に応じて決まるのが望ましいだろう．このような考え方に基づいた異常度の指標として知られているのがLOF(Local Outlier Factor；局所外れ値指標)である．

非常に大雑把にいえば，ある検出対象データ $\boldsymbol{x}$ のLOFは，$\boldsymbol{x}$ と最も近い正常時データ $\boldsymbol{x}'$ との距離を，$\boldsymbol{x}'$ とそれに最も近い正常時データ $\boldsymbol{x}''$ の距離で割ったものとして求められる．

7.4.4 ●モデルに基づく異常検知

距離に基づく異常検知は考え方としては大変分かりやすいが，実際に異常検知を行うにあたっては，ある検出対象データが異常かどうかを判定するたびに，すべての正常時データの中から距離の近いデータを見つけてくる必要があり，特にデータが大規模の場合には大きな計算コストがかかる．そこで，まずは正常時データを抽象化して，正常時のモデルを学習しておき，異常検知の際にはそのモデルを用いて判定を行うほうが効率がよいだろう．これがモデルに基づく異常検知の考え方である．

簡単な例で考えてみよう．たとえばある工場の設備で温度を計測しているとする．データは1次元，ある時刻における設備内の温度であるとしよう．普段は設備は問題なく順調に動いているだろうから，正常時のデータは好きなだけ集めることができる．集めたデータから，温度が20℃から50℃の間に収まっていることが分かったとすると，そこから逸脱した温度の値，たとえば80℃であることを検出したときに，これを異常として報告する．ここでは，正常時の温度が収まるべき「20℃～50℃」という範囲がここでのモデルに相当している．

7.4.5 ●クラスタリングを用いた異常検知

前述の範囲に基づく異常検出法を，より複雑な多次元のデータ集合に対して単純に拡張するならば，正常時データを概ね含むような多次元の矩形領域を考え，検出対象のデータがその中に含まれるかどうかで異常かどうかを判断することになる．しかし，このモデルは(場合によっては1次元の場合も含め)その挙動を捉えるには少し雑すぎるかもしれない．たとえば自動車を考えたとき，その挙動には加速や減速，あるいは停止などの典型的なモードがあるように，システムの挙動にはいくつかのモードがあると考えるのは自然だろう．このように正常時データが複数の典型的なパターンによって記述されると期待できるときには，クラスタリングを用いることができる．

クラスタリングとは，入力データ集合 $\{\boldsymbol{x}^{(i)}\}_{i=1}^{N}$ を，いくつかのクラスタと呼ばれるグループ(たとえば K 個)に分割するという教師なし学習の典型的な問題の1つである．ここではまずその代表的アルゴリズムである k 平均法について紹介する．k 平均法では，各データが K 個のクラスタのいずれかに属するとし，K 個のクラスタのそれぞれが，これを代表する点 $\boldsymbol{\mu}^{(k)}$ $(k=1,2,\cdots,K)$ によって表されているとする．

k 平均法では，各クラスタの代表点を発見するために以下の2つのステップを繰り返す：

1. 各データを，最も距離が近い代表点をもつクラスタに割り当てる．

2. 各クラスタに割り当てられたデータ集合から代表点を求める．

代表点は，そのクラスタに属するデータからの距離の和がもっとも小さくなるような点として選ばれる．両ステップで用いられる距離としてユークリッド距離を用いた場合，k 番目のクラスタに割り当てられたデータの集合を $I^{(k)}$（その個数を $|I^{(k)}|$）とすると，その代表点は以下の式で与えられることになる：

$$\boldsymbol{\mu}^{(k)} = \frac{1}{|I^{(k)}|} \sum_{\boldsymbol{x} \in I^{(k)}} \boldsymbol{x}$$

つまり，これはクラスタに割り当てられたデータの平均ベクトルになっており，k 平均法と呼ばれる所以である．ひとたび代表点が与えられると，データのクラスタへの割り当ては簡単に求めることができる．一方，データの割り当てが分かっていれば，クラスタの代表点は上記の式によって求めることができる．k 平均法は，データの割り当てとクラスタの代表点の依存関係を利用して，これらの推定を交互に繰り返すアルゴリズムになっており，このアルゴリズムは，適当な初期値から始めて上記の 2 ステップを繰り返すことでやがて収束するが，これは，各データと最寄りの代表点の距離の和を最小化する最適化問題を近似的に解いていることに相当する．

また，クラスタリングを用いて多次元データの異常検知を実現できる．まず正常時データに対してクラスタリング手法を適用することによって，正常時データを複数のクラスタに分割する．k 平均法のような方法を使えば，K 個の代表点が求まるが，これは対象のシステムが正常に稼働しているときに，その挙動を K 個のモードで記述していると考えることができる．新しい検出対象データが与えられたとき，これがどの代表点からも一定の距離以上遠い，つまりどのクラスタからも遠いと判断されるならば，このデータを異常であるとして報告するのである．

7.4.6 ●確率モデルを用いた異常検知

距離に基づく異常検知のところでも述べたように，データが密集しているところとそうでないところでは同じ距離でも意味が異なってくるため，LOF のように周辺の密度を用いた距離の補正が必要だった．前述の K 平均法による異常検知法でもやはり同様の問題があり，確率的な生成モデルに基づくアプローチによって，異常検知を体系的に捉えることができる．距離や密度の問題は，確率的な生成モデルを考えることによってスマートに解決することができる．

確率的な生成モデルとは，その名の通りデータが生成される過程を確率モデルとして記述したものである．データが「生成される」というと少し違和感があるかもしれないが，ボタンを押すとデータが1つ出てくるような仮想的な機械のようなものを想像してみよう．これはたとえば神様であったり，自然であったり，そのような存在を抽象化したものとして考えることができる．我々がデータを観測するということは，この機械のボタンを一回押すことに相当するのだが，この機械がどのように作られているかを完全に理解することは難しく，我々にとってはその挙動を確率的に捉えることしかできない．生成モデルとは，この機械がデータを生み出すその過程を確率モデルとして表現したものである．

さて，システムが正常に動いているときにデータを生成する確率分布を $P(\boldsymbol{x})$ とする．つまり，上述のデータ生成機械のボタンを一回押すごとに，$P(\boldsymbol{x})$ に従ってデータが1つサンプリングされると考えるのである．例えば，前述の1次元の温度データのモデルとして正規分布を考えれば，P の確率密度関数として：

$$P(x) = \frac{1}{\sqrt{2\pi\sigma^2}}\exp\left(-\frac{(x-\mu)^2}{2\sigma^2}\right)$$

と表すことができる．ここで，μ, σ^2 は平均と分散であり，正規分布モデルのもつパラメータであり，これらは正常時データの集合から推定することができる．データが密な領域では $P(\boldsymbol{x})$ は比較的大きな値をとり，逆にデータがまばらな領域では小さな値をとる．検出対象のデータ $\boldsymbol{x}$ が異常かどうかは，$P(\boldsymbol{x})$ が適当な閾値よりも小さいかどうかで判断する．$P(\boldsymbol{x})$ が閾値以上であれば，そのデータはありふれたデータとして正常データであると判断し，一方，閾値より小さければ珍しいデータとして異常データであると判断するのである．このように，確率モデルを考えることで異常検知を系統的に考えることができるようになる．

7.4.7 ●混合正規分布を用いた異常検知

K 平均法に対応する確率モデルとして，混合正規分布モデルがある．混合正規分布モデルは以下のような形で与えられる：

$$P(\boldsymbol{x}) = \sum_{k=1}^{K} \theta_k f_k(\boldsymbol{x})$$

ここで θ_k は，以下のカテゴリ分布のパラメータを表す：

$$\sum_{k=1}^{K} \theta_k = 1, \qquad \theta_k \geqq 0$$

また，$f_k(\boldsymbol{x})(k = 1, 2, \cdots, K)$ はそれぞれ k 番目の正規分布を表す．混合正規分布は，K 個の正規分布を混合比 $(\theta_1, \theta_2, \cdots, \theta_K)$ で合成したものであり，以下の２段階の生成過程に従ってデータが生成されていると解釈することができる：

1. 混合比 $(\theta_1, \theta_2, \cdots, \theta_K)$ に従って，K 個の正規分布のうち何番目のものを使用するかを決定する．
2. 決定した正規分布を用いてデータを生成する．

さて，上記の２ステップの生成過程はあくまでこのような過程を考えたというだけなので，データ集合が与えられたときに，それぞれのデータがどの正規分布から生成されたかということまで与えられているわけではない．各データが K 個の正規分布のうちのどれから生成されたかを指す変数は，クラスタリングにおいて各データが K 個のクラスタのどれに属するかということに対応しており，この変数は，陽には観測されない変数という意味で隠れ変数と呼ばれている．カテゴリ分布のパラメータ(混合比)と K 個の正規分布のそれぞれが持つパラメータ，そして各データのクラスタへの所属を示す隠れ変数は EM アルゴリズムという方法で推定することができる(EM アルゴリズムの詳細は[1]等を参照)．混合正規分布の EM アルゴリズムは，k 平均法のアルゴリズムを一般化した形になっており，いったんモデルのパラメータが分かれば，どのデータがどの正規分布から生成されたかという隠れ変数が推定できる．一方で，隠れ変数が推定できれば，K 個の正規分布にどの割合でデータが割り当てられたかという数から混合比を推定でき，また，それぞれの正規分布に割り当てられたデータからそのパラメータを推定できる．やはりk平均法のように，お互いの推定を繰り返すことによって準最適解が得られるのである．

7.4.8 ●さまざまなデータを対象とした異常検知

ここまでに述べた方法はすべて，対象の状態が特徴ベクトル$\boldsymbol{x}$として記述されていることを前提としていた．実際に異常検知手法を適用するにあたっては，まずは特徴ベクトルを適切に設計する必要がある．

異常検知を考えるとき，その対象が時々刻々得られるセンサデータのように，時系列データである場合がある．時系列データに対しては，滑走窓と呼ばれる一定の時間枠を考え，これをずらしながら特徴ベクトルを抜き出す方法がしばしば用いられる．滑走窓の幅としてwを考えた場合，特徴ベクトルの次元は同じくwとなるのである．複数のセンサからデータが得られる場合のように，時系列が複数ある場合には，これらの相関係数を特徴として用いる場合もあり，最近ではSNSなどのように，ネットワーク構造をもったデータを対象とした異常検知も考えられている．

7.5 ● 強化学習

教師付き学習の問題設定では，ある状況$\boldsymbol{x}$においてとるべき決定yが訓練データとして与えられていることを想定していた．しかし，場合によってはそのようなデータがあらかじめ与えられてはおらず，次々と直面する状況において，実際にある行動を選択し，その結果を観測するという試行錯誤を繰り返すことによって，次第に意思決定ルールを獲得していかなければならない場面も多い．このような学習問題を扱う枠組みが，これから紹介する強化学習である．

7.5.1 ●限定フィードバック，状態遷移，評価遅延

前述したように，通常の教師付き学習においては，ある状況において，とるべき行動（と同時にとってはいけない行動）が与えられていることを想定している．一方，強化学習では，実際にとった行動に対しての結果のみが与え

られ，とらなかった行動の結果は得られない状況を考えるのである．このような状況は限定フィードバックと呼ばれ，マーケティングやロボット制御など，さまざまな場面において現れている．さらに，強化学習では状態遷移，すなわち自分のとった行動によって状態が変化するという状況を考える．マーケティングであれば，顧客にダイレクトメールを送るという行動によって顧客の状態が変化するといったことを，あるいはロボット制御であれば，ロボットが移動するという行動によって，ロボットの位置が別の状態(場所)に変化するといったことを表すのである．

状態遷移があるような状況においては，とった行動へのフィードバックがいつでも得られるとは限らない．先ほどのマーケティングの例で考えると，あるときに送信したダイレクトメールが直ちに顧客の行動を変化させるとは限らず，その後も定期的に送り続けたり，期間限定のクーポンを送るなど，さまざまな行動の系列の結果としてようやく商品を購入するといった(正の)フィードバックが得られることも少なくないだろう．ロボットの制御においても，各時点でのロボットの行動の1つ1つにはそれほど良し悪しはないのかもしれないけれど，それらの行動を積み重ねた結果，ゴールにたどり着く，あるいは穴に落ちてしまったなどのフィードバック(結果)が得られることになる．このように，単一の行動ではなく，行動と状態遷移の系列によって引き起こされる結果に対して評価が得られるような状況を評価遅延という．

以上のように，強化学習問題は，限定フィードバック，状態遷移，評価遅延の3点によって特徴づけられるといえる．

7.5.2 ●強化学習の問題設定

強化学習ではステップごとに意思決定と評価受け取りを繰り返しながら，意思決定則を学習していき，各ステップ t の始めにおいて，現在の状態が特徴ベクトル $\boldsymbol{x}_t$ として与えられる．以下では簡単のため $\boldsymbol{x}_t$ は一次元の離散的な値をとる($x_t \in X = \{1, 2, \cdots, S\}$)とする．次に，とることのできる行動の集合 Y の中から1つを選択する ($y_t \in Y$)．そして，その行動に対する評価 r_t が実数値として与えられ，最後に次の状態 $x_{t+1} \in X$ へと遷移する．必要に応じて行動選択の更新を行いながら，以上のステップが繰り返される．

強化学習において学習するのは，Q 関数と呼ばれる，状態 $x \in X$ において

行動 $y\in Y$ をとることの「好ましさ」を表す関数 $Q(x,y)$ になる．試行錯誤によって適切な Q 関数が得られれば，それぞれの状況 x において $Q(x,y)$ がもっとも大きくなるような y を行動として選択すればよいことになる．具体的には，Q 関数 $Q(x_t,y_t)$ の表す「好ましさ」とは，状態 x_t で行動 y_t をとったときに，その後将来にわたって得られる報酬(評価値)の期待値として定義されるものである．強化学習では，多くの場合，近い未来の報酬を遠い未来の報酬よりも高く評価する．つまり，

$$
\begin{aligned}
Q(x_t,y_t) = &\ \text{現時点で得られる報酬}\ (r_t)\\
&+\lambda\times\text{次の状態で得られる報酬}\ (r_{t+1})\\
&+\lambda^2\times\text{さらにその次の状態で得られる報酬}\ (r_{t+2})\\
&+\cdots
\end{aligned}
$$

のように，将来に行くにしたがって報酬 r_t の重みを定数 $\lambda\ (0\leqq\lambda\leqq 1)$ で減じて足し合わせた累積報酬を最大化することを目指すのである．

7.5.3 ●強化学習の方法

以下では Q 関数の具体的な推定方法を紹介する．まずは，限定フィードバックのみの簡単な場合から考えてみよう．評価の遅延や状態遷移がない単純化された強化学習の問題は多腕バンディット問題とも呼ばれ，最近ではオンライン広告配信の最適化などにも用いられている．

多腕バンディット問題の解法の 1 つ ε-貪欲法では，状態 x_t において行動 y_t をとった結果として報酬 r_t が得られたとき，Q 関数を

$$
Q(x_t,y_t)\leftarrow(1-\alpha)Q(x_t,y_t)+\alpha r_t
$$

によって更新する．$\alpha\ (0<\alpha<1)$ は更新の大きさを表すハイパーパラメータであり，現在の $Q(x_t,y_t)$ を r_t に向かって(α に応じて)少し更新するといった形になっている．

各ステップでの行動の決定も Q 関数を用いて行うが，$Q(x_t,y)$ が大きい $y\in Y$ を常に採用しているだけでは，(限定フィードバックであるため)選ばれなかった行動の評価は得られず，とらなかった行動についての新たな情報が集まらない．そこで，ある定数 $0<\varepsilon<1$ を用いて，常に $Q(x_t,y)$ を最大化する y を選ぶのではなく，確率 ε で行動をランダムに選択するということを行うことにする．これまでに学習した Q 関数の利用と，Q 関数の推定精度

を上げるための探索のバランスをεによってとっているといえよう．

次に，状態遷移と評価遅延のある，より一般的な強化学習の問題を考えてみよう．この場合には，報酬に直接的に結びついた行動を高く評価するのは当然として，その状況につながった行動も一定度合い評価をすべきであると考えられる．このアイディアを素朴に実現したものが報酬共有(profit sharing)という方法である．状況x_tにおいて行動y_tをとったときに報酬r_tが与えられたとすると，その状況-行動の対(x_t, y_t)に対するQ関数の値を先ほどのε-貪欲法の更新式によって更新する．同様に，その1つ前の状況-行動対(x_{t-1}, y_{t-1})のQ関数は報酬$\lambda\cdot r$が得られたとして，さらにその前の状況-行動対(x_{t-2}, y_{t-2})のQ関数は報酬$\lambda^2\cdot r$としてそれぞれ更新する，といったように，報酬に到る一連の状況-行動対のエピソードを，報酬をλで減じながら，遡って更新する．報酬共有法は，将来を割り引いた累積報酬を最大化するという前述の考え方に沿っており，わかりやすい反面，報酬獲得に到るエピソードの各行動が一度ずつしか学習に使われないため，学習効率はあまりよくない．

実際に強化学習の定番アルゴリズムとしてよく用いられるのがQ学習である．報酬共有では，あるステップで報酬が得られた際に，後ろ向きに報酬を割り引きながらQ関数を更新していくという方針をとった．一方，Q学習では，Q関数が満たすべき再帰的な式を用いて，毎ステップにおいてQ関数の更新を行う．状態x_tにおいて行動y_tをとった結果，状態x_{t+1}に遷移したとき，Q関数の更新は

$$Q(x_t, y_t) \leftarrow (1-\alpha)Q(x_t, y_t) + \alpha\left(r_t + \lambda \max_y Q(x_{t+1}, y)\right)$$

によって行う．ここで，Q関数の値$Q(x_t, y_t)$は即時報酬r_tに加え，次の状態x_{t+1}以降で最良の行動(Q関数が最大となる行動)をとり続けた場合のQ関数の値をλで割り引いたものとの和に近づけるように更新される．このように，Q学習では，Q関数に蓄えられた過去のエピソードの情報$Q(x_{t+1}, y)$が再利用されるので，報酬共有法と比較して効率よく学習が進むようになっている．

さて，これまでは状態xは1次元の離散的な値をとるとして説明してきたが，実際には教師付き学習のときと同じように，多次元の実数値ベクトル

$\boldsymbol{x} \in \Re^D$であることの方が多い．このような場合には，Q関数を線形回帰モデルやニューラルネットワーク等で表し，毎ステップにおいて，そのパラメータを更新する．とくに最近では後述の深層学習で使われる多層のニューラルネットワークが用いられ，入力として入ってくる視覚情報をもとに適切な行動を選択するシステムが，ゲームや自動運転などを対象として実現されつつある．

7.6 • 深層学習

以前にも述べたように，データの表現である特徴ベクトルの構成は自動化が困難であるため，機械学習を用いる人間の手に委ねられるべきものとして認識されてきた．しかし，ここ数年で，深層学習と呼ばれるアプローチのこの問題に対する一定の有効性が示されており，期待が高まっている．深層学習は，いわゆるニューラルネットワークの流れをくむ技術である．ニューラルネットワークの研究開発は1980年代には大変盛んに行われていたが，その後永らく下火になっていた．しかし2010年代に入って，画像識別のコンペティションで深層学習がこれまでの記録を大幅に更新して優勝したことをきっかけに一気に注目を浴びたのである．現在では数々の企業が深層学習の研究開発に参入，大きな投資を行っており，その開発競争は加熱の一途をたどっている．

7.6.1 ● 深層学習のモデル

深層学習のモデルは，本質的にはニューラルネットワークと呼ばれる非線形モデルである．7.1.2節で紹介した線形モデルは各入力変数が出力に対して加法的に貢献するようなモデルだったが，非線形モデルはより複雑な関係を実現することができる．ニューラルネットワークは線形モデルを層状に積み上げたモデルで(図7.5，次ページ)，深層学習の「深層」はニューラルネットワークの中でもとくにこの段数が大きいもののことを指す．従来のニューラルネットワークでは，段数が少ない代わりにそれぞれの中間層の幅は比較的広めにとるのに対して，深層学習では中間層の幅は比較的狭いのが特徴である．単に線形の関数では何段積み上げても線形のままだが，たとえば前

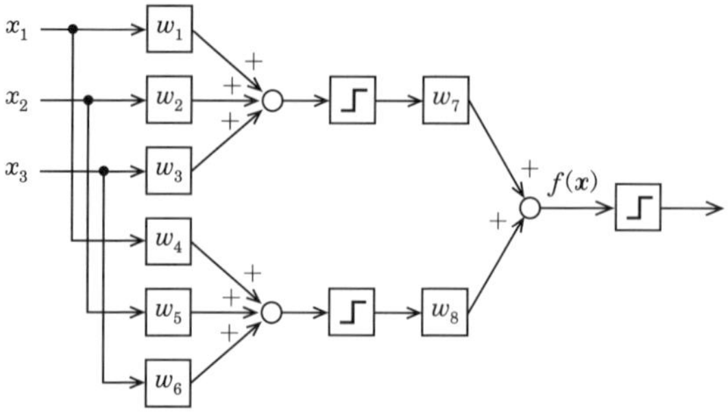

図 7.5 ニューラルネットワーク．線形判別モデルを層状に積み上げることで非線形の予測を実現します．図は2段のニューラルネットワークの例を示している．⎍は非線形変換を表す．

述の線形判別関数で用いたsign関数のような非線形の変換を各段で適用することによってモデルに非線形性が生まれ，高い表現力をもったモデルになる．実際にはsign関数ではなく，連続なロジスティック関数$\sigma(x) = \frac{1}{1+\exp(-x)}$やランプ関数$r(x) = \max\{0, x\}$が用いられる．

代表的な深層学習のモデルとして知られるのが，画像認識タスクにおいて深層学習の威力を世界に知らしめた畳み込みニューラルネットワーク(CNN)で，畳み込みと最大値プーリングと呼ばれる操作によって，画像の局所的なパターンを発見するものである．画像識別においては，対象を特徴づけるパターンの絶対的な出現位置はそれほど影響しないため(たとえば猫が写っている画像を識別するために，猫の出現位置はあまり問題ではないため)，画像内のさまざまな箇所に現れる局所的なパターンを集めて認識を行うことができる．畳み込みは局所的なパターンを見つける操作であり，画像内のすべての位置で，パッチと呼ばれる局所的なパターンの当てはまり具合を算出する操作を指し，パッチ自体もデータから自動的に学習されるところが，従来の画像認識技術とは異なる．一方，最大値プーリングは画像内でパターンが最もよく適合する場所を検出する操作であり，畳み込みで計算された当てはまり具合の最大値をとる．以上の操作を何層にも積み重ね繰り返すことによって，局所的なパターンである線や点が次第に統合されて，画像全体の特徴をつかむようになっている．

もう1つの代表的なニューラルネットワークモデルとして挙げられるのが，文書や経済時系列などの系列データを扱うことのできるリカレントニューラルネットワーク(RNN)である．RNNは中間層から出た出力がふたたび同じ層に入力されるループ構造をもっており，これによって中間層が過去の記憶を維持する機能を実現している．また，時間方向に展開することで多層のニューラルネットワークになっている．さらに最近では，RNNでは長期的な依存関係を扱うことができないという弱点を解決したLSTM(Long Short-Term Memory)と呼ばれるモデルが用いられており，これらのモデルは機械翻訳などの自然言語処理においてその有効性が示されている．

7.6.2 ●深層学習の学習アルゴリズム

ニューラルネットワークは高い非線形性をもった複雑なモデルのため，その学習は困難であり，他のアプローチの後塵を期す時代が長く続いたが，近年，GPUをはじめとする計算機性能の向上と，学習アルゴリズムの進展により急速にその性能を上げている．

多層のニューラルネットワークを学習する代表的な方法が誤差逆伝播法である．誤差逆伝播法では，他の学習法と同様，出力の誤差が小さくなるようにパラメータを更新していくが，その更新式が出力に近い層から入力に近い層に向かって伝播していくように適用されるためこのように呼ばれる．誤差逆伝播法では，多層のネットワークの場合，入力層に近づくにつれパラメータ更新が小さくなる勾配消失問題と呼ばれる問題点があり，長らく多層ネットワークの学習の課題として認識されてきた．事前学習は，勾配消失問題への有効な対処法の1つとして有望視されており，(教師付き学習を行う「事前」に)教師なし学習によって一段ずつ積み上げるように学習を行い，最後に最上層を入力とした教師付き学習を行うというアプローチをとる．また，非線形性を導入するためのユニットとしては，深層学習では前述のランプ関数が用いられることが多く，シグモイド関数に比較して学習効率がよいことが知られている．また，学習時にランダムにユニットを使用禁止にするドロップアウトと呼ばれる方法も，過学習を防ぐために非常に有効であることが知られている．

7.7 ● おわりに

この章では，まず統計的機械学習の代表的な問題設定である，教師付き学習と教師なし学習のモデルや定式化・解法について紹介した．統計的機械学習の教科書は充実してきており，理論的なものからより実践的なものまで，用途に合わせて見つけることができる．深層学習以前の幅広い話題を扱った代表的な教科書としては，Bishop による[1]や Friedman らによる[3]などが挙げられる．これらは日本語訳も出版されている．より基礎的な内容に興味のある方には Sharev-Shwartz と Ben-David による[8]もよいだろう．

次に，機械学習のキラーアプリケーションともいえる推薦システムを題材に，代表的なアプローチとその考え方について紹介した．推薦システムについてより深く知りたい方，あるいは推薦システムにまつわるその他の話題に興味を持たれた方は，神嶌による網羅的な解説[13]が参考になるだろう．

推薦システムの考え方は，他の分野においても有効である．たとえばソーシャルネットワークは人と人の間のつながりを表したものだが，人を頂点，そのつながりを頂点をつなぐ辺で表すことによってグラフとして表現することができる．グラフの表現として隣接行列を考えると，その補完問題はソーシャルネットワークの構造推定問題としてみることができる．推薦システムの考え方を，より一般的に関係の予測法として捉えることで，その適用範囲はさらに大きく広がるだろう．

続いて，異常検知の基本的な考え方と代表的なアプローチを紹介した．異常検知は教師なし学習の典型的かつ産業上重要な応用をもつ問題であり，膨大な研究の蓄積がある．Gupta ら[4]や Chandola ら[2]による網羅的なサーベイのほか，井手による日本語での入門書[11]等も出版されている．

強化学習も古くから盛んに研究されてきたテーマですが，最近，深層学習との組み合わせによって，ロボティクスや自動運転など，さまざまな分野での応用が検討されている．強化学習について包括的にまとめた教科書としては，Sutton と Barto による[9]がある．

深層学習は現在も日々目まぐるしく発展している領域であり，系統的な学習はなかなか難しいところがある．今日得た知識が明日にはもう古くなってしまうほどの勢いで研究が進展しているが，現在までの主要な成果を俯瞰した和書としては，岡谷による[10]やさまざまな分野で活躍する著者の解説をまとめた[12]などがある．

最近の人工知能ブームを支える中核技術として，機械学習は大きな注目を浴びている．一部には過剰な期待もあるし，ブームである以上はいずれは去るべきものだが，これをきっかけにより多くの人々に機械学習の考え方が伝わったことによって，これまでに接点のなかった学問分野とのつながりや，これまでになかった新しい産業応用などの新たな展開が起こっており，非常に面白い時期にあるといえるだろう．

参考文献

[1] Christopher M. Bishop, *Pattern Recognition and Machine Learning*, Springer, 2006.

[2] Varun Chandola, Arindam Banerjee, and Vipin Kumar, Anomaly detection: A survey, *ACM computing surveys* (*CSUR*), Vol. 41, No. 3, p. 15, 2009.

[3] Jerome Friedman, Trevor Hastie, and Robert Tibshirani, *The Elements of Statistical Learning*, Springer, 2001.

[4] Manish Gupta, Jing Gao, Charu Aggarwal, and Jiawei Han, Outlier detection for temporal data, *Synthesis Lectures on Data Mining and Knowledge Discovery*, Vol. 5, No. 1, pp. 1–129, 2014.

[5] Yehuda Koren, Robert Bell, and Chris Volinsky, Matrix factorization techniques for recommender systems, *Computer*, No. 8, pp. 30–37, 2009.

[6] Steffen Rendle, Factorization Machines with libFM, *ACM Transactions on Intelligent Systems and Technology*, Vol. 3, No. 3, pp. 57: 1–57:22, 2012.

[7] Paul Resnick, Neophytos Iacovou, Mitesh Suchak, Peter Bergstrom, and John Riedl, GroupLens: an open architecture for collaborative filtering of netnews, In *Proceedings of the* 1994 *ACM conference on Computer supported cooperative work*, pp. 175–186, ACM, 1994.

[8] Shai Shalev-Shwartz and Shai Ben-David, *Understanding Machine Learning: From Theory to Algorithms*, Cambridge University Press, 2014.

[9] Richard S. Sutton, and Andrew G. Barto, *Reinforcement learning: An introduction*, MIT Press, 1998.

[10] 岡谷貴之，『深層学習』，講談社，2015.

[11] 井手 剛，『入門 機械学習による異常検知』，コロナ社，2015.

[12] 神嶌敏弘編，『深層学習』，近代科学社，2015.

[13] 神嶌敏弘，『推薦システムのアルゴリズム』，2015.
http://www.kamishima.net/archive/recsysdoc.pdf

第8章

確率と統計的推測

姫野哲人
●滋賀大学

8.1 ● 統計的推測とは

我々は日常生活において，ある種の予測をデータに基づいて行うことがしばしばある．例えば，くじの当たりはずれ，政党支持率，ある地点から別の地点までの移動時間等について，これらの母集団を正確に知ることは困難であるが，くじを何回か引いて，そのうちの当たりの確率によって，くじの中にどの程度当たりがはいっているかを見当つけたり，街頭アンケートを行い，その結果から全国的な政党支持率がどの程度か目途を付けたり，ある地点から別の地点まで何度か移動し，その平均を取ることで移動にかかるおおよその時間を判断したりするだろう．これらは実は統計的推測(推定)を行っている例である．これらの例のように，標本をもとに母集団の傾向(パラメータ)を推測することを**推定**という．この章では，推定についての方法について紹介する．

8.2 ● 確率分布

推定を行うためには，まず母集団がどのような分布であるかを仮定する必要がある．本節では推定について説明を行う前に，確率の概念の説明を行い，いくつかの確率分布について紹介する．

8.2.1 ● 確率とは

日常生活において，翌日の天気や，これから振るサイコロの出る目，これから引くくじの当たりはずれ等，これから起こる出来事を事前に知ることはできないが，起こりうる事象とその確率を考えることで，さまざまな特徴，傾向を知ることが可能となる．前章まででも確率についてさまざまな説明が行われているが，ここでは確率の概念について説明する．

まず確率を考える際には，対象(事象の集合)を明確にする必要がある．例えば，サイコロを振った場合に考えられる事象は「1の目が出る」,「2の目が出る」, …,「6の目が出る」の6通りである．また，工場で生産されている製品の重量を量る場合に考えられる事象は「重量の観測値が x (g)となる」

$(x > 0)$ であり，可能性は無限に存在する．前者のような事象の集合を有限母集団，後者を無限母集団という．また，各母集団の事象に適当な数字を対応させた変数を**確率変数**という．例えば，サイコロの例では，出た目を変数 X で表すことで，「1 の目が出る」⇔「$X = 1$」，…，「6 の目が出る」⇔「$X = 6$」と対応させることができ，重量を量る例では，観測される重量を変数 X で表すことで，「重量の観測値が x (g) となる」⇔「$X = x$」$(x > 0)$ と対応させることができる．前者はとびとびの値しか取ることができない(小数の値を取らない)ので，離散型確率変数といい，後者は正の実数すべてを取りうるので，連続型確率変数という．

ある事象が発生する確率とは，同様に確からしい全事象のうち，観測したい事象の割合で定義されたり，ある事象が発生するかどうかを無限に観測し続けた場合に，発生した割合の収束値で定義されたりする．サイコロの例では，各目が出る事象が同様に確からしいので，それぞれの事象が発生する確率は $P(X = x) = 1/6\ (x = 1, \cdots, 6)$ となる．離散型確率変数 X に対し，その確率が $P(X = x) = f(x)$ という関数 f で表されるとき，この関数を**確率関数**という．また，連続型確率変数 X に対し，その確率が $P(a \leqq X \leqq b) = \int_a^b f(x)dx$ と関数 f の積分で表されるとき，この関数を**確率密度関数**という．確率関数のすべての値の和や確率密度関数の全区間の積分の値は 1 でなければならない．

複数の確率変数の取りうる値を考える場合も同様に，離散型確率変数のペア X, Y に対し，確率が $P(X = x, Y = y) = f(x, y)$ と定義されるとき，f を(同時)確率関数といい，連続型確率変数のペア X, Y に対し，確率が $P(a \leqq X \leqq b, c \leqq Y \leqq d) = \int_a^b \int_c^d f(x, y)dxdy$ と定義されるとき，f を(同時)密度関数という．$f(x, y) = g(x)h(y)$ のように，確率関数または密度関数が x のみの関数と y のみの関数の積で表せるとき，X と Y は**独立**であるという．今後，確率変数はおもに大文字(X, Y 等)で表し，実際に観測された値を小文字(x, y 等)で表すこととする．

8.2.2 ●代表値

確率変数がどのあたりの値を取っているか，どの程度ばらついているかを判断する基準として，期待値や分散という指標が存在する．このような分布の特徴を表す値のことを代表値という．本節では，さまざまな代表値の定義やその性質について説明する．確率変数 X の**期待値**[1]と**分散**はそれぞれ

$$\mathrm{E}[X] = \sum_{x} f(x) \left(= \int_{-\infty}^{\infty} f(x) dx \right) \tag{8.1}$$

$$\mathrm{var}[X] = \mathrm{E}[(X - \mathrm{E}[X])^2] = \mathrm{E}[X^2] - (\mathrm{E}[X])^2 \tag{8.2}$$

と定義される．ここで，$f(x)$ は確率関数であり，$\sum$ は x の取りうる値すべての和を取る(括弧内の式は連続型確率変数の場合であり，ここで f は確率密度関数である)．定義から分かるように，期待値とは取りうる値に確率の重みを付けた加重平均であり，位置の指標として使われる．分散は期待値からの距離の二乗の期待値として定義され，ばらつきの指標として使われる．しかし，分散の計算では期待値からの距離を二乗したものが使われるので，分散の値自体の解釈が難しい．そこで，分散の平方根をとったもの $\mathrm{SD}[X] = \sqrt{\mathrm{var}[X]}$ が**標準偏差**として定義されている．標準偏差の方が分散よりもばらつきの指標としてよく使われる．後述する正規分布では，期待値から標準偏差以上離れた値を取る確率は約 32%，期待値から標準偏差の 2 倍以上離れた値を取る確率は約 5% 期待値から標準偏差の 3 倍以上離れた値を取る確率は約 0.3% であることが知られている．また，分布の歪みの指標として**歪度** $b_1 = \mathrm{E}[(X - \mathrm{E}[X])^3] / (\mathrm{SD}[X])^3$，期待値への集中度の指標として**尖度** $b_2 = \mathrm{E}[(X - \mathrm{E}[X])^4] / (\mathrm{var}[X])^2$ が定義されている．2 章の歪度，尖度は上記の歪度，尖度の推定量である(推定量については，8.4 節で説明する)．

また，2 つの変数 X, Y のばらつきの指標として共分散 $\mathrm{Cov}[X, Y] = \mathrm{E}[(X - \mathrm{E}[X])(Y - \mathrm{E}[Y])]$，2 つの変数 X, Y の直線的な関係を見る指標として相関 $r[X, Y] = \mathrm{Cov}[X, Y] / (\mathrm{SD}[X]\mathrm{SD}[Y])$ が定義される．X と Y が独立であれば，共分散も相関も 0 となる．相関は 2 変数の関係を調べるのにしばしば使われる指標である．相関の値は -1 以上 1 以下の値しか取らず，相関が -1 または 1 の場合，(X, Y) はある直線上の値しか取らない．一方の値が増加するとともにもう一方の値も増加する傾向がある場合，正の相関があるといい，$r[X, Y] > 0$ となる．また，一方の値が増加するとともにもう一方の値が減少する傾向がある場合，負の相関があるといい，$r[X, Y] < 0$ となる．(X, Y) の直線的な傾向が強いほど，$r[X, Y]$ の絶対値は 1 に近づく．

最後に，代表値に関する性質について以下にまとめる．以下では，a, b, c, d は定数，X, Y は確率変数とする．

$$\mathrm{E}[aX+bY+c] = a\mathrm{E}[X]+b\mathrm{E}[Y]+c \tag{8.3}$$

$$\mathrm{var}[aX+bY+c] = a^2\mathrm{var}[X]+b^2\mathrm{var}[Y]+2ab\mathrm{Cov}[X, Y] \tag{8.4}$$

$$\mathrm{SD}[aX+b] = |a|\mathrm{SD}[X] \tag{8.5}$$

$$\mathrm{Cov}[aX+b, cY+d] = ab\mathrm{Cov}[X, Y] \tag{8.6}$$

$$r[aX+b, cY+d] = \mathrm{sgn}(ac)r[X, Y] \tag{8.7}$$

ここで，$\mathrm{sgn}(x)$ は $x > 0$ であれば 1，$x < 0$ であれば -1，$x = 0$ であれば 0 を取る関数である．

8.2.3 ●二項分布

ある実験が成功するか否かに関し，その実験が成功する確率を p，失敗する確率を $1-p$ とする．このような実験を n 回独立に観測し，その実験が成功した回数を X とする．このとき，X の従う確率分布を試行回数 n，成功確率 p の**二項分布**といい，$B(n, p)$ と表す．X の取りうる値としては，$0, 1, \cdots, n$ のいずれかであり，それぞれの値を取る確率は

$$P(X = k) = {}_nC_k p^k(1-p)^{n-k} \qquad (k = 0, 1, \cdots, n) \tag{8.8}$$

である．(8.8)は，n 回の実験のうち，k 回成功する確率 p^k，$n-k$ 回失敗する確率 $(1-p)^{n-k}$，n 回の実験のうち k 回の成功が何回目に発生するかという組合せ ${}_nC_k$ を用いて表されている．当たり付きのお菓子を複数個購入したときの当たりの出る個数の分布，同じ症状の患者が同じ薬を飲んだときに病気が治る人数の分布，あるクラスでの欠席者の人数の分布などは二項分布である．

図 8.1(次ページ)は，試行回数 10，成功確率 0.2, 0.5, 0.8 の二項分布の確率関数を表している．二項分布の確率関数は $p < 0.5$ のとき右に裾が長く，$p > 0.5$ のとき左に裾が長く，$p = 0.5$ のとき左右対称な分布となる．

8.2.4 ●正規分布

正規分布 $N(\mu, \sigma^2)$ とは，期待値 μ と分散 σ^2 のみによって定まる連続分布であり，この分布の確率密度関数 $f(x)$ は

1) 本によっては，期待値を平均ということもある．その場合，観測値 $x_1, \cdots, x_n$ の平均 $\bar{x}$ と確率変数の期待値のどちらを意味するかは文脈から判断する必要がある．

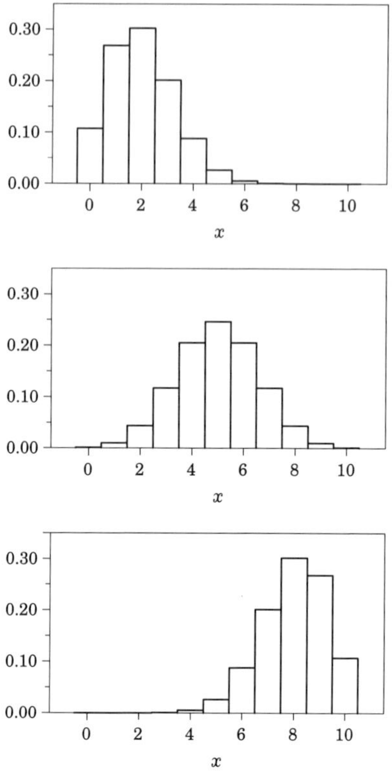

図 8.1　試行回数 10，成功確率 0.2（上），0.5（中），0.8（下）の二項分布

$$f(x) = \frac{1}{\sqrt{2\pi\sigma^2}} \exp\left\{-\frac{(x-\mu)^2}{2\sigma^2}\right\} \tag{8.9}$$

と定義される．確率変数 X が正規分布 $N(\mu, \sigma^2)$ に従うとき，X が区間 $[a, b]$ に含まれる確率は

$$P(a \leqq X \leqq b) = \int_a^b \frac{1}{\sqrt{2\pi\sigma^2}} \exp\left\{-\frac{(x-\mu)^2}{2\sigma^2}\right\} dx \tag{8.10}$$

である．また，期待値 0，分散 1 の正規分布のことを**標準正規分布**という．同年代の身長の分布，工場で製造されている製品の重量の分布，観測機器による観測誤差をはじめ，さまざまな自然現象の多くは正規分布に近い．

図 8.2 は，分散が 1 で期待値を 0, 3, 6 と変化させたときの正規分布の確率

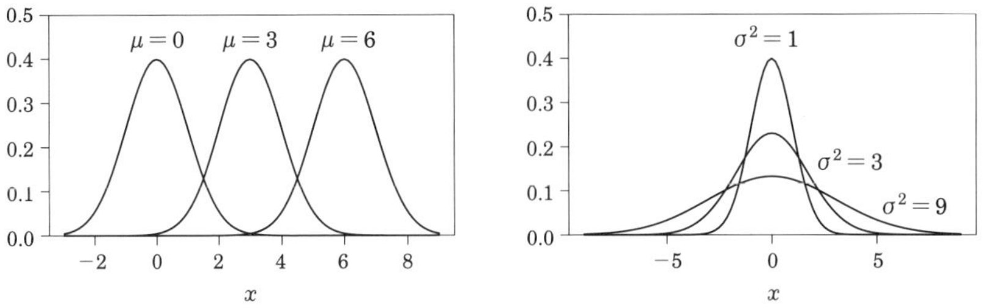

図 8.2　期待値 0, 3, 6，分散 1 の正規分布(左)と期待値 0，分散 1, 3, 9 の正規分布(右)

密度関数と，期待値が 0 で分散を 1, 3, 9 と変化させたときの正規分布の確率密度関数である．分散が等しいときは密度関数の形は等しく，期待値が等しいときは左右対称となる軸が等しい．

8.2.5 ● χ^2 分布

標準正規分布に従う n 個の独立な確率変数を $Z_1, \cdots, Z_n$ とし，$Y = Z_1^2 + \cdots + Z_n^2$ とする．このとき，Y の従う分布を自由度 n の χ^2 **(カイ二乗)分布**といい，χ_n^2 と表す．また，確率密度関数は

$$f(x;n) = \frac{1}{2^{n/2}\Gamma(n/2)} x^{n/2-1} e^{-x/2} \tag{8.11}$$

である．ここで，関数 $\Gamma(x)$ はガンマ関数であり，

$$\Gamma(x) = \int_0^\infty t^{x-1} e^{-t} dt \tag{8.12}$$

である．

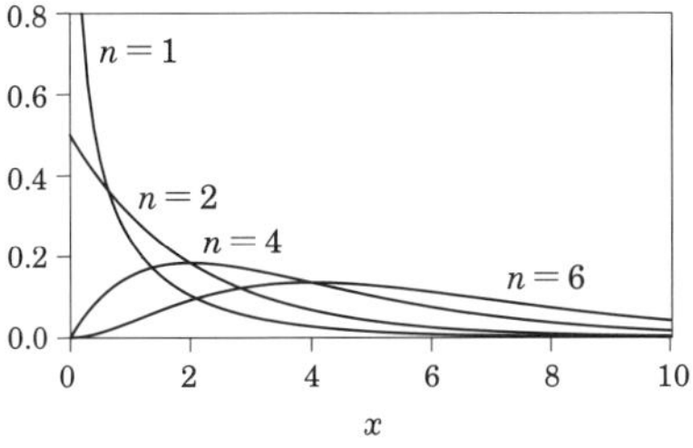

図 8.3　自由度 1, 2, 4, 6 の χ^2 分布

図 8.3 は，自由度 1, 2, 4, 6 の χ^2 分布の確率密度関数である．自由度 1, 2 のときは，確率密度関数の最大値は 0 のときであるが，自由度 n が 3 以上のときは，確率密度関数の最大値は $n-2$ のときである．また，自由度 n の χ^2 分布の期待値は n であり，分散は $2n$ である．

8.2.6 ● t 分布

Z を標準正規分布の確率変数とし，Y を自由度 n の χ^2 分布の確率変数とし，Z と Y は独立とする．このとき，$T = X/\sqrt{Y/n}$ の従う分布を自由度 n の t **分布**といい，t_n と表す．また，確率密度関数は

$$f(x\,;\,n) = \frac{\Gamma((n+1)/2)}{\sqrt{n\pi}\,\Gamma(n/2)}\left(1+\frac{x^2}{n}\right)^{-(n+1)/2}$$

である．

図 8.4 は，自由度 1, 3, 10 の t 分布の確率密度関数である．t 分布の確率密度関数は自由度が増えるにつれて，標準正規分布の確率密度関数に近づく．また，自由度 n の t 分布の期待値は 0 であり，$n \geqq 3$ のとき分散は $n/(n-2)$ である．

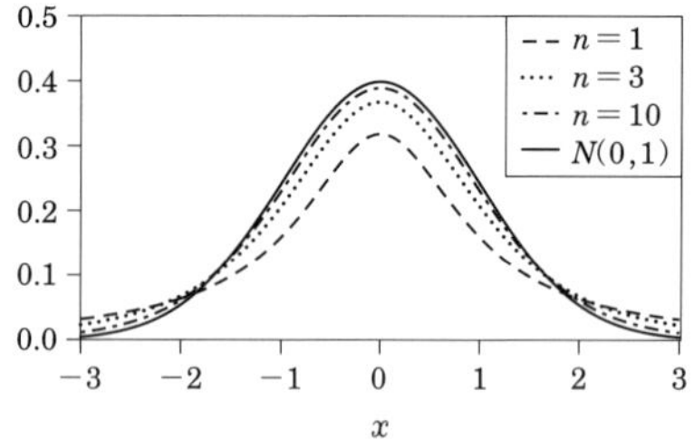

図 8.4　自由度 1, 3, 10 の t 分布と標準正規分布

8.2.7 ● F 分布

Y_1 を自由度 n_1 の χ^2 分布の確率変数とし，Y_2 を自由度 n_2 の χ^2 分布の確率変数とし，Y_1 と Y_2 は独立とする．このとき，$F = (Y_1/n_1)/(Y_2/n_2)$ の従う分布を自由度 (n_1, n_2) の F **分布**といい，F_{n_1,n_2} と表す．また，確率密度関数は

$$f(x\,;\,n_1, n_2) = \frac{(n_1/n_2)^{n_1/2}}{B(n_1/2, n_2/2)}\frac{x^{n_1/2-1}}{(1+(n_1/n_2)x)^{(n_1+n_2)/2}} \tag{8.13}$$

である．ここで，関数 $B(x,y)$ はベータ関数であり，

$$B(x,y) = \int_0^1 t^{x-1}(1-t)^{y-1}dt \tag{8.14}$$

である．

図 8.5 は，自由度 n_2 を 4 とし，n_1 を変化させたときの F 分布の確率密度関数と，n_1 を 4 とし，n_2 を変化させたときの F 分布の確率密度関数である．n_1 が大きくなると，χ^2 分布の逆数(の定数倍)の分布となり，n_2 が大きくなると，χ^2 分布(の定数倍)の分布となる．自由度 (n_1, n_2) の F 分布の期待値は，$n_2 \geqq 3$ のとき $n_2/(n_2-2)$ であり，分散は $n_2 \geqq 5$ のとき $2n_2^2(n_1+n_2-2)/\{n_1(n_2-2)^2(n_2-4)\}$ である．

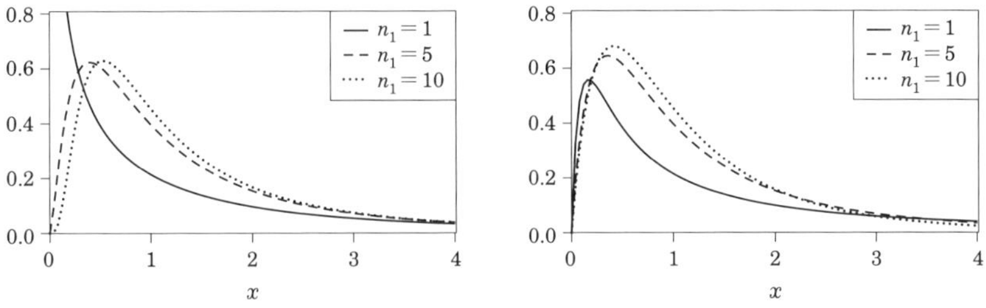

図 8.5　$n_1=1,5,10,\ n_2=4$ の F 分布(左)と $n_1=4,\ n_2=1,5,10$ の F 分布(右)

8.3 ● 標本分布

母集団から得られた標本 $x_1,\cdots,x_n$ をもとに母集団の期待値や分散を推定する際，一般的に標本平均 $\bar{x}$ や標本分散 $s^2=\sum_{i=1}^{n}(x_i-\bar{x})^2/(n-1)$ が用いられる[2)]．本節では，標本平均や標本分散の性質について説明する．

8.3.1 ● 標本平均

母集団の分布に対し，標本平均がどのような値を取るのかを考える．期待値 μ，分散 σ^2 の母集団から確率変数 $X_1,\cdots,X_n$ が独立に得られたとする．こ

2）本章では分母が $n-1$ である不偏分散を用いる．分母が n である分散と分母が $n-1$ である分散を区別するため，前者を標本分散，後者を不偏分散ということもある．本章で不偏分散を用いる理由については後述する．

のとき，標本平均 $\overline{X}=\sum_{i=1}^{n} X_i/n$ の期待値と分散はそれぞれ

$$\mathrm{E}[\overline{X}]=\frac{1}{n}\sum_{i=1}^{n}\mathrm{E}[X_i]=\mu \tag{8.15}$$

$$\mathrm{var}[\overline{X}]=\frac{1}{n^2}\sum_{i=1}^{n}\mathrm{var}[X_i]=\frac{\sigma^2}{n} \tag{8.16}$$

となる．特に，母集団の分布が正規分布のときは，標本平均 $\overline{X}$ の分布は $N(\mu,\sigma^2/n)$ となる．ここで，任意の正の数 ε に対し，$P(|\overline{X}-\mu|>\varepsilon)\leqq\sigma^2/(n\varepsilon^2)$ が成り立つ．これをチェビシェフの不等式という．これは，どのような小さな正の数 ε をとっても，$\overline{X}$ と μ の差が ε より大きくなる確率が，n の増加とともに0に近づくことを示している[3)]．また，この性質(期待値と分散が等しい独立な確率変数の標本平均が母集団の分布の期待値に確率収束するという性質)を**大数の弱法則**という．

図8.6では，母集団が正規分布のときの母集団分布(確率密度関数)と $n=5,10$ のときの標本平均の分布，母集団が自由度3の χ^2 分布のときの母集団分布と $n=10,100$ のときの標本平均の分布をそれぞれ示している．それぞれ，サンプルサイズ n が大きくなれば母集団の期待値(標準正規分布のときは0，自由度3の χ^2 分布のときは3)の付近に分布が集中していることが分かる．つまり，標本平均による母集団の期待値の近似精度が上昇することを意味する．ただし，サンプルサイズが十分でなければ，母集団の期待値から離れた値を取る確率も少なくないことに注意する必要がある．

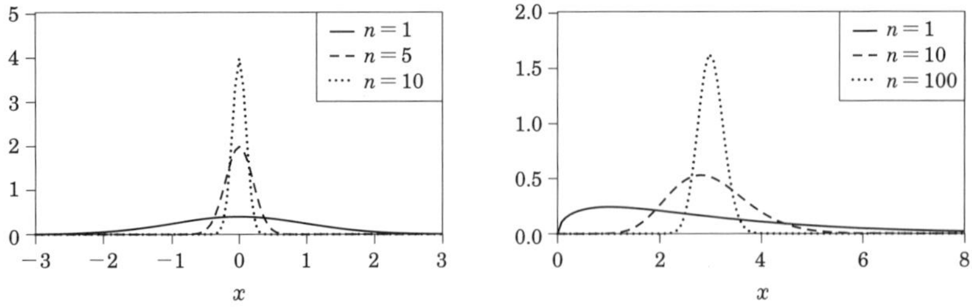

図 8.6 母集団が標準正規分布のとき(左)と自由度3の χ^2 分布のとき(右)の標本平均の分布

8.3.2 ●中心極限定理

中心極限定理とは，期待値 μ，分散 σ^2 のある母集団から確率変数 $X_1,\cdots,X_n$

が独立に得られたとすると，$\sqrt{n}(\overline{X}-\mu)/\sigma = \left(\sum_{i=1}^{n} X_i - n\mu\right)/(\sqrt{n}\sigma)$ の確率密度関数が標準正規分布の確率密度関数に近づく(分布収束する)という定理である(証明略).

自然現象の多くの分布が正規分布で表されるのはこの定理によるところが大きい．また，標本平均は母集団の分布によらず，サンプルサイズが大きくなると，その分布は正規分布に近づいていく．図 8.6 の右図でも n が大きくなるとともに，分布の概形が正規分布に近づいていることが分かる．二項分

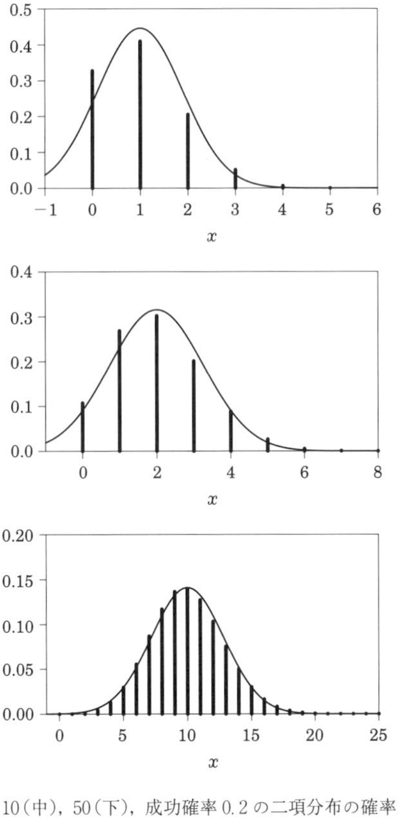

図 8.7　試行回数 5(上)，10(中)，50(下)，成功確率 0.2 の二項分布の確率関数と正規分布の確率密度関数

3) このことを，$\overline{X}$ が μ に確率収束するという．

布についても n 回の独立な試行の成功数の和であるので，試行回数が増えるとともに正規分布に近づいていく．

図 8.7 は試行回数 n が 5, 10, 50，成功確率 p が 0.2 の二項分布の確率関数と，$N(np, np(1-p))$ の正規分布の確率密度関数である．n が大きくなると，正規分布に近づくことが確認できる．

8.3.3 ●標本分散

母集団の分布に対し，標本分散がどのような値を取るのかを考える．期待値 μ，分散 σ^2 の母集団から確率変数 $X_1, \cdots, X_n$ が独立に得られたとする．このとき，標本分散 $S^2 = \sum_{i=1}^{n}(X_i-\overline{X})^2/(n-1)$ の期待値と分散について考える．標本分散について

$$S^2 = \frac{1}{n-1}\left(\sum_{i=1}^{n}(X_i-\mu)^2-n(\overline{X}-\mu)^2\right) \tag{8.17}$$

と変形すると，(8.17)の右辺の第一項の期待値は $\{n/(n-1)\}\sigma^2$，第 2 項の期待値は $-\sigma^2/(n-1)$ であるので，S^2 の期待値は母集団の分布に関わらず σ^2 となる．また，S^2 の分散は $\{b_2-(n-3)/(n-1)\}(\sigma^4/n)$ である(証明略)．ここで，b_2 は尖度 $\mathrm{E}[(X_i-\mu)^4/\sigma^4]$ である．よって，S^2 に関してもチェビシェフの不等式より，任意の正の数 ε に対し，

$$P(|S^2-\sigma^2| > \varepsilon) \leqq \left(b_2-\frac{n-3}{n-1}\right)\left(\frac{\sigma^4}{n\varepsilon^2}\right) \tag{8.18}$$

が成り立ち，これは，どのような小さな正の数 ε をとっても，S^2 と σ^2 の差が ε より大きくなる確率が，n の増加とともに 0 に近づくことを示している．

母集団が正規分布 $N(\mu, \sigma^2)$ に従うときは，

$$\frac{(n-1)S^2}{\sigma^2} = Z'JZ \tag{8.19}$$

と表すことができる[4]．ここで，$\boldsymbol{Z} = ((X_1-\mu)/\sigma, \cdots, (X_n-\mu)/\sigma^2)'$ は，要素がそれぞれ独立であり，各要素が標準正規分布に従う確率変数である．ここで，J の固有値は $n-1$ 個の 1 と 1 個の 0 からなり，直交行列により対角化できる．また，$\boldsymbol{Z}$ に対し直交行列を掛けても分布は変わらない(要素がそれぞれ独立であり，各要素が標準正規分布に従う)ので，(8.19)は自由度 $n-1$ の χ^2 分布に従う．

8.4 ● 点推定

8.1 節で述べたように，推定とは母集団のパラメータを標本によって予測する手法のことである．その際，1 つの値として推定する方法を**点推定**，区間を用いて推定する方法を**区間推定**という．パラメータを予測する際，特に守らなければならない条件などはないので，例えば，母集団の期待値を推定するために，標本平均や中央値，最大値と最小値の中点など，どのような手法を用いても，これらはすべて(点)推定である．しかし，推定を行う際に満たすことが望ましい条件があるので，その条件について説明する．

8.4.1 ● 不偏推定量

母集団のパラメータ θ を推定する際，推定値はなるべく θ 周辺の値を取ることが望ましい．そこで，標本 $X_1, \cdots, X_n$ による θ の推定量 $\widehat{\theta}(X_1, \cdots, X_n)$ が $\mathrm{E}[\widehat{\theta}(X_1, \cdots, X_n)] = \theta$ を満たすとき，推定量 $\widehat{\theta}(X_1, \cdots, X_n)$ は θ の**不偏推定量**であるという．不偏推定量であれば，推定量の分布が推定したいパラメータの周りに分布するので，分散が等しい推定量の中では，不偏推定量を選ぶほうが望ましい．

標本 $X_1, \cdots, X_n$ に対し，母集団の分散の推定として，$\sum_{i=1}^{n}(X_i-\overline{X})^2/n$ を使う場合と，$\sum_{i=1}^{n}(X_i-\overline{X})^2/(n-1)$ が使う場合がある．これらの違いは，

$$\mathrm{E}\left[\frac{1}{n}\sum_{i=1}^{n}(X_i-\overline{X})^2\right] = \frac{n-1}{n}\sigma^2 \tag{8.20}$$

$$\mathrm{E}\left[\frac{1}{n-1}\sum_{i=1}^{n}(X_i-\overline{X})^2\right] = \sigma^2 \tag{8.21}$$

であり，前者は σ^2 の不偏推定量ではないが，後者は σ^2 の不偏推定量であるので，後者がしばしば使用される．ただし，後者の方が分散が大きくなるという難点もある．

8.4.2 ● 一致推定量

不偏性はパラメータを推定する際の好ましい性質の一つであるが，推定量

4) J は中心化行列である(3 章参照).

の期待値がパラメータと一致するだけでは，推定値がパラメータに近い値を取るとはいえない．母集団のパラメータ θ の推定量 $\widehat{\theta}(X_1,\cdots,X_n)$ はサンプルサイズ n が増加するとともに，θ に近づくことが好ましい．そこで，推定量 $\widehat{\theta}(X_1,\cdots,X_n)$ が n の増加とともに θ に近づく，つまり，$\widehat{\theta}(X_1,\cdots,X_n)$ が θ に確率収束する(任意の正の数 ε に対し，$P(|\widehat{\theta}(X_1,\cdots,X_n)-\theta|>\varepsilon)\to 0$ となる)とき，$\widehat{\theta}(X_1,\cdots,X_n)$ は θ の**一致推定量**であるという．確率収束の概念が難しい場合は，推定量の期待値がパラメータ θ に収束し，推定量の分散が 0 に収束すると考えてもよい(この条件は，確率収束の十分条件である)．

前節の結果より，標本平均($\overline{X}$)は母集団の期待値の不偏一致推定量，$n-1$ で割る標本分散($S^2=\sum_{i=1}^{n}(X_i-\overline{X})^2/(n-1)$)は母集団の分散の不偏一致推定量，$n$ で割る分散($\sum_{i=1}^{n}(X_i-\overline{X})^2/n$)は母集団の分散の一致推定量である．図 8.8 は母集団の分布が標準正規分布であるときの標本分散($S^2=\sum_{i=1}^{n}(X_i-\overline{X})^2/(n-1)$)の分布である(サンプルサイズは 5, 10, 100 である)．この図から，n が大きくなるにつれ標本分散の分布が母集団の分散である 1 に近づいている様子が分かる．

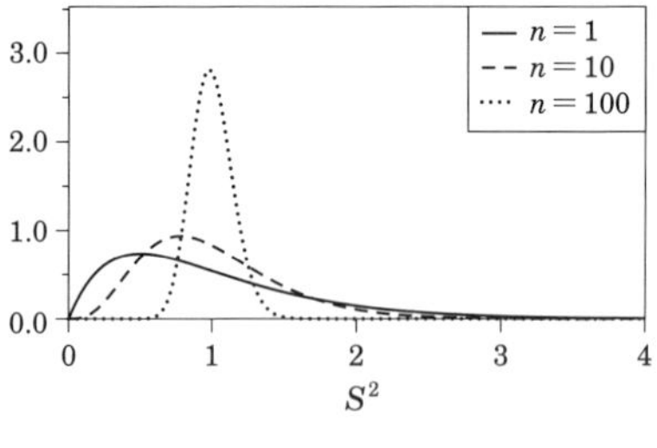

図 8.8 $n=5, 10, 100$ のときの標本分散の分布

8.4.3 ●最尤推定法

母集団の期待値や分散の推定には，標本平均や標本分散が用いられるが，その他のパラメータの推定はどのようにすればよいだろうか．以下では，一般のパラメータの推定法を 2 つ説明する．

まず，最尤推定法の説明にあたり，ある実験を 10 回行い，1 回しか成功できなかったという状況に対し，この実験の成功確率 p を推定したいとする．

この実験について，成功確率が5割以上($p \geqq 0.5$)であると言われても信じられない人が多いだろう．これは，$p=1$ であれば，10回の実験のうち1回しか成功しないということが起こりえず，$p=0.8$ であれば，10回の実験のうち1回しか成功しない確率は 4×10^{-6} であり，$p=0.5$ であってもその確率は1% にも満たない．よって，成功確率が5割以上であるということの方が疑わしく感じるであろう．では，自然な推定とはどのような推定だろうか．今起こっている現象が起こりえないパラメータは不自然であると考えるのであれば，逆に，今起こっている現象が最も起こりやすいパラメータは自然な推定量と考えられるだろう．つまり，母集団のパラメータに関し，得られた標本が最も得られやすいパラメータを推定量とする手法のことを**最尤推定法**といい，その推定量のことを最尤推定量，推定値のことを最尤推定値という．次に母集団の分布が二項分布と正規分布の場合について，最尤推定値を求める．

母集団の分布を二項分布 $B(n,p)$ とし，標本 x が得られたとする．すると，標本 x が得られる確率は

$$L(p) = {}_nC_x p^x (1-p)^{n-x} \tag{8.22}$$

である．このように，標本が与えられる確率をパラメータの関数と見たものを**尤度関数**という．この関数を最大とする p が最尤推定値であるが，一般に，尤度関数を最大化するより，(8.22)の対数

$$\ell(p) = \log L(p) = \log {}_nC_x + x\log p + (n-x)\log(1-p) \tag{8.23}$$

の最大化をする方が簡単である場合が多い．(8.23)のように尤度関数の対数を取ったものを対数尤度関数という．対数尤度関数を最大化する p を求めるには，(8.23)を p で微分した式を0とした方程式

$$\frac{d\ell(p)}{dp} = \frac{x}{p} - \frac{n-x}{1-p} = 0 \tag{8.24}$$

を p について解けばよく，その結果，p の最尤推定値は $\hat{p}=x/n$ となる．つまり，成功割合 $\hat{p}$ が成功確率 p の最尤推定値である．

次に，母集団の分布を正規分布 $N(\mu,\sigma^2)$ とし，標本 $x_1,\cdots,x_n$ が得られたとする．すると，尤度関数は

$$L(\mu,\sigma^2) = \frac{1}{(2\pi\sigma^2)^{n/2}}\exp\left\{-\sum_{i=1}^{n}\frac{(x_i-\mu)^2}{2\sigma^2}\right\} \tag{8.25}$$

であり，対数尤度関数は

$$\ell(\mu,\sigma^2) = -\frac{n}{2}\log(2\pi)-\frac{n}{2}\log\sigma^2-\frac{\sum_{i=1}^{n}(x_i-\mu)^2}{2\sigma^2} \tag{8.26}$$

である．この関数を μ と σ について最大化することを考える．まず，μ に関して最大化するには，$\sum_{i=1}^{n}(x_i-\mu)^2$ を最小化すればよく，期待値の最尤推定値 $\widehat{\mu}=\overline{x}$ が求められる．この結果を(8.26)に代入し，σ^2 で微分したものを0とすると

$$\frac{d\ell(\overline{x},\sigma^2)}{d\sigma^2} = -\frac{n}{2\sigma^2}+\frac{\sum_{i=1}^{n}(x_i-\overline{x})^2}{2\sigma^4} = 0 \tag{8.27}$$

となり，σ^2 について解くことで，σ^2 の最尤推定値 $\widehat{\sigma}^2=\sum_{i=1}^{n}(x_i-\overline{x})^2/n$ が得られる．

一般に，母集団のパラメータ $\boldsymbol{\theta}=(\theta_1,\cdots,\theta_q)'$ の最尤推定量 $\widehat{\boldsymbol{\theta}}$ は適当な条件の下，$\boldsymbol{\theta}$ の一致推定量であり，かつ $\sqrt{n}(\widehat{\boldsymbol{\theta}}-\boldsymbol{\theta})$ は多変量正規分布 $N(\mathbf{0},I(\boldsymbol{\theta})^{-1})$ に分布収束する．ここで，$I(\boldsymbol{\theta})$ はフィッシャーの情報行列

$$I(\boldsymbol{\theta}) = -\mathrm{E}\left[\frac{\partial^2\log f(X;\boldsymbol{\theta})}{\partial\boldsymbol{\theta}\partial\boldsymbol{\theta}'}\right] \tag{8.28}$$

である．上記の正規分布の例では，$\sqrt{n}(\widehat{\boldsymbol{\theta}}-\boldsymbol{\theta})=\sqrt{n}\left(\overline{x}-\mu,\ \sum_{i=1}^{n}(x_i-\overline{x})^2/n-\sigma^2\right)'$ であり，確率密度関数の対数の2階微分は

$$\frac{\partial^2 f(X;\boldsymbol{\theta})}{\partial\mu^2} = -\frac{1}{\sigma^2} \tag{8.29}$$

$$\frac{\partial^2 f(X;\boldsymbol{\theta})}{\partial\mu\partial\sigma^2} = -\frac{X-\mu}{\sigma^4} \tag{8.30}$$

$$\frac{\partial^2 f(X;\boldsymbol{\theta})}{\partial(\sigma^2)^2} = \frac{1}{2\sigma^4}-\frac{(X-\mu)^2}{\sigma^6} \tag{8.31}$$

と計算される．よって，フィッシャーの情報行列は

$$I(\boldsymbol{\theta}) = \begin{pmatrix} 1/\sigma^2 & 0 \\ 0 & 1/(2\sigma^4) \end{pmatrix} \tag{8.32}$$

となる．この結果より，$\sqrt{n}(\overline{X}-\mu)$ の分布は $N(0,\sigma^2)$ で近似され，$\sqrt{n}\left(\sum_{i=1}^{n}(X_i-\overline{X})^2/n-\sigma^2\right)$ の分布は $N(0,2\sigma^4)$ で近似されることが分かる(前者の分布は厳密に $N(0,\sigma^2)$ となることを簡単に確認でき，後者は χ^2 分布に対する中心極限定理からも確認できる)．

8.4.4 ● モーメント法

母集団から標本 $x_1, \cdots, x_n$ が得られたとする．ここで，母集団の分布のモーメント $E[X^k]$ $(k=1,2,\cdots)$ について，$\sum_{i=1}^{n} x_i^k/n$ は $E[X^k]$ の一致推定量となる．よって，モーメントの関数で表されるパラメータはそのモーメントに $\sum_{i=1}^{n} x_i^k/n$ を代入することにより推定ができる．このような推定法のことを**モーメント法**という．この推定量は連続写像定理より，そのパラメータの一致推定量となる．

例えば，母集団の分散 σ^2 は $\sigma^2 = \mathrm{E}[X^2]-(\mathrm{E}[X])^2$ であるので，分散のモーメント法による推定量は $\sum_{i=1}^{n} x_i^2/n-\left(\sum_{i=1}^{n} x_i/n\right)^2$ として求められる．

8.5 • 区間推定

点推定では，標本に基づく1つの値によってパラメータを推定する．よって，サンプルサイズが小さいとき，推定量のばらつきが大きいため推定値とパラメータが大きく異なることもある．そのような場合は1つの値として推定するのではなく，推定量のばらつきを考慮して，区間によってパラメータを推定するほうが好ましい．そのような推定法を**区間推定**という．本節では，さまざまな区間推定について紹介する．

8.5.1 ● 正規分布の期待値の推定

▶分散が既知の場合の期待値の推定

母集団の分布が正規分布 $N(\mu, \sigma^2)$ に従い，σ^2 が既知とする．このとき，標本 $X_1, \cdots, X_n$ に対し，$\sqrt{n}(\overline{X}-\mu)/\sigma$ は標準正規分布に従うので，

$$P\left(-z(\alpha/2) \leqq \frac{\sqrt{n}(\overline{X}-\mu)}{\sigma} \leqq z(\alpha/2)\right) = 1-\alpha \tag{8.33}$$

が成り立つ．ここで，$z(\alpha)$ は標準正規分布の上側 $100\alpha\%$ 点である．(8.33) を変形することで，

$$P\left(\overline{X}-\frac{z(\alpha/2)\sigma}{\sqrt{n}} \leqq \mu \leqq \overline{X}+\frac{z(\alpha/2)\sigma}{\sqrt{n}}\right) = 1-\alpha \tag{8.34}$$

が得られる．このことより，区間 $[\overline{x}-z(\alpha/2)\sigma/\sqrt{n}, \overline{x}+z(\alpha/2)\sigma/\sqrt{n}]$ を信頼係数 $1-\alpha$ の μ の**信頼区間**という．

例として，$N(\mu, 1)$ から標本 5.26, 5.95, 5.29, 3.39, 3.75 が得られたとする．このとき，$\bar{x} = 4.728$ であり，$z(0.025) = 1.96$ であることを用いると，μ の信頼係数 0.95 の信頼区間は $[3.85, 5.60]$ となる．

▶分散が未知の場合の期待値の推定

母集団の分布が正規分布 $N(\mu, \sigma^2)$ に従い，σ^2 が未知とする．このとき，標本 $X_1, \cdots, X_n$ に対し，$(n-1)S^2/\sigma^2 = \sum_{i=1}^{n}(X_i - \overline{X})^2/\sigma^2$ が自由度 $n-1$ の χ^2 分布に従うことから，$\sqrt{n}(\overline{X}-\mu)/S$ は自由度 $n-1$ の t 分布に従う．このとき，

$$P\left(-t_{n-1}(\alpha/2) \leqq \frac{\sqrt{n}(\overline{X}-\mu)}{S} \leqq t_{n-1}(\alpha/2)\right) = 1-\alpha \tag{8.35}$$

が成り立つ．ここで，$t_n(\alpha)$ は自由度 n の t 分布の上側 $100\alpha\%$ 点である．(8.35)を変形することで，

$$P\left(\overline{X} - \frac{t_{n-1}(\alpha/2)S}{\sqrt{n}} \leqq \mu \leqq \overline{X} + \frac{t_{n-1}(\alpha/2)S}{\sqrt{n}}\right) = 1-\alpha \tag{8.36}$$

が得られる．このことより，区間 $[\bar{x}-t_{n-1}(\alpha/2)s/\sqrt{n}, \bar{x}+t_{n-1}(\alpha/2)s/\sqrt{n}]$ を信頼係数 $1-\alpha$ の μ の信頼区間という．例として，先ほどの標本 5.26, 5.95, 5.29, 3.39, 3.75 が $N(\mu, \sigma^2)$ から得られたとする．このとき，$\bar{x} = 4.728$, $s = 1.10$ であり，$t_4(0.025) = 2.78$ であることを用いると，μ の信頼係数 0.95 の信頼区間は $[3.36, 6.10]$ となる．一般に，サンプルサイズ n が大きければ，S^2 は母集団の分散 σ^2 に収束するので，s^2 を既知の分散として信頼係数を求めても差し支えない．

8.5.2 ●正規分布の期待値の差の推定

▶分散が既知の場合の期待値の差の推定

2つの母集団 $N(\mu_X, \sigma_X^2), N(\mu_Y, \sigma_Y^2)$ について，分散 σ_X^2, σ_Y^2 が既知とし，それぞれの母集団から標本 $X_1, \cdots, X_n$ と $Y_1, \cdots, Y_m$ が得られたとする．このとき，$\{\overline{X}-\overline{Y}-(\mu_X-\mu_Y)\}/\sqrt{\sigma_X^2/n+\sigma_Y^2/m}$ は標準正規分布に従うので，

$$P\left(-z(\alpha/2) \leqq \frac{\overline{X}-\overline{Y}-(\mu_X-\mu_Y)}{\sqrt{\sigma_X^2/n+\sigma_Y^2/m}} \leqq z(\alpha/2)\right) = 1-\alpha \tag{8.37}$$

が成り立つ．(8.37)を変形することで，次の式(8.38)が得られる．

$$P\left(\overline{X}-\overline{Y}-z(\alpha/2)\sqrt{\sigma_X^2/n+\sigma_Y^2/m} \leqq \mu_X-\mu_Y \right.$$

$$\left. \leqq \overline{X}-\overline{Y}+z(\alpha/2)\sqrt{\sigma_X^2/n+\sigma_Y^2/m}\right) = 1-\alpha \tag{8.38}$$

よって，区間 $[\bar{x}-\bar{y}-z(\alpha/2)\sqrt{\sigma_X^2/n+\sigma_Y^2/m}, \bar{x}-\bar{y}+z(\alpha/2)\sqrt{\sigma_X^2/n+\sigma_Y^2/m}]$ は信頼係数 $1-\alpha$ の $\mu_X-\mu_Y$ の信頼区間となる．

▶分散が未知で等しい場合の期待値の差の推定

2つの母集団 $N(\mu_X, \sigma^2), N(\mu_Y, \sigma^2)$ について，分散 σ^2 が未知とし，それぞれの母集団から標本 $X_1, \cdots, X_n$ と $Y_1, \cdots, Y_m$ が得られたとする．このとき，それぞれの母集団の分散の推定量

$$S_X^2 = \frac{1}{n-1}\sum_{i=1}^{n}(X_i-\overline{X})^2, \qquad S_Y^2 = \frac{1}{m-1}\sum_{i=1}^{m}(Y_i-\overline{Y})^2 \tag{8.39}$$

を用いて，プールした分散 S^2 が

$$S^2 = \frac{(n-1)S_X^2+(m-1)S_Y^2}{n+m-2} \tag{8.40}$$

として定義される．すると，$(n+m-2)S^2/\sigma^2$ は自由度 $n+m-2$ の χ^2 分布に従うので，$\{\overline{X}-\overline{Y}-(\mu_X-\mu_Y)\}/\sqrt{(1/n+1/m)S^2}$ は自由度 $n+m-2$ の t 分布に従う．このとき，

$$P\left(-t_{n+m-2}(\alpha/2) \leqq \frac{\overline{X}-\overline{Y}-(\mu_X-\mu_Y)}{\sqrt{(1/n+1/m)S^2}} \leqq t_{n+m-2}(\alpha/2)\right) = 1-\alpha \tag{8.41}$$

が成り立つ．(8.41)を変形することで，次の式(8.42)が得られる．

$$P(\overline{X}-\overline{Y}-t_{n+m-2}(\alpha/2)\sqrt{(1/n+1/m)S^2} \leqq \mu_X-\mu_Y$$
$$\leqq \overline{X}-\overline{Y}+t_{n+m-2}(\alpha/2)\sqrt{(1/n+1/m)S^2}) = 1-\alpha \tag{8.42}$$

区間 $[\bar{x}-\bar{y}-t_{n+m-2}(\alpha/2)\sqrt{(1/n+1/m)s^2}, \bar{x}-\bar{y}+t_{n+m-2}(\alpha/2)\sqrt{(1/n+1/m)s^2}]$ は信頼係数 $1-\alpha$ の $\mu_X-\mu_Y$ の信頼区間となる．

▶分散が未知で異なる場合の期待値の差の推定

2つの母集団 $N(\mu_X, \sigma_X^2), N(\mu_Y, \sigma_Y^2)$ について，分散 σ_X^2, σ_Y^2 が未知とし，それぞれの母集団から標本 $X_1, \cdots, X_n$ と $Y_1, \cdots, Y_m$ が得られたとする．このとき，それぞれの母集団の分散の推定量は

$$S_X^2 = \frac{1}{n-1}\sum_{i=1}^{n}(X_i-\overline{X})^2, \qquad S_Y^2 = \frac{1}{m-1}\sum_{i=1}^{m}(Y_i-\overline{Y})^2 \tag{8.43}$$

によって得られる．このとき，

$$\frac{\overline{X}-\overline{Y}-(\mu_X-\mu_Y)}{\sqrt{S_X^2/n+S_Y^2/m}} \tag{8.44}$$

は自由度が

$$\nu = \frac{(S_X^2/n+S_Y^2/m)^2}{S_X^2/\{n^2(n-1)\}+S_Y^2/\{m^2(m-1)\}} \tag{8.45}$$

の t 分布で近似されることが知られている．この結果を使うと，

$$P\left(-t_\nu(\alpha/2) \leqq \frac{\overline{X}-\overline{Y}-(\mu_X-\mu_Y)}{\sqrt{S_X^2/n+S_Y^2/m}} \leqq t_\nu(\alpha/2)\right) \approx 1-\alpha \tag{8.46}$$

となり，(8.46)を変形することで，次の式(8.47)が得られる．

$$P(\overline{X}-\overline{Y}-t_\nu(\alpha/2)\sqrt{S_X^2/n+S_Y^2/m} \leqq \mu_X-\mu_Y \leqq \overline{X}-\overline{Y}+t_\nu(\alpha/2)\sqrt{S_X^2/n+S_Y^2/m}\,) \approx 1-\alpha \tag{8.47}$$

よって，区間 $[\bar{x}-\bar{y}-t_\nu(\alpha/2)\sqrt{s_X^2/n+s_Y^2/m}, \bar{x}-\bar{y}+t_\nu(\alpha/2)\sqrt{s_X^2/n+s_Y^2/m}\,]$ は信頼係数 $1-\alpha$ の $\mu_X-\mu_Y$ の信頼区間となる．また，別の方法として，(8.44)を自由度 $\min\{n, m\}$ の t 分布に従うとする手法もある．この方法では信頼係数が $1-\alpha$ より大きくなるという欠点がある．

8.5.3 ●分散の推定

母集団の分布を正規分布 $N(\mu, \sigma^2)$ とし，標本 $X_1, \cdots, X_n$ が得られたとする．このとき，分散の推定量 $S^2 = \sum_{i=1}^{n}(X_i-\overline{X})^2/(n-1)$ に対し，$(n-1)S^2/\sigma^2$ は自由度 $n-1$ の χ^2 分布に従う．よって，

$$P\left(\chi_{n-1}^2(1-\alpha/2) \leqq \frac{(n-1)S^2}{\sigma^2} \leqq \chi_{n-1}^2(\alpha/2)\right) = 1-\alpha \tag{8.48}$$

が成り立つ．ここで，$\chi_n^2(\alpha)$ は自由度 n の χ^2 分布の上側 $100\alpha\%$ 点である．(8.48)を変形することで，次の式(8.49)が得られる．

$$P\left(\frac{(n-1)S^2}{\chi_{n-1}^2(\alpha/2)} \leqq \sigma^2 \leqq \frac{(n-1)S^2}{\chi_{n-1}^2(1-\alpha/2)}\right) = 1-\alpha \tag{8.49}$$

よって，区間 $[(n-1)S^2/\chi_{n-1}^2(\alpha/2), (n-1)S^2/\chi_{n-1}^2(1-\alpha/2)]$ は信頼係数 $1-\alpha$ の σ^2 の信頼区間となる．

8.5.4 ●分散の比の推定

2つの母集団 $N(\mu_X, \sigma_X^2), N(\mu_Y, \sigma_Y^2)$ からそれぞれ標本 $X_1, \cdots, X_n$ と $Y_1, \cdots, Y_m$ が得られたとする．すると，

$$\frac{(n-1)S_X^2}{\sigma_X^2} = \frac{\sum_{i=1}^{n}(X_i-\overline{X})^2}{\sigma_X^2}, \qquad \frac{(m-1)S_Y^2}{\sigma_Y^2} = \frac{\sum_{i=1}^{m}(Y_i-\overline{Y})^2}{\sigma_Y^2} \tag{8.50}$$

はそれぞれ自由度 $n-1, m-1$ の χ^2 分布に従う．よって，

$$P\left(F_{n-1,m-1}(1-\alpha/2) \leqq \frac{S_X^2/\sigma_X^2}{S_Y^2/\sigma_Y^2} \leqq F_{n-1,m-1}(\alpha/2)\right) = 1-\alpha \tag{8.51}$$

が成り立つ．ここで，$F_{n,m}(\alpha)$ は自由度 (n, m) の F 分布の上側 $100\alpha\%$ 点である．(8.51)を変形することで，

$$P\left(\frac{1}{F_{n-1,m-1}(\alpha/2)}\frac{S_X^2}{S_Y^2} \leqq \frac{\sigma_X^2}{\sigma_Y^2} \leqq \frac{1}{F_{n-1,m-1}(1-\alpha/2)}\frac{S_X^2}{S_Y^2}\right) = 1-\alpha \tag{8.52}$$

が得られる．ここで，F 分布の性質 $F_{n,m}(\alpha) = 1/F_{m,n}(1-\alpha)$ を使うと，(8.52)は次のように変形できる．

$$P\left(\frac{1}{F_{n-1,m-1}(\alpha/2)}\frac{S_X^2}{S_Y^2} \leqq \frac{\sigma_X^2}{\sigma_Y^2} \leqq F_{m-1,n-1}(\alpha/2)\frac{S_X^2}{S_Y^2}\right) = 1-\alpha \tag{8.53}$$

よって，区間 $[(1/F_{n-1,m-1}(\alpha/2))S_X^2/S_Y^2, F_{m-1,n-1}(\alpha/2)S_X^2/S_Y^2]$ は信頼係数 $1-\alpha$ の σ_X^2/σ_Y^2 の信頼区間である．

8.5.5 ●比率の推定

母集団を二項分布 $B(n, p)$ とし，X をその標本とする．ここで，$\hat{p} = X/n$ とすると，n が大きいとき，中心極限定理より，$\sqrt{n}(\hat{p}-p)/\sqrt{p(1-p)}$ の分布は標準正規分布で近似できる．また，大数の法則より，p は $\hat{p}$ で近似されるので，

$$P\left(-z(\alpha/2) \leqq \frac{\sqrt{n}(\hat{p}-p)}{\sqrt{\hat{p}(1-\hat{p})}} \leqq z(\alpha/2)\right) \approx 1-\alpha \tag{8.54}$$

が成り立つ．(8.54)を変形すると，

$$P(\hat{p}-z(\alpha/2)\sqrt{\hat{p}(1-\hat{p})/n} \leqq \hat{p} \leqq \hat{p}+z(\alpha/2)\sqrt{\hat{p}(1-\hat{p})/n}) \approx 1-\alpha \tag{8.55}$$

と表せる．よって，区間 $[\hat{p}-z(\alpha/2)\sqrt{\hat{p}(1-\hat{p})/n}, \hat{p}+z(\alpha/2)\sqrt{\hat{p}(1-\hat{p})/n}]$ は信頼係数 $1-\alpha$ の p の信頼区間である．

8.5.6 ●比率の差の推定

2つの母集団 $B(n, p_X), B(m, p_Y)$ からそれぞれ標本 X, Y が得られたとする．ここで，$\widehat{p}_X = X/n$，$\widehat{p}_Y = Y/m$ とすると，n, m がともに大きいときは，中心極限定理と大数の法則により，

$$\frac{\{\widehat{p}_X - \widehat{p}_Y - (p_X - p_Y)\}}{\sqrt{\widehat{p}_X(1-\widehat{p}_X)/n + \widehat{p}_Y(1-\widehat{p}_Y)/m}} \tag{8.56}$$

の分布は標準正規分布で近似される．よって，

$$P\left(-z(\alpha/2) \leqq \frac{\widehat{p}_X - \widehat{p}_Y - (p_X - p_Y)}{\sqrt{\widehat{p}_X(1-\widehat{p}_X)/n + \widehat{p}_Y(1-\widehat{p}_Y)/m}} \leqq z(\alpha/2)\right) \approx 1-\alpha \tag{8.57}$$

が成り立ち，(8.57)を変形すると，

$$\begin{aligned} &P(\widehat{p}_X - \widehat{p}_Y - z(\alpha/2)\sqrt{\widehat{p}_X(1-\widehat{p}_X)/n + \widehat{p}_Y(1-\widehat{p}_Y)/m} \leqq p_X - p_Y \\ &\quad \leqq \widehat{p}_X - \widehat{p}_Y + z(\alpha/2)\sqrt{\widehat{p}_X(1-\widehat{p}_X)/n + \widehat{p}_Y(1-\widehat{p}_Y)/m}) \approx 1-\alpha \end{aligned} \tag{8.58}$$

と表せる．よって，区間 $[\widehat{p}_X - \widehat{p}_Y - z(\alpha/2)\sqrt{\widehat{p}_X(1-\widehat{p}_X)/n + \widehat{p}_Y(1-\widehat{p}_Y)/m}, \widehat{p}_X - \widehat{p}_Y + z(\alpha/2)\sqrt{\widehat{p}_X(1-\widehat{p}_X)/n + \widehat{p}_Y(1-\widehat{p}_Y)/m}]$ は信頼係数 $1-\alpha$ の $p_X - p_Y$ の信頼区間である．

8.5.7 ●おわりに

統計的推測は母集団の分布や推定したいパラメータによって，手法がさまざまに変化する．そのため，本章で挙げた内容は基本的な例にすぎない．本章で紹介した基本的な手法以外に，ベイズ理論を用いる方法や，EM アルゴリズムという手法を用いる方法など，計算機を用いなければパラメータを推定することが困難なケースもある．しかし，母集団のパラメータを正しく推定することは，データに基づく意思決定，価値創造のために重要であり，今後もさまざまな場面で統計的推測は重要視されてくるだろう．

最後に，統計学の基礎的内容から，高度な統計手法まで学習するうえで参考となる書籍をいくつか挙げておく．まず，統計学の基礎を初めて勉強するという方には[3], [4]などがよいだろう．ベイズ理論，EM アルゴリズム等について知りたい方には[1], [2]などの書籍もある．ほかにもさまざまな書籍が数多くあるので，いろいろな書籍に目を通してもらいたい．

参考文献

［１］ 小島寛之，『完全独習ベイズ統計学入門』，ダイヤモンド社，2015.
［２］ 小西貞則・越智義道・大森裕浩，『計算統計学の方法』，朝倉書店，2008.
［３］ 東京大学教養学部統計学教室編，『統計学入門』，東京大学出版会，1991.
［４］ 馬場敬之・久池井茂，『スバラシク実力がつくと評判の統計学』，マセマ出版社，2010.

第9章

時系列解析

大屋幸輔
●大阪大学

為替レートや特定地点の気温，ウェブサイトのアクセス件数のように時間の推移とともに，その値を変化させていくものは私たちの周りに数多く見受けられる．時系列データは，そのような変動を観測，記録したものである．図 9.1(上)は円相場で，2012 年後半から円安傾向を示している[1)]．図 9.1(下)は月次の太陽黒点数で，特定の周期で増減を繰り返している様相が見てとれる[2)]．時系列データの特徴はグラフを描くことで，ある程度はとらえることができるが，その変動のなかにはグラフをみるだけではとらえることのできない性質が隠されていることもある．

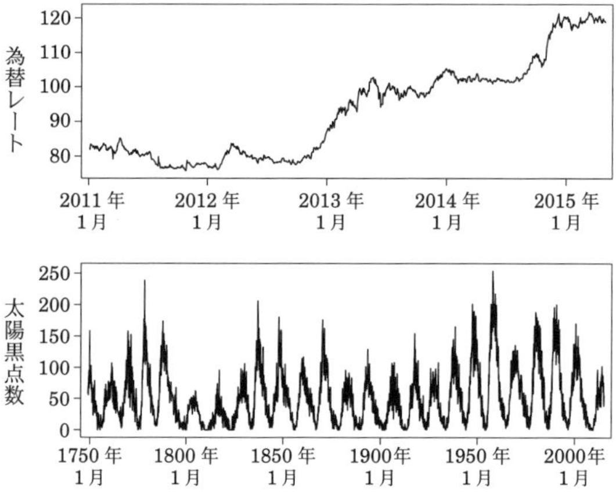

図 9.1 円相場(上)，太陽黒点数(下)

一見，複雑で不規則に変動している分析対象の時系列データの特徴をとらえ，その系列の将来の値を予測したり，さらには他の系列との関連を明らかにすること，またそのための方法論のことを総称して時系列解析とよんでいる．

以下，第 9.1 節では時系列解析を理解するための準備として，データの変換，操作に関する事項とデータ生成過程について説明する[3)]．第 9.2 節でデータ生成過程を特徴づける平均や自己相関に関する統計的推測についてふれた後，続く第 9.3 節で，代表的な時系列モデルを紹介する．モデルが正しく特定化されているかどうかに関してはモデルの推定結果から検証することになるが，このモデルの特定化，推定，診断については第 9.4 節で説明を与える．さらに第 9.5 節では推定されたモデルによる予測に関して説明し，最終節では多変量の時系列モデルとして，ベクトル自己回帰過程を紹介する．

9.1 ● 準備

9.1.1 ● データの変換，操作

観測された時系列データの特徴をより明確にするために，変数変換や差分をとるなどの操作を施すことがある．ここでは，そのような変換，操作に関して代表的なものを説明する．

以下，時点 $1, 2, \cdots, T$ で観測，記録された時系列データ $y_1, y_2, \cdots, y_T$ を $\{y_t\}$，あるいは $\{y_t\}_{t=1}^{T}$ と表す．

▶対数変換：$\log y_t$

分析対象の原系列 $\{y_t\}$ の値が増大するにつれて，その変動も大きくなるような系列に対して，変動をある程度同じ大きさにする目的で利用される．また価格のように正値のみをとる系列を対数変換することで，正規分布と対応させるために利用される場合もある．

▶差分（階差）：$\Delta y_t = y_t - y_{t-1}$

図 9.1（上）の円相場のように**トレンド**（傾向，趨勢）をもっている系列に適用することで，そのトレンドを取り除くことができる．例えば時点 t に関して y_t を $y_t = a + bt$ と表すことができる場合は

$$\Delta y_t = (a+bt) - (a+b(t-1)) = b$$

となる．

1）1 ドル 120 円のときと 1 ドル 90 円のときを比べると，1 ドルとの交換に 120 円必要である前者と比べ，90 円でよい後者の方が円の価値が高い．このように円相場（対ドル）の値が比較する時点のものと比べて，小さいときに円高，大きいときは円安とよばれる．

2）出典：WDC-SILSO, Royal observatory of Belgium.

3）確率変数，期待値，分散，推定といった事項に関して十分な知識のない読者は，本書第 8 章および，[1]などを参考のこと．

▶**対数差分**：$\Delta\log y_t$

原系列 $\{y_t\}$ の変化率，成長率を分析対象とする場合，原系列の対数差分 $\Delta\log y_t$ をもちいることがある．時点の間隔が短い場合，変化率 $(y_t-y_{t-1})/y_{t-1}$ は，通常ゼロに近い小さな値をとることから，$\Delta\log y_t$ のテイラー展開による1次近似より，y_t の変化率を $\Delta\log y_t$ としている[4]．

$$\Delta\log y_t=\log\left(1+\frac{y_t-y_{t-1}}{y_{t-1}}\right)\approx\frac{y_t-y_{t-1}}{y_{t-1}}$$

▶**移動平均法**

図9.2(上)は2013年1月1日から2015年4月30日の大阪の日中最高気温である[5]．最高気温は，季節の変遷にともない大きく循環し，その循環の周りで日々の細かい変動を示しているように見える．この系列から小さく不規則に変動している部分を除去し，滑らかに大きく循環している部分を取り出す方法の一つとして以下で定義される**移動平均**がある．

$$\bar{y}_t^{(k)}=\frac{1}{2k+1}\sum_{j=-k}^{k}y_{t+j}$$

これは y_t を中心とする $2k+1$ 項の算術平均であることから，$2k+1$ 項の移動

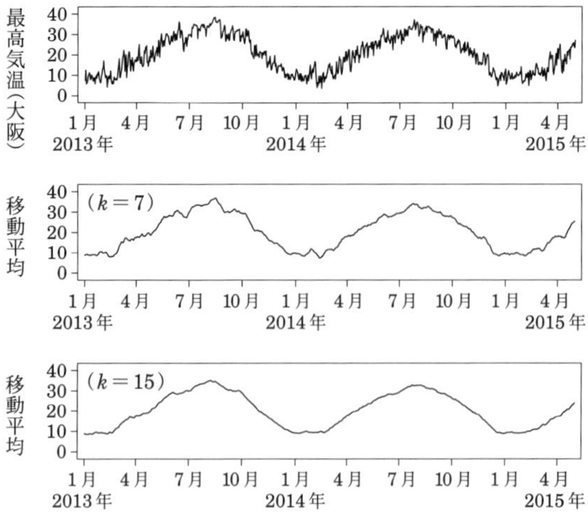

図9.2 大阪の日中最高気温

平均とよばれている．項数が偶数 $2k$ の場合，$y_{t-k}, \cdots, y_{t+k-1}$ の中心は y_t ではなくなるので，$y_{t-k}, \cdots, y_{t+k-1}$ と $y_{t-k+1}, \cdots, y_{t+k}$ のそれぞれの算術平均を

$$\frac{1}{2}\left(\frac{1}{2k}\sum_{j=-k}^{k-1} y_{t+j} + \frac{1}{2k}\sum_{j=-k}^{k-1} y_{t+j+1}\right)$$

と，さらに算術平均したものを移動平均とする．

図 9.2 の中段は 15 項 ($k=7$)，下段は 31 項 ($k=15$) の移動平均を示しており，k の値が大きくなるにつれて，移動平均は滑らかになっていくことがわかる．またこのように原系列を滑らかな系列に変換することを**平滑化**とよんでいる6)．

9.1.2 ●データ生成過程

不規則に変動する時系列データは，その時系列を生成する確率的な過程が背後にあり，観測された時系列データはそこからの実現値であると考えてみる．そのデータを生成する確率過程をなんらかの方法で表現することができれば，それを利用して分析対象となる系列の予測や他の系列との関係などについての推論が可能となる．ここではそのような考え方を理解するために必要な事項の説明をおこなう．以下，時点 t で実現する確率変数を y_t とし，その確率変数の列 $y_1, y_2, \cdots$ を $\{y_t\}$ と表す7)．

▶期待値と自己共分散

$\{y_t\}$ に関して，各時点 t における**期待値**を $\mathrm{E}[y_t]=\mu_t$ とする．時点差 s の y_t と y_{t-s} $(s=0, \pm1, \cdots)$ の共分散

$$\mathrm{cov}[y_t, y_{t-s}] = \mathrm{E}[(y_t-\mu_t)(y_{t-s}-\mu_{t-s})]$$

は時差 s の**自己共分散**とよばれている．時差ゼロの自己共分散は分散 $\mathrm{var}[y_t]$ に対応している．この自己共分散は一般には時点 t にも依存する．

4）株価や為替レートの変化率は収益率，リターンとよばれており，対数差分系列がもちいられる．
5）出典：気象庁ホームページ(http://www.jma.go.jp)．
6）平滑化にはほかにスプライン関数をもちいる方法などがある．
7）これまで t で観測された時系列データを y_t としていたが，記号が煩雑になることを避けるため，ここでの y_t は確率変数として同じ記号を使っている．また y_t の期待値と分散について，それらは存在すると仮定する．

▶定常過程

確率変数の系列 $\{y_t\}$ の性質として，平均的な傾向は，その期待値 μ_t によって，また異なる 2 時点間での従属性については自己共分散によってとらえることができるが，それらに対して以下のことを仮定する．

1. $\mathrm{E}[y_t] = \mu$
2. $\mathrm{cov}[y_t, y_{t-s}] = \gamma(s), \quad s = 0, \pm 1, \pm 2, \cdots$

このとき $\{y_t\}$ は**定常過程**，または単に**定常**であるという．ここで課された 2 つの仮定はそれぞれ，期待値(平均)は時点に依存せず一定であること，異時点間の共分散はその時差のみに依存すること，を確率変数の系列 $\{y_t\}$ に関して要請するものである[8)]．

▶自己相関

自己共分散は確率変数の系列 $\{y_t\}$ の時間的な従属性を表すが，測定単位に依存するため，以下のように自己共分散を基準化した量である**自己相関**が利用される．

$$\rho(s) = \frac{\gamma(s)}{\gamma(0)}$$

$|\rho(s)| \leqq 1$ であり，絶対値が 1 に近いほど相関の程度が強い．定常過程であるとき，その系列の異時点間での相関の強さは時点にはよらず，その時差のみに依存している．自己共分散 $\gamma(s)$，自己相関 $\rho(s)$ を時差 s の関数としてみなしたものはそれぞれ**自己共分散関数**，**自己相関関数**，また自己相関関数のグラフを**コレログラム**とよんでいる[9)]．コレログラムは分析対象の時系列の時点間の相関構造を視覚的にとらえる上で有用なものである．

▶ホワイト・ノイズ

定常過程のなかでも，互いに**無相関**な確率変数の系列を**ホワイト・ノイズ**とよんでいる．例えば $\{\varepsilon_t\}$ について，$\mathrm{E}[\varepsilon_t] = 0$，$\mathrm{var}[\varepsilon_t] = \sigma^2$，$\mathrm{cov}[\varepsilon_t, \varepsilon_{t-s}] = \mathrm{E}[\varepsilon_t \varepsilon_{t-s}] = 0\,(s \neq 0)$ であるとき，$\{\varepsilon_t\}$ はホワイト・ノイズである．定義からホワイト・ノイズの自己共分散関数，自己相関関数については $\gamma(s) =$

$\rho(s)=0\,(s\neq 0)$ である．

9.2 ● 自己相関に関する統計的推測

分析対象の時系列に定常性を仮定すると，その系列の特徴は，期待値，自己共分散関数，自己相関関数によって表すことができるが，実際にはそれらの値は未知であり，観測されたデータから推定する必要がある．

9.2.1 ●推定

時点 $1,2,\cdots,T$ で観測された定常な時系列データを $\{y_1,y_2,\cdots,y_T\}$ とする．このとき期待値 μ，時差 $s\geqq 0$ の自己共分散関数 $\gamma(s)$，自己相関関数 $\rho(s)$ のそれぞれの推定値は以下であたえられる．

$$\hat{\mu}=\frac{1}{T}\sum_{t=1}^{T}y_t \tag{9.1}$$

$$\hat{\gamma}(s)=\frac{1}{T}\sum_{t=s+1}^{T}(y_t-\hat{\mu})(y_{t-s}-\hat{\mu}) \tag{9.2}$$

$$\hat{\rho}(s)=\frac{\hat{\gamma}(s)}{\hat{\gamma}(0)} \tag{9.3}$$

これらはそれぞれ**標本平均**，**標本自己共分散関数**，**標本自己相関関数**とよばれている．

9.2.2 ●仮説検定

もし $\rho(1)$ がゼロであれば，y_t と y_{t-1} との相関はゼロであるが，$\rho(1)$ を推定した値である $\hat{\rho}(1)$ は必ずしもゼロとはならない[10]．したがって，一般に標本自己相関関数 $\hat{\rho}(s)$ がゼロに近い値をとったとしても，真の $\rho(s)$ がゼロであるかどうかは自明ではなく，なんらかの方法で検証する必要がある．以

8）確率変数はそれが従う確率分布によって特徴づけられるが，ここではその確率分布自体ではなく，期待値と共分散によって定常性が特徴づけられている．この性質は**共分散定常**，**弱定常**ともよばれている．他方，$\{y_t\}$ の確率分布で特徴づけられる定常性は**強定常**とよばれ，強定常なら弱定常であるが，その説明は割愛する．

9）定義上 $\gamma(s)=\gamma(-s)$ であるので，コレログラムは $s\geqq 0$ のときのグラフが図示される．ただし $\rho(0)=1$ は自明なので，コレログラムでは $s=0$ は図示しないことも多い．

10）例えば，表が出る確率が 0.5 のコインを 10 回投げたとき，投げた回数に対する表が出た回数の比率は，必ずしも 0.5 とはならないことと理屈は同じである．

下では$\rho(s)$が$s>0$でゼロかどうか，すなわち$\{y_t\}$が無相関な系列かどうかを検証する簡便な方法について説明する[11]．

$\{y_t\}$がホワイト・ノイズであれば，すべての$s>0$に関して$\rho(s)=0$であり，そのとき標本自己相関関数$\hat{\rho}(s)$は漸近的に平均ゼロ，分散$1/T$の正規分布に従うことが知られている[12]．よって$\hat{\rho}(s)$は，確率0.95で$\pm 1.96/\sqrt{T}$の間に入っていることになる[13]．

ここで，帰無仮説H_0と対立仮説H_1を

H_0：$\{y_t\}$は無相関,

H_1：$\{y_t\}$は無相関ではない

とすると，実際の推定値$\hat{\rho}(s)$が$\pm 1.96/\sqrt{T}$の間に入らない$\hat{\rho}(s)$を与える$s>0$があった場合は，帰無仮説は有意水準5%で棄却され，$\{y_t\}$は無相関ではないと結論する．

例として図9.1(上)の円相場について考える．図からわかるように円相場には上昇トレンドがあり，その平均は時点に依存し，定常な過程とみなすことはできない．一方，円相場の変化率(図9.3(上))は定常とみなすことができそうである．この変化率に関するコレログラムは図9.3(下)に示されている[14]．コレログラムの横軸は時差sを，また図中の点線は$\pm 1.96/\sqrt{T}$を表している．このコレログラムから，為替レートの変化率の系列の自己相関関数

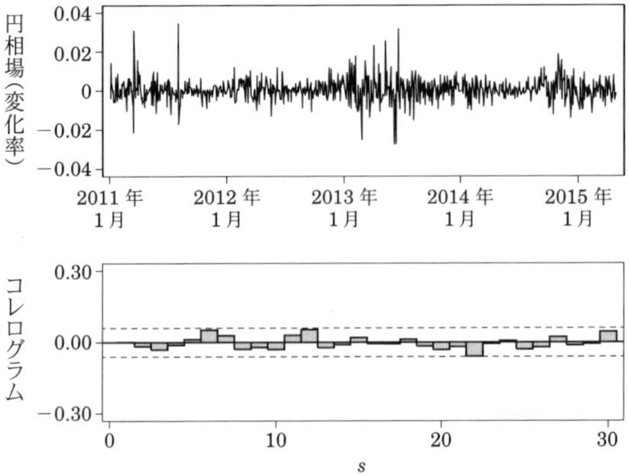

図9.3 為替レートの変化率(上)，コレログラム(下)

はすべての s に関して，それらがゼロであるという帰無仮説は有意水準 5% で棄却されないと判断できる．したがって，為替レートの変化率は無相関であり，ある期の変化率がプラスであったからといって，次の期の変化率がプラスであるとか，マイナスであるという相関関係はなく，現時点までの変化率の値を知っていたとしても，その情報は将来の変化率の予想には役に立たないと結論できる．

9.3 ● 時系列モデル

時系列データには，それを生み出す何らかの法則や構造が背後にあると考える．そうすると，その法則や構造を利用することで時系列データに関するさまざまな推測が可能となる．ここではそのような法則や構造を表すものをモデル，あるいは過程とよび，代表的なものについて説明する．

9.3.1 ● 自己回帰過程

時系列データを生成する過程を表現するにあたって利用できるものは，その系列自身(現在および過去の値)のみとすると，第 3 章の重回帰分析と同じように y_t を従属変数とし，$y_{t-1}, \cdots, y_{t-p}$ を説明変数，$\phi_0, \cdots, \phi_p$ は定数の係数とするモデルを考えることができる．

$$y_t = \phi_0 + \phi_1 y_{t-1} + \cdots + \phi_p y_{t-p} + \varepsilon_t \tag{9.4}$$

ただし誤差項 ε_t は平均ゼロ，分散 σ^2 のホワイト・ノイズであると仮定する．(9.4)は y_t 自身の 1 時点前から p 時点前の過去の値で表現されているので，$\{y_t\}$ が(9.4)から生成されているとき，$\{y_t\}$ は次数 p の**自己回帰過程**(autoregressive process)，あるいは AR(p) 過程に従っているという．また(9.4)を次数 p の**自己回帰モデル**とよび，AR(p) モデルと略記する．

---

11) 個々の $\rho(s)=0$ かどうかの検定に関しては[2]を参照されたい．

12) 分析対象の時系列が定常であることを前提としている．また漸近的というのは，推定にもちいるデータの数 T が無限大になる状況を指している．実際には T が無限大になることはないが十分に大きい数であれば，漸近的な性質は近似的に成立していると考える．

13) X が平均ゼロ，分散 σ^2 の正規分布に従っているとすると，$\Pr(-1.96\sigma < X < 1.96\sigma) = 0.95$ であることに由来する．

14) $\rho(0)=1$ は表示していない．

▶AR(1)過程

$\{y_t\}$ が定常な AR(1) 過程に従っているとする．

$$y_t = \phi_0+\phi_1 y_{t-1}+\varepsilon_t \tag{9.5}$$

右辺の y_{t-1} に $\phi_0+\phi_1 y_{t-2}+\varepsilon_{t-1}$ を代入し，整理すると

$$y_t = \phi_0+\phi_1\phi_0+\phi_1^2 y_{t-2}+\varepsilon_t+\phi_1\varepsilon_{t-1}$$

となる．この代入を繰り返していくと y_t は形式的に

$$y_t = \lim_{k\to\infty}\phi_1^k y_{t-k}+\phi_0\sum_{k=0}^{\infty}\phi_1^k+\sum_{k=0}^{\infty}\phi_1^k\varepsilon_{t-k} \tag{9.6}$$

と表現することができ，条件 $|\phi_1|<1$ のもと，期待値 $\mu=\mathrm{E}[y_t]=\phi_0/(1-\phi_1)$，自己共分散関数と自己相関関数はそれぞれ

$$\gamma(s)=\frac{\sigma^2\phi_1^s}{1-\phi_1^2},\qquad \rho(s)=\phi_1^s,\qquad s\geqq 0$$

となる．AR(1) 過程の自己相関関数 $\rho(s)$ は，時点差 s の増加とともに指数的に減衰していくことが特徴である．ここで示した y_t の期待値や自己共分散からもわかるように，条件 $|\phi_1|<1$ は，(9.5)の AR(1) 過程が定常過程であるための条件になっている[15)]．

9.3.2 ●移動平均過程

$\{\varepsilon_t\}$ を平均ゼロ，分散 σ^2 のホワイト・ノイズとしたとき，$\{y_t\}$ が(9.7)のように $1,\theta_1,\cdots,\theta_q$ をウエイトとする $\varepsilon_t,\varepsilon_{t-1},\cdots,\varepsilon_{t-q}$ の線形和から生成されているとき，$\{y_t\}$ は次数 q の**移動平均過程**(moving average process)，あるいは MA(q) 過程に従っているといい，(9.7)を次数 q の**移動平均モデル**(MA(q) モデル)とよぶ．

$$y_t = \mu+\varepsilon_t+\theta_1\varepsilon_{t-1}+\cdots+\theta_q\varepsilon_{t-q} \tag{9.7}$$

AR 過程と異なり，MA 過程はモデルのパラメータ $\theta_1,\cdots,\theta_q$ によらず定常過程となっている．

一般に，定常な AR 過程は MA(∞) 過程として表現できることが知られており，(9.5)から(9.6)はその例にもなっている．他方，特定の条件のもとで MA 過程は AR(∞) 過程として表すことができ，そのような MA 過程は**反転可能**とよばれている[16)]．

▶MA(1)過程

$\{y_t\}$ が以下の MA(1) 過程に従っているとする.

$$y_t = \mu + \varepsilon_t + \theta_1 \varepsilon_{t-1} \tag{9.8}$$

y_t の期待値と分散に関しては，それぞれ $\mathrm{E}[y_t] = \mu$, $\mathrm{var}[y_t] = (1+\theta_1^2)\sigma^2$，また自己共分散関数，自己相関関数は以下で与えらえる.

$$\gamma(1) = \theta_1 \sigma^2, \quad \gamma(s) = 0, \quad s \geqq 2 \tag{9.9}$$

$$\rho(1) = \frac{\theta_1}{1+\theta_1^2}, \quad \rho(s) = 0, \quad s \geqq 2 \tag{9.10}$$

これらはMA(1) 過程に関するものであるが，MA(q) 過程に関しては，次数 q より大きな時点差の自己共分散関数，自己相関関数がゼロとなっていることがその顕著な特徴となっている.

9.3.3 ●自己回帰移動平均過程

AR 過程と MA 過程はそれぞれ特徴的な性質をもっているが，それらを併せ持つ過程として，**自己回帰移動平均過程**(autoregressive moving average process)があり，ARMA 過程とよばれている．以下は AR の次数が p で，MA の次数が q の ARMA 過程で ARMA(p, q) と表記される.

$$y_t = \phi_0 + \phi_1 y_{t-1} + \cdots + \phi_p y_{t-p} + \varepsilon_t + \theta_1 \varepsilon_{t-1} + \cdots + \theta_q \varepsilon_{t-q} \tag{9.11}$$

9.3.4 ●各過程の自己相関関数

ここでは例として，AR(1) 過程，AR(2) 過程，MA(1) 過程，MA(2) 過程，そして ARMA(1, 1) 過程のコレログラムについてみていく[17].

図 9.4(次ページ)は $\{y_t\}$ が，それぞれの過程に従う場合のコレログラムである．(a)と(b)は AR(1) 過程，(c)は AR(2) 過程に関するもので，時差 s の増加とともに自己相関は減衰している．一方，(d)と(e)はそれぞれ次数 1 と 2 の MA 過程のコレログラムで，次数を超えた時差の自己相関から切断されたようにゼロになっている特徴が表れている．最後の(f)は ARMA(1, 1) 過

15) 他方，(9.4)の AR(p)過程の定常性の条件は，特性方程式 $\phi(z) = 1-\phi_1 z-\phi_2 z^2-\cdots-\phi_p z^p = 0$ の根の絶対値がすべて 1 より大きいことである.

16) MA 過程の反転可能性や AR 過程の定常性に関しては[3]が詳しい.

17) AR(p) 過程，MA(q) 過程，ARMA(p, q) 過程のそれぞれに対応する自己相関関数の明示的な表現については，[3]を参照されたい.

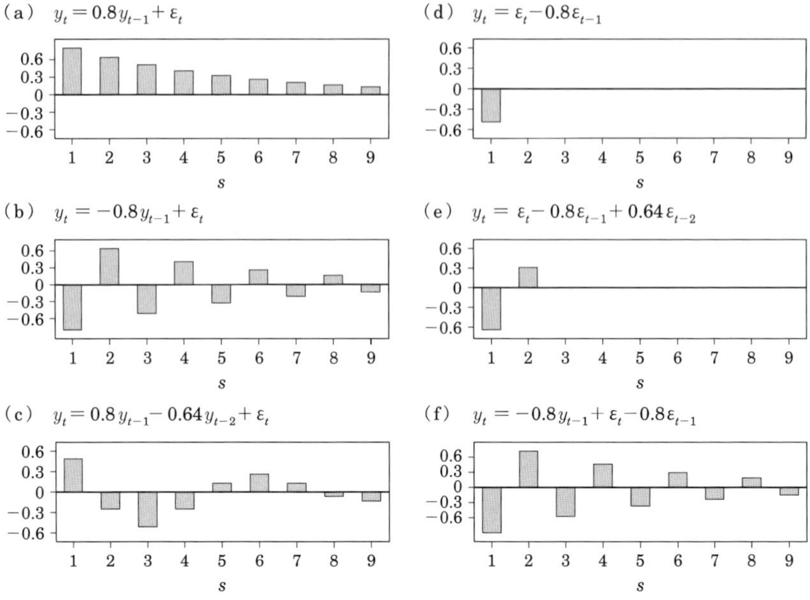

図 9.4 各過程のコレログラム

程のコレログラムで，その形状はAR過程のものと似た形状になっている．

図9.4は，それぞれの過程から理論的にわかっている自己相関関数を描いたものである．しかし，観測された時系列データが，どの過程から生成されているかは実際にはわからない．そこで自己相関を(9.3)で与えた標本自己相関関数によって推定し，図9.4で示された各過程がもつ特徴に照らし合わせて，時系列モデルを特定化していくことになる．

9.4 ● モデルの特定化，推定，診断

第9.3節でとりあげたAR過程，MA過程，ARMA過程はそれぞれモデルとして表現されているが，モデルに含まれているパラメータの値は未知である．したがって，モデルを使って予測などの統計的な推測を行うには，観測された時系列データをもちいて未知パラメータを推定する必要がある．

観測された時系列データは必ずしも定常とは限らないが，定常でない場合

は第 9.1 節で説明したような差分や対数変換を施し，以下では推定するモデルが対象としている時系列データ $\{y_t\}$ は定常になっているものとして説明を進める．

9.4.1 ●モデルの特定化

第 9.3 節で説明したように標本自己相関関数の形状は，分析対象の時系列データが AR 過程に従っているのか，MA 過程に従っているのか，あるいは ARMA 過程なのかを判断する手がかりを与えてくれる．もう一つの手がかりとなるのが**標本偏自己相関関数**である．例えば，時差 3 の自己相関は y_t と y_{t-3} の相関関係を表すが，その関係には，時点 $t-3$ と時点 t の間の y_{t-1} と y_{t-2} の影響も含まれている．その y_{t-1} と y_{t-2} の影響を自己相関から取り除いたものが**偏自己相関**である．モデルを特定化する上で有用となる(時差 $s \geqq 1$ の)自己相関関数と偏自己相関関数の性質をまとめたものが表 9.1 である[18)]．標本自己相関関数と標本偏自己相関関数の形状に関して，それぞれの過程が異なる特徴をもっているので観測された時系列データがどの過程に従っているかの判断はある程度可能である．しかしながら，関数の形状から次数 p や q を決定することは必ずしも容易ではなく，通常は後述する**モデル選択**とよばれる方法によって次数を決定することになる．

表 9.1　ACF と PACF 形状

	自己相関関数	偏自己相関関数
WN	ゼロ	ゼロ
AR(p)	減衰	$p+1$ 次以降ゼロ
MA(q)	$q+1$ 次以降ゼロ	減衰
ARMA(p,q)	減衰	減衰

WN：ホワイト・ノイズ

9.4.2 ●モデルの推定

ここでは二つの推定方法について説明する．一つは最小 2 乗法で AR モデルの推定で利用されることが多い．もう一つは最尤法で，AR モデル，MA

18) 自己相関関数，偏自己相関関数はそれぞれの英語表記 autocorrelation function，partial autocorrelation function の略語として ACF，PACF と表記することも多い．

モデル，ARMA モデルのいずれにも適用できる推定法である．

▶最小2乗法

観測されている時系列データ $\{y_t\}_{t=1}^T$ は以下の AR(p) モデルから生成されているとする．

$$y_t = \boldsymbol{x}_t'\boldsymbol{\phi} + \varepsilon_t$$

ただし $\boldsymbol{x}_t = (1, y_{t-1}, \cdots, y_{t-p})'$，$\boldsymbol{\phi} = (\phi_0, \cdots, \phi_p)'$ とし，誤差項には $\varepsilon_t \sim i.i.d.(0, \sigma^2)$ を仮定する[19)20)]．

AR(p) モデルでは時点 $p+1$ から時点 T に関して，従属変数 y_t も説明変数 $\boldsymbol{x}_t$ も観測されるので，**最小2乗法**(OLS: ordinary least squares)によって未知の係数 $\boldsymbol{\phi}$ を推定することができる．すなわち以下の関数

$$g(\boldsymbol{\phi}) = \sum_{t=p+1}^{T} \varepsilon_t^2 = \sum_{t=p+1}^{T} (y_t - \boldsymbol{x}_t'\boldsymbol{\phi})^2$$

を最小にする $\boldsymbol{\phi}$ を OLS 推定値 $\hat{\boldsymbol{\phi}}$ とする．

$$\hat{\boldsymbol{\phi}} = \left(\sum_{t=p+1}^{T} \boldsymbol{x}_t\boldsymbol{x}_t'\right)^{-1} \sum_{t=p+1}^{T} \boldsymbol{x}_t y_t \tag{9.12}$$

誤差項の分散 σ^2 も未知であるが，$\boldsymbol{\phi}$ の OLS 推定値(9.12)をもちいた

$$\hat{\sigma}^2 = \frac{1}{T-p} \sum_{t=p+1}^{T} (y_t - \boldsymbol{x}_t'\hat{\boldsymbol{\phi}})^2$$

によって推定することができる．

OLS 推定値(9.12)の右辺の $\boldsymbol{x}_t$ と y_t には観測された時系列データ $\{y_t\}_{t=1}^T$ が代入されて，$\hat{\boldsymbol{\phi}}$ の値が定まっているが，$\{y_t\}_{t=1}^T$ を実現する前の確率変数とすれば，$\hat{\boldsymbol{\phi}}$ もまた確率変数である．このまだ実現していない確率変数としての $\hat{\boldsymbol{\phi}}$ を，$\boldsymbol{\phi}$ の推定量と呼び，実現した値である推定値と区別する．以下ではその推定量の性質に関して説明していく．

▶OLS 推定量 $\hat{\boldsymbol{\phi}}$ の性質

回帰モデル $y_t = \boldsymbol{x}_t'\boldsymbol{\phi} + \varepsilon_t$ の説明変数 $\boldsymbol{x}_t$ は確率変数で，モデルの誤差項 ε_t とは独立であるものの，ε_{t-j} ($j \geqq 1$) とは相関を持つため，OLS 推定量 $\hat{\boldsymbol{\phi}}$ は $\boldsymbol{\phi}$ の不偏推定量とはならない．しかし漸近的な性質である一致性を有しており，さらに以下に示すように漸近的に正規分布に従うことが知られている．

まずOLS推定量(9.12)の右辺の y_t に $\boldsymbol{x}_t'\boldsymbol{\phi}+\varepsilon_t$ を代入し整理すると

$$\sqrt{T}(\hat{\boldsymbol{\phi}}-\boldsymbol{\phi})=\left(\frac{1}{T}\sum_{t=p+1}^{T}\boldsymbol{x}_t\boldsymbol{x}_t'\right)^{-1}\frac{1}{\sqrt{T}}\sum_{t=p+1}^{T}\boldsymbol{x}_t\varepsilon_t$$

となり，$T\to\infty$ のとき，標準的な仮定のもと

$$\frac{1}{T}\sum_{t=p+1}^{T}\boldsymbol{x}_t\boldsymbol{x}_t'\xrightarrow{p}\boldsymbol{Q}=\mathrm{E}[\boldsymbol{x}_t\boldsymbol{x}_t'],$$

$$\frac{1}{\sqrt{T}}\sum_{t=p+1}^{T}\boldsymbol{x}_t\varepsilon_t\xrightarrow{d}\mathrm{N}(\boldsymbol{0},\sigma^2\boldsymbol{Q}),$$

が成立する．ただし $\mathrm{E}[y_t]=\mu$，$\mathrm{cov}[y_t,y_{t-s}]=\gamma(s)$，

$$\boldsymbol{Q}=\begin{pmatrix}1 & \mu & \mu & \cdots & \mu\\ \mu & \gamma(0)+\mu^2 & \gamma(1)+\mu^2 & \cdots & \gamma(p-1)+\mu^2\\ \mu & \gamma(1)+\mu^2 & \gamma(0)+\mu^2 & \cdots & \gamma(p-2)+\mu^2\\ \vdots & \vdots & \vdots & \ddots & \vdots\\ \mu & \gamma(p-1)+\mu^2 & \gamma(p-2)+\mu^2 & \cdots & \gamma(0)+\mu^2\end{pmatrix}$$

である．これらのことより $\boldsymbol{\phi}$ のOLS推定量 $\hat{\boldsymbol{\phi}}$ の漸近正規性に関して以下が導かれる．

$$\sqrt{T}(\hat{\boldsymbol{\phi}}-\boldsymbol{\phi})\xrightarrow{d}\mathrm{N}(\boldsymbol{0},\sigma^2\boldsymbol{Q}^{-1})$$

▶最尤法

MAモデルやARMAモデルは，直接観測することができない過去の誤差項 $\varepsilon_{t-1},\cdots,\varepsilon_{t-q}$ を説明変数にしており，その係数推定では単純な最小2乗法にかわって**最尤法**が用いられることが多い[21]．最尤法では確率変数が従う確率分布を具体的に定める必要があるが，通常は誤差項 ε_t は独立，同一な平均ゼロ，分散 σ^2 の正規分布に従うと仮定される．

そのような確率分布に関する仮定のもとで定式化された尤度関数を最大にするパラメータの値が最尤推定値となる．ただし実際には尤度関数を対数変換した**対数尤度関数**が未知のパラメータに関して最大化される．

以下，最小2乗法との比較のため，例としてAR(p) モデルの最尤推定に

19) 記号 $'$ は転置を表している．

20) $\varepsilon_t\sim i.i.d.(0,\sigma^2)$ は ε_t が平均ゼロ，分散 σ^2 の独立，同一分布に従うこと(independently and identically distributed)を表している．互いに独立な確率変数列は無相関な確率変数列でもあるので，この仮定のもとでも ε_t はホワイト・ノイズである．

21) ARMAモデルの最尤法については，[4]を参照されたい．

ついて考える．推定対象となる未知パラメータは $\boldsymbol{\theta}=(\boldsymbol{\phi},\sigma^2)$ である．誤差項 ε_t は独立に平均ゼロ，分散 σ^2 の正規分布にしたがっていると仮定する．このとき $\{y_t\}_{t=1}^T$ のはじめの p 個からなるベクトル $\boldsymbol{y}_p=(y_1,y_2,\cdots,y_p)'$ は平均ベクトル $\boldsymbol{\mu}_p$，分散共分散行列 $\sigma^2\boldsymbol{V}_p$ の多変量正規分布にしたがっている．ただし

$$\boldsymbol{\mu}_p=\mu\begin{pmatrix}1\\1\\\vdots\\1\end{pmatrix},\qquad \mu=\frac{\phi_0}{1-\phi_1-\phi_2-\cdots-\phi_p},$$

$$\sigma^2\boldsymbol{V}_p=\begin{pmatrix}\gamma(0)&\gamma(1)&\cdots&\gamma(p-1)\\\gamma(1)&\gamma(0)&\cdots&\gamma(p-2)\\\vdots&\vdots&\ddots&\vdots\\\gamma(p-1)&\gamma(p-2)&\cdots&\gamma(0)\end{pmatrix}$$

で，$(y_1,\cdots,y_p)$ の同時確率密度関数は

$$\begin{aligned}&f_{Y_1,\cdots,Y_p}(y_1,\cdots,y_p;\boldsymbol{\theta})\\&\quad=\frac{1}{(2\pi)^{p/2}}\frac{1}{|\sigma^2\boldsymbol{V}_p|^{1/2}}\exp\left\{-\frac{1}{2\sigma^2}(\boldsymbol{y}_p-\boldsymbol{\mu}_p)'\boldsymbol{V}_p^{-1}(\boldsymbol{y}_p-\boldsymbol{\mu}_p)\right\}\end{aligned}$$

である．

表記を簡潔にするために $\mathcal{Y}_\ell=(y_1,y_2,\cdots,y_\ell)$ とおき，$\mathcal{Y}_{p+1}$ の同時確率密度関数を $\mathcal{Y}_p$ の同時確率密度関数と $\mathcal{Y}_p$ を条件とする y_{p+1} の条件付き確率密度関数との積によって表す．

$$f_{Y_1,\cdots,Y_{p+1}}(\mathcal{Y}_{p+1};\boldsymbol{\theta})=f_{Y_1,\cdots,Y_p}(\mathcal{Y}_p;\boldsymbol{\theta})\times f_{Y_{p+1}|Y_1,\cdots,Y_p}(y_{p+1}|\mathcal{Y}_p;\boldsymbol{\theta})$$

同様に $\mathcal{Y}_{p+2}$ の同時確率密度関数は

$$\begin{aligned}f_{Y_1,\cdots,Y_{p+2}}(\mathcal{Y}_{p+2};\boldsymbol{\theta})&=f_{Y_1,\cdots,Y_{p+1}}(\mathcal{Y}_{p+1};\boldsymbol{\theta})f_{Y_{p+2}|Y_1,\cdots,Y_{p+1}}(y_{p+2}|\mathcal{Y}_{p+1};\boldsymbol{\theta})\\&=f_{Y_1,\cdots,Y_p}(\mathcal{Y}_p;\boldsymbol{\theta})\prod_{t=p+1}^{p+2}f_{Y_t|Y_1,\cdots,Y_{t-1}}(y_t|\mathcal{Y}_{t-1};\boldsymbol{\theta})\end{aligned}$$

と表されることから，$\mathcal{Y}_T=(y_1,\cdots,y_T)$ の同時確率密度関数は

$$f_{Y_1,\cdots,Y_T}(\mathcal{Y}_T;\boldsymbol{\theta})=f_{Y_1,\cdots,Y_p}(\mathcal{Y}_p;\boldsymbol{\theta})\times\prod_{t=p+1}^{T}f_{Y_t|Y_1,\cdots,Y_{t-1}}(y_t|\mathcal{Y}_{t-1};\boldsymbol{\theta})$$

となることがわかる．ここで $\{y_t\}_{t=1}^T$ が AR(p) モデルから生成されていることを考慮すれば

$$f_{Y_t|Y_1,\cdots,Y_{t-1}}(y_t|\mathcal{Y}_{t-1};\boldsymbol{\theta})=f_{Y_t|Y_{t-p},\cdots,Y_{t-1}}(y_t|y_{t-p},\cdots,y_{t-1};\boldsymbol{\theta})$$

$$= \frac{1}{\sqrt{2\pi\sigma^2}} \exp\left\{ -\frac{1}{2\sigma^2}(y_t - \boldsymbol{x}_t'\boldsymbol{\phi})^2 \right\}$$

であり，このことを使うと対数尤度関数は

$$\begin{aligned}
\log L(\boldsymbol{\theta}) &= \log f_{Y_1,\cdots,Y_T}(y_1, \cdots, y_T; \boldsymbol{\theta}) \\
&= \log f_{Y_1,\cdots,Y_p}(\mathcal{Y}_p; \boldsymbol{\theta}) \\
&\quad + \sum_{t=p+1}^{T} \log f_{Y_t|Y_{t-p},\cdots,Y_{t-1}}(y_t | y_{t-p}, \cdots, y_{t-1}; \boldsymbol{\theta}) \\
&= -\frac{T}{2}\log(2\pi) - \frac{T}{2}\log(\sigma^2) + \frac{1}{2}\log|\boldsymbol{V}_p^{-1}| \\
&\quad - \frac{1}{2\sigma^2}(\boldsymbol{y}_p - \boldsymbol{\mu}_p)'\boldsymbol{V}_p^{-1}(\boldsymbol{y}_p - \boldsymbol{\mu}_p) - \frac{1}{2\sigma^2}\sum_{t=p+1}^{T}(y_t - \boldsymbol{x}_t'\boldsymbol{\phi})^2
\end{aligned} \tag{9.13}$$

となる．この対数尤度関数(9.13)を最大化する $\boldsymbol{\theta}$ が最尤推定量 $\hat{\boldsymbol{\theta}}_{ML}$ となる．その漸近的な性質に関しては，一致推定量であること，漸近的に正規分布に従うことが知られている．

対数尤度関数(9.13)にあらわれる $\boldsymbol{V}_p^{-1}$ は，以下の AR(1) や AR(2) の例

$$\mathrm{AR}(1): \boldsymbol{V}_1^{-1} = 1 - \phi_1^2,$$

$$\mathrm{AR}(2): \boldsymbol{V}_2^{-1} = \begin{pmatrix} 1-\phi_2^2 & -\phi_1(1+\phi_2) \\ -\phi_1(1+\phi_2) & 1-\phi_2^2 \end{pmatrix}$$

が示すようにモデルの未知パラメータで表現されるものである．

実は，未知パラメータを含む $\boldsymbol{V}_p^{-1}$ に関連する項が，対数尤度関数(9.13)を複雑にさせており，その最大化には数値的最適化の方法を用いる必要がある．この $\boldsymbol{V}_p^{-1}$ は対数尤度関数(9.13)を構成する $\log f_{Y_1,\cdots,Y_p}(\mathcal{Y}_p; \boldsymbol{\theta})$ に付随するもので，尤度を構成する他の項にはあらわれない．そこで $\mathcal{Y}_p$ は与えられたものとして条件付きの尤度を考えると，条件付き対数尤度関数は

$$\begin{aligned}
\log L_c(\boldsymbol{\theta}) &= \log f_{Y_{p+1},\cdots,Y_T|Y_1,\cdots,Y_p}(y_{p+1}, \cdots, y_T | \mathcal{Y}_p; \boldsymbol{\theta}) \\
&= \sum_{t=p+1}^{T} \log f_{Y_t|Y_{t-p},\cdots,Y_{t-1}}(y_t | y_{t-p}, \cdots, y_{t-1}; \boldsymbol{\theta}) \\
&= -\frac{T-p}{2}\log(2\pi) - \frac{T-p}{2}\log(\sigma^2) - \frac{1}{2\sigma^2}\sum_{t=p+1}^{T}(y_t - \boldsymbol{x}_t'\boldsymbol{\phi})^2
\end{aligned}$$

となり，この条件付き対数尤度関数の最大化は先に説明した最小 2 乗法での $g(\boldsymbol{\phi})$ の最小化と同じになり，条件付き最尤推定量と OLS 推定量が同じものであることがわかる．

AR(p) モデルにおける条件付き最尤法は，確率変数である $(y_1, \cdots, y_p)$ を所与と取り扱うため厳密ではないが，標本サイズが大きくなると，所与として扱った部分の影響は尤度全体の中では無視できるようになり，条件を付けない最尤推定量と条件付き最尤推定量，そして OLS 推定量の漸近的な性質は同一のものとなる．

▶モデル選択

AR モデルや MA モデルを含む ARMA(p, q) モデルの次数 p と q を適切に定めることは，さまざまなモデル候補の中から適切なモデルを選択することでもある．一般に，自己相関関数や偏自己相関関数だけからモデル選択をすることは容易ではなく，**情報量規準**とよばれる量が広く利用されている．モデルが複雑になれば，モデルのデータへのあてはまりは良くなるが，推定精度は下がることになる．そのようなモデルのデータへのあてはまりの良さ(尤度)とモデルの複雑さ(パラメータの数)の関係をうまくとらえて一つの量としているのが情報量規準である．もっとも代表的なものが **AIC**(Akaike's Information Criterion)

$$\mathrm{AIC}(p, q) = -2(\text{対数尤度の最大値}) + 2k$$

である．ここで k は推定したパラメータの数．この AIC を最小にする p, q を次数にもつ ARMA モデルが AIC の観点から一番良いモデルとして選択される．利用されることが多いもう一つの情報量規準には **SBC**(Schwarz's Bayesian Information Criterion)がある[22)]．AIC の右辺第 2 項が $2k$ であったのに対し，SBC ではその項が $k \log T$ となっており，$\log T > 2$ のとき AIC よりも次数が大きいモデルに対して厳しい規準となっている．

●例：太陽黒点数(モデル選択)

図 9.1 で示した月次の太陽黒点数のモデリングを考える．原系列の変化率(対数変換し差分をとったもの)を y_t とする(図 9.5：上段)．この変化率 y_t はゼロの周りで変動していることから，定数項のない ARMA(p, q) モデルをあてはめることを考える．

$$y_t = \sum_{i=1}^{p} \phi_i y_{t-i} + \varepsilon_t + \sum_{i=1}^{q} \theta_i \varepsilon_{t-i} \tag{9.14}$$

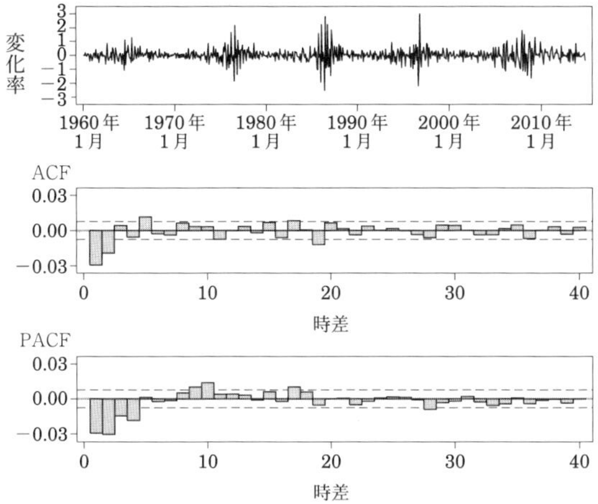

図 9.5 推定対象の系列(上)，ACF(中)，PACF(下)

自己相関(図 9.5：中段)，偏自己相関(図 9.5：下段)から推定対象の系列が ARMA 過程に従っていると推測はできるが，その次数の判断は難しい．

情報量規準 AIC と SBC について，その値が小さいものから三つをまとめたものが表 9.2 である．最小の AIC を与えるモデルは ARMA(3, 5) で，ARMA(1, 3) のときに 2 番目に小さな AIC となっているが，最小の AIC との差は大きくない．また ARMA(1, 3) は SBC を最小にするモデルでもある．

このように異なる規準が異なる結果を示すことは実際によく見受けられるが，モデルの候補を絞り込むことには成功しているといえる．

表 9.2 AIC と SBC によるモデル選択

	(p, q)	AIC	(p, q)	SBC
1	(3, 5)	788.01	(1, 3)	811.10
2	(1, 3)	788.67	(2, 3)	816.62
3	(5, 4)	789.36	(1, 4)	817.05

$0 \leqq p, q \leqq 7$ のモデルを比較．

22) BIC，SIC，あるいは SBIC とよばれる場合もある．

　最終的にどのモデルを選択するかは，次に説明するモデル診断の手続きを経ることになる．

9.4.3 ●モデル診断

　モデル選択により適切なモデルが選ばれたかどうかを確認するために，推定されたモデルから得られる残差系列に着目する．

　例えば ARMA(1, 1) モデル

$$y_t = \phi_0 + \phi_1 y_{t-1} + \varepsilon_t + \theta_1 \varepsilon_{t-1}$$

の定数項 ϕ_0 と係数 ϕ_1, θ_1 の推定値を $\hat{\phi}_0, \hat{\phi}_1, \hat{\theta}_1$ とすると，残差系列 $\hat{\varepsilon}_t$ は

$$\hat{\varepsilon}_t = y_t - (\hat{\phi}_0 + \hat{\phi}_1 y_{t-1} + \hat{\theta}_1 \hat{\varepsilon}_{t-1}), \qquad t = 1, \cdots, T$$

で与えられる．ただし $y_t = \hat{\varepsilon}_t = 0\ (t \leqq 0)$ とする．

　残差 $\hat{\varepsilon}_t$ はホワイト・ノイズが仮定されている誤差項 ε_t の推定値である．したがって，推定されたモデルが正しく特定化されていれば，残差系列 $\{\hat{\varepsilon}_t\}_{t=1}^{T}$ は無相関な系列になっていなければならない．

　残差系列の無相関性を検証するには，前回説明したコレログラムによる方法と以下で説明する**かばん検定**(portmanteau test)による方法がある．

▶かばん検定

　$\{y_t\}$ に対して，定数項のない ARMA(p, q) モデル(9.14)をあてはめたとき，その残差 $\hat{\varepsilon}_t$ の m 個の自己相関 $\rho(1), \cdots, \rho(m)$ がゼロかどうかをまとめて検定することによって，残差が無相関かどうかを検証する方法である．

　m を所与とし，帰無仮説を $\rho(1) = \cdots = \rho(m) = 0$，対立仮説は $\rho(1), \cdots, \rho(m)$ のうち，すくなくとも一つはゼロでない，とする．**Ljung-Box 統計量**とよばれる

$$Q^* = T(T+2)\sum_{j=1}^{m}\frac{\hat{\rho}(j)^2}{T-j} \tag{9.15}$$

は帰無仮説が正しいとき，漸近的に自由度 $(m-p-q)$ のカイ 2 乗分布に従う[23]．この Q^* が自由度 $(m-p-q)$ のカイ 2 乗分布の 95% 点より大きい場合，有意水準 5% で帰無仮説を棄却し，残差は無相関ではないと判断する[24]．残差が無相関でなければ，推定した ARMA(p, q) モデルが適切ではなかったことになる．

●例：太陽黒点数(モデル診断)

表 9.2 で ARMA モデルの次数選択の結果を与えたが，そこでは AIC によれば ARMA(3,5) が，SBC によれば ARMA(1,3) が選択されていた．ここではこの二つのモデル候補に関して，残差が無相関かどうかを検定する[25]．表 9.3 は $m=15,20,25,30$ に対する Ljung-Box 統計量 Q^* とその p 値である．残差系列が無相関であるという帰無仮説は，ARMA(3,5) では棄却されず，ARMA(1,3) では $m=20$ で棄却されている．したがって，ARMA(3,5) モデルが最も適切なモデルと判断できる．

表 9.3 Ljung-Box 統計量 Q^* と p 値

ARMA(3,5)

m	15	20	25	30
Q^*	10.229	17.177	20.148	27.895
p 値	0.176	0.143	0.267	0.180

ARMA(1,3)

m	15	20	25	30
Q^*	18.606	29.395	31.598	38.518
p 値	0.069	0.021	0.064	0.054

9.5 • 予測

時系列モデルを利用する目的の一つに，対象となる時系列の将来の値の予測がある．予測には，その値そのものを予測する**点予測**とその値が含まれている区間を予測する**区間予測**がある．以下では点予測に関する事項として最適予測について説明した後，区間予測について説明する．

23) この Q^* は Box-Pierce の Q 統計量を修正したものである．自由度が m ではなく，$(m-p-q)$ となることについては，定数項のない ARMA(p,q) モデルに関して理論的に示されている．推定されたモデルからの残差ではなく，原系列に直接，かばん検定を適用する場合，自由度は m となる．

24) 多くの統計ソフトで，このかばん検定を実行すると統計量 Q^* の値だけでなく，**p 値**を出力する．この p 値が 0.05 よりも小さいとき，有意水準 5% で帰無仮説を棄却する．

25) 簡便法である残差のコレログラムによる診断では，ARMA(3,5) の残差の無相関性は棄却されなかったが，ARMA(1,3) の方は棄却される結果となっている．

9.5.1 ●最適予測

平均がμである定常な時系列$\{y_t\}$に関して，$\{y_t\}_{t=1}^{T}$を用いたy_{T+1}の予測について考える．

y_{T+1}を予測するために$\{y_t\}_{t=1}^{T}$を用いて作られる$\hat{y}_{T+1}$を**予測量**とよぶ．さらに**予測誤差**$y_{T+1}-\hat{y}_{T+1}$の期待値がゼロであれば，その予測量は**不偏予測量**という．望ましい予測量の基準として，予測誤差の2乗の期待値である**平均2乗誤差**(MSE: Mean Squared Error)を考える．

$$\mathrm{MSE}[\hat{y}_{T+1}]=\mathrm{E}[(y_{T+1}-\hat{y}_{T+1})^2] \tag{9.16}$$

さまざまな不偏予測量のなかで，このMSEを最小にする予測量のことを**最適不偏予測量**とよぶ[26)]．

$\{y_t\}_{t=1}^{T}$を用いた1期先のy_{T+1}の任意の不偏予測量を$\tilde{y}_{T+1}$とすると，そのMSEに関して

$$\begin{aligned}\mathrm{MSE}[\tilde{y}_{T+1}]&=\mathrm{E}[(y_{T+1}-\tilde{y}_{T+1})^2]\\&=\mathrm{E}[(y_{T+1}-\mathrm{E}_T[y_{T+1}])^2]+\mathrm{E}[(\mathrm{E}_T[y_{T+1}]-\tilde{y}_{T+1})^2]\end{aligned} \tag{9.17}$$

が成立する．ただし$\mathrm{E}_T[y_{T+1}]$は$\{y_t\}_{t=1}^{T}$を所与としたy_{T+1}の**条件付き期待値**である．明らかに$\tilde{y}_{T+1}=\mathrm{E}_T[y_{T+1}]$としたとき(9.17)が最小化される．一般に$h$期先の$y_{T+h}$の予測に関しても同様に条件付き期待値$\mathrm{E}_T[y_{T+h}]$が$y_{T+h}$の最適予測量になる．以下ではこの$h$期先の最適予測量$\mathrm{E}_T[y_{T+h}]$を$\hat{y}_{T+h|T}$，その予測誤差$y_{T+h}-\hat{y}_{T+h|T}$を$\hat{\varepsilon}_{T+h|T}$とおく．

●例：AR(1)モデル

$\{y_t\}$がAR(1)モデル

$$y_t=\phi_0+\phi_1 y_{t-1}+\varepsilon_t \tag{9.18}$$

に従っているときの1期先予測量$\hat{y}_{T+1|T}$を考える[27)]．

$s\leqq T$のとき$\mathrm{E}_T[y_s]=y_s$，$s>T$のとき$\mathrm{E}_T[\varepsilon_s]=0$であることを利用すれば，$t=T+1$のときの(9.18)より

$$\hat{y}_{T+1|T}=\mathrm{E}_T[y_{T+1}]=\phi_0+\phi_1 y_T$$

$$\mathrm{MSE}[\hat{y}_{T+1|T}]=\mathrm{E}[\hat{\varepsilon}_{T+1|T}^2]=\mathrm{E}[\varepsilon_{T+1}^2]=\sigma^2$$

となる．

2期先予測に関しては$t=T+2$のときの(9.18)より

$$\hat{y}_{T+2|T}=\mathrm{E}_T[y_{T+2}]=\phi_0+\phi_1\mathrm{E}_T[y_{T+1}]$$

$$= \phi_0 + \phi_1 \hat{y}_{T+1|T} = \phi_0 + \phi_1(\phi_0 + \phi_1 y_T)$$

また予測誤差は $\hat{\varepsilon}_{T+2|T} = \phi_1 \hat{\varepsilon}_{T+1|T} + \varepsilon_{T+2} = \phi_1 \varepsilon_{T+1} + \varepsilon_{T+2}$ なので $\mathrm{MSE}[\hat{y}_{T+2|T}] = (1+\phi_1^2)\sigma^2$ である．

導出は示さないが，$\{y_t\}$ が(9.18)に従うとき，h 期先予測の最適予測量とその MSE は以下で与えられる．

$$\hat{y}_{T+h|T} = \frac{(1-\phi_1^h)\phi_0}{1-\phi_1} + \phi_1^h y_T \tag{9.19}$$

$$\mathrm{MSE}[\hat{y}_{T+h|T}] = \frac{(1-\phi_1^{2h})\sigma^2}{1-\phi_1^2} \tag{9.20}$$

最適予測量 $\hat{y}_{T+h|T}$ が y_T のみに依存しているのは，$\{y_t\}$ が AR(1) モデルに従っていることによる．(9.19)と(9.20)はそれぞれ

$$\lim_{h\to\infty} \hat{y}_{T+h|T} = \frac{\phi_0}{1-\phi_1} = \mathrm{E}[y_t]$$

$$\lim_{h\to\infty} \mathrm{MSE}[\hat{y}_{T+h|T}] = \frac{\sigma^2}{1-\phi_1^2} = \gamma(0) = \mathrm{var}[y_t]$$

となり，予測をしている時点 T から遠い将来を予測する場合(h が大きい場合)，最適予測量は $\mathrm{E}[y_t]$，その MSE は $\mathrm{var}[y_t]$ となることがわかる．

$s \leqq T$ のときは $\hat{y}_{s|T} = y_s$ であることに注意すれば，一般の AR(p) モデルの場合の h 期先の最適予測量は

$$\hat{y}_{T+h|T} = \phi_0 + \phi_1 \hat{y}_{T+h-1|T} + \cdots + \phi_p \hat{y}_{T+h-p|T}$$

で与えられる．(9.19)，(9.20)に相当するものはここでは紹介しないが，$\hat{y}_{T+h|T}$ が $y_T, \cdots, y_{T-p+1}$ にのみ依存している点を除いては，同様の性質が成り立っている[28)]．

9.5.2 ●区間予測

h 期先の y_{T+h} を予測対象としたとき，y_{T+h} が含まれている区間を予測する**区間予測**について説明する．これまで誤差項 $\{\varepsilon_t\}$ にはホワイト・ノイズを仮定してきたが，ここではさらにそれが従う分布として正規分布を仮定する．

---

26) 特に説明をしない限り，以下では最適不偏予測量を単に**最適予測**，**最適予測量**とよぶ．
27) 以降，簡単化のためにモデルのパラメータは既知として説明を行う．実際の予測の際には，パラメータにはその推定値を用いる．
28) MA モデルや ARMA モデルを用いた予測に関しては，[2]が詳しい．

y_{T+h} の区間予測には $\mathcal{Y}_T$ を所与とする y_{T+h} の**条件付き分布**が必要となる．詳細な導出は避けるが，y_{T+h} の条件付き分布は

$$y_{T+h}|\mathcal{Y}_T \sim \mathrm{N}(\hat{y}_{T+h|T}, \mathrm{MSE}[\hat{y}_{T+h|T}])$$

で与えられ，この条件付き分布より y_{T+h} の 95% の区間予測は

$$\hat{y}_{T+h|T} \pm 1.96\sqrt{\mathrm{MSE}[\hat{y}_{T+h|T}]}$$

となる．

●例：太陽黒点数（予測）

太陽黒点数の変化率 $\{y_t\}$ に関しては ARMA(3, 5) モデルが適切なモデルであったが，ここではそのモデルの推定結果を用いた予測を行う．3 本の点線の中央の太い点線が，2014 年 10 月時点の 1 期先から 6 期先の予測値である．上下の点線は 95% の区間予測を表している．中央の点線に重なる太字実線が実際の観測値で，その平均的な値に 2014 年 10 月時点での予測が対応している．

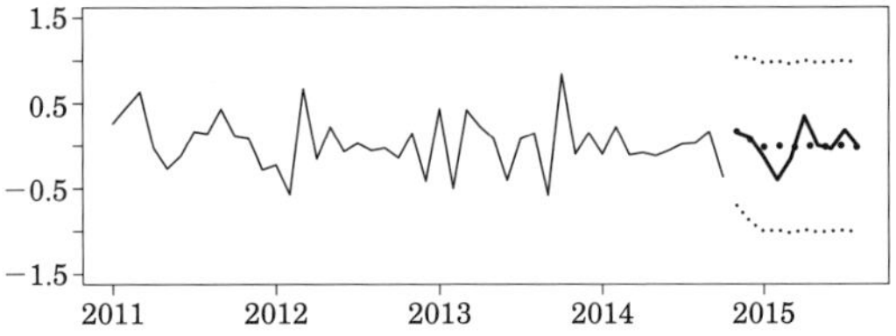

図 9.6　1 期先から 6 期先までの予測

9.6 ● 多変量自己回帰モデル

これまで 1 系列のデータを分析対象としてきたが，ここでは複数の時系列を同時に一つのモデルとして表し，時系列間の動学的な関連を明らかにする方法について説明する[29]．

9.6.1 ● 自己共分散行列，自己相関行列

n 変量の確率的な過程を確率変数の $n\times 1$ ベクトル $\boldsymbol{y}_t = (y_{1t}, y_{2t}, \cdots, y_{nt})'$ で $\{\boldsymbol{y}_t\}_{t=1}^T$ と表記する．これまでと同様に定常性を仮定し，$n\times 1$ の平均ベクト

ルに関しては $\mathrm{E}[\boldsymbol{y}_t]=\boldsymbol{\mu}$，$n\times n$ の自己共分散行列は

$$\mathrm{cov}[\boldsymbol{y}_t, \boldsymbol{y}_{t-s}] = \mathrm{E}[(\boldsymbol{y}_t-\boldsymbol{\mu})(\boldsymbol{y}_{t-s}-\boldsymbol{\mu})'] = \boldsymbol{\Gamma}(s)$$

とする．$\boldsymbol{\Gamma}(0)$ は $\boldsymbol{y}_t$ の分散共分散行列である．$\boldsymbol{\Gamma}(s)$ の (i,j) 要素を $\gamma_{ij}(s)$ とすれば

$$\rho_{ij}(s) = \frac{\gamma_{ij}(s)}{\sqrt{\gamma_{ii}(0)\gamma_{jj}(0)}}$$

を (i,j) 要素にもつ**自己相関行列** $\boldsymbol{P}(s)$ が定義できる．

簡単化のため以下では $\boldsymbol{\mu}=0$ とし，2 変量 $(n=2)$ とする．自己共分散行列 $\boldsymbol{\Gamma}(s)$ の非対角要素 $\gamma_{12}(s)$ は $\mathrm{E}[y_{1t}y_{2t-s}]$ であるが，$\boldsymbol{\Gamma}(-s)$ に関しては $\gamma_{12}(-s)=\mathrm{E}[y_{1t}y_{2t+s}]$ なので，必ずしも $\gamma_{12}(s)$ と $\gamma_{12}(-s)$ は等しくならない．一方，$\gamma_{12}(-s)=\mathrm{E}[y_{1t-s}y_{2t}]$ でもあるので，$\gamma_{12}(-s)=\gamma_{21}(s)$ は成立している．一般に，多変量の自己共分散行列に関しては

$$\boldsymbol{\Gamma}(s) = \boldsymbol{\Gamma}'(-s), \qquad s \geqq 0$$

が成立している．自己相関行列に関しても同様に $\boldsymbol{P}(s)=\boldsymbol{P}'(-s)$ である．

9.6.2 ● VARモデル

1 変量の AR モデルを多変量に拡張したベクトル型の自己回帰(VAR: Vector Autoregressive)モデルに関して説明する[30]．以下は次数 p の VAR モデルである．

$$\boldsymbol{y}_t = \Phi_1\boldsymbol{y}_{t-1}+\cdots+\Phi_p\boldsymbol{y}_{t-p}+\boldsymbol{\varepsilon}_t \tag{9.21}$$

$\boldsymbol{\varepsilon}_t$ は独立，同一に平均ゼロ，分散共分散行列 Σ の正規分布に従うと仮定する．$\Phi_i\ (i=1,\cdots,p)$ は $n\times n$ の係数行列で，1 変量 AR モデルのときと同様に最小 2 乗法や最尤法によって推定することができる．

▶2変量VAR(1)

多変量時系列モデルの考え方を簡潔に整理するために，ここでは(9.21)で $n=2$, $p=1$ とした 2 変量 VAR(1) モデルについて考える．また変数名も y_{1t} は x_t，y_{2t} は y_t とし，モデルを

29) 系列が一つのときは 1 変量，複数では**多変量**という表現を用いる．
30) 多変量の MA モデル，ARMA モデル，また VAR モデルを含む各モデルの定常性の条件に関しては，[2] を参照のこと．

$$\begin{pmatrix} x_t \\ y_t \end{pmatrix} = \begin{pmatrix} \phi_{xx} & \phi_{xy} \\ \phi_{yx} & \phi_{yy} \end{pmatrix} \begin{pmatrix} x_{t-1} \\ y_{t-1} \end{pmatrix} + \begin{pmatrix} \varepsilon_{xt} \\ \varepsilon_{yt} \end{pmatrix}$$

と表記しなおす．

このように多変量の時系列モデルは変数間の動学的な関係を表すものになっている．そしてそのような関係を，予測という観点からとらえることで**Grangerの因果性**が定義されている．

▶Grangerの因果性

2つの確率過程 x_t と y_t に関して，将来の x_t の予測に自身の過去 $x_{t-1}, \cdots$ のみを用いた場合の予測誤差のMSEと，自身の過去に加えて y_t の過去 $y_{t-1}, \cdots$ もあわせて用いた予測誤差のMSEを比べる．後者のMSEの方が前者のものに比べて小さい場合，Grangerの意味で y_t から x_t への因果性があるという．

例えば，2変量VAR(1)モデルの左辺の x_t は自身の1期過去の x_{t-1} と y_t の1期過去の y_{t-1} によって説明されているが，仮に $\phi_{xy}=0$ であれば，x_t は自身の過去によってのみ説明されることになる．したがって，$\phi_{xy}=0$ ならば，Grangerの意味で y_t から x_t への因果性はないことになる．このようにVARモデルではGrangerの因果性を簡単に検証できるため多くの実証分析で利用されている．検定統計量はゼロ制約を付けたモデルと付けないモデルの残差平方和を用いた F 統計量を用いる．

●例：米国10年物国債利回りと円ドルレート

為替レートと米国国債利回りとの関係をVARモデルを使って見ていく[31)]．図9.7は2012年1月3日から2015年6月19日の円ドルレートと米国10年物国債利回りの原系列(上段)とそれらの収益率(下段)を示している．原系列はトレンドがあり平均を一定とする定常過程とはみなせないので，それらの変化率(対数差分を施したもの)を分析対象とする．

円ドルレートと国債利回りのそれぞれの変化率を x_t, y_t とする．2変量VARモデルの次数は情報量基準により $p=1$ と定めた．推定結

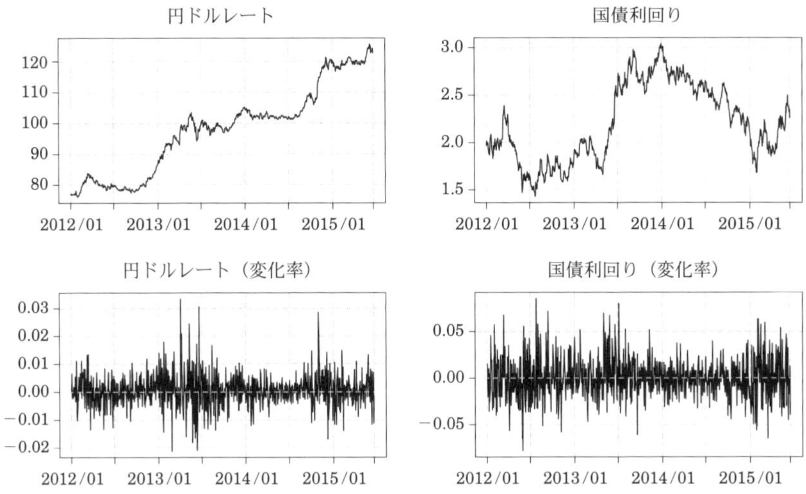

図 9.7 円ドルレートと米国国債利回り

果は下記の通りである[32].

$$
\begin{aligned}
\hat{x}_t &= \underset{(0.006)}{0.000537} + \underset{(0.904)}{0.004437}\, x_{t-1} + \underset{(0.029)}{0.021016}\, y_{t-1} \\
\hat{y}_t &= \underset{(0.841)}{0.000150} - \underset{(0.939)}{0.010737}\, x_{t-1} - \underset{(0.702)}{0.014061}\, y_{t-1}
\end{aligned}
$$

Granger の因果性に関しては VAR(1) の推定結果からも判断は可能であるが，次数が 2 以上になった場合は，複数のパラメータが同時にゼロであるかどうかを検定しなければならないため一般的には Granger の因果性検定を用いて判断する．表 9.4 から有意水準 5% で，米国 10 年物国債利回りの変化率 y_t から円ドルレートの変化率 x_t への因果性がないという帰無仮説は棄却され，因果性があると判断できる．逆に円ドルレートの変化率からの因果性はないという判断となる．

31）利用したデータは http://www.federalreserve.gov よりダウンロードした．10 年物国債利回りはその国の長期金利の一つの代表的な指標と考えられている．

32）括弧内は対応する推定値の p 値で，この値が 0.05 よりも小さければ，推定対象のパラメータがゼロ，という帰無仮説は有意水準 5% で棄却される．逆に 0.05 よりも大きければ帰無仮説は採択され，推定対象のパラメータはゼロであると判断する．

表 9.4 Granger の因果性検定

帰無仮説	$x \not\rightarrow y$	$y \not\rightarrow x$
F 統計量	0.0059	4.7636
p 値	0.9387	0.0292

$x \not\rightarrow y$ は x から y への因果性がないことを表す.

参考文献

[1] 日本統計学会編,『統計学基礎』, 東京図書, 2012.
[2] 山本 拓,『経済の時系列分析』, 創文社, 1988.
[3] 沖本竜義,『計量時系列分析』, 朝倉書店, 2010.
[4] 北川源四郎,『時系列解析入門』, 岩波書店, 2005.

第10章

ベイズ統計法

鎌谷研吾
●大阪大学

ベイズ統計学は実用的にも理論的にも近年めざましく発展してきた．これは計算機の能力の向上と，それを用いるベイズ計算技術の革新のおかげである．この革新は1990年代初頭のマルコフ連鎖モンテカルロ(MCMC)法の導入に負うところが大きいが，MCMC法自体は1950年代ロスアラモス国立研究所の研究者により発見されていた．統計学への伝来に40年を要したが，その後の発展は目覚ましかった．本章では近代ベイズ統計学を計算の観点から解説する．

この章では表記の簡単のため，確率密度関数もしくは確率関数 $p(x)$ を持つ確率分布 P のことを，$P(\mathrm{d}x) = p(x)\mathrm{d}x$ と書くことにする．最初は慣れないかもしれないが，ベイズ統計学ではいろいろな確率分布が出てくるので読み進めればこの表記の便利さがわかると思う．

10.1 ● ベイズ統計学の基本

> “臺所の雨戸にトントンと二返許(ばか)り軽く中(あた)つた者がある。はてな今頃人の来る筈がない。大方例の鼠だらう、鼠なら捕らん事に極めて居るから勝手にあばれるが宜しい。――又トントンと中る。どうも鼠らしくない。鼠としても大変用心深い鼠である。”([1], p. 178)

夜更けの物音は客人である可能性は少ないだろう．鼠の物音かも知れない．二度目の物音から，鼠にしてはどうも用心深すぎる．鼠ではなく，もしかしたら泥棒ではないかと疑うわけだ．一度目の物音に対する推測が二度目の物音によって修正されて，より良い推測を生み出した．このような情報の再認識がベイズ統計学の考え方の一つである(図10.1)．

ベイズ統計学に不可欠な道具は，尤度関数と事前分布である．ベイズ統計学で行うことは，基本的にはこれらを使って事後分布を導出することだけである．天下り的ではあるが，この一連の手続きをまず説明しよう．

統計学では観測(Dataもしくは x と表す)は未知のパラメータ(θ と表す)を含む確率分布 P_θ によって生成される．統計推測を行う際には因果関係を逆にたどって，観測からパラメータの知見を得るのである．ここで，P_θ の確率密度関数を $f(x|\theta)$ とする．確率密度関数 $f(x|\theta)$ に与えられた観測を代

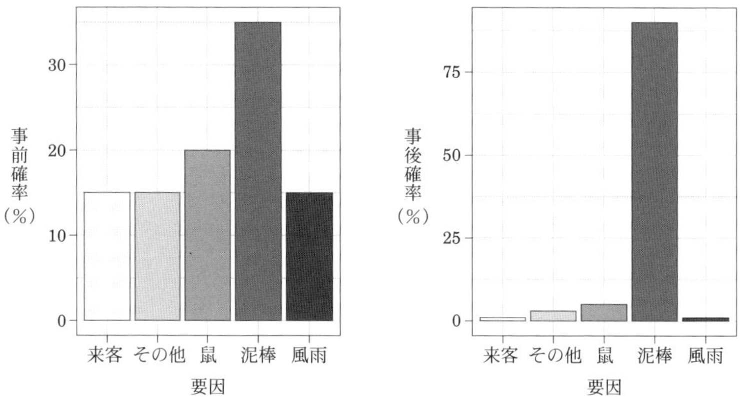

図 10.1

入して θ の関数と読み替えたもの

$$L(\theta) = f(\mathrm{Data}|\theta)$$

を尤度関数という．観測が与えられたもと，パラメータ θ の尤もらしさを表す関数である．

さて，次に事前分布を紹介する必要がある．先ほどの例で，最初の物音では鼠の仕業である可能性(事前確率)をそれなりに考慮している．この事前確率を規定する確率分布を**事前分布**という．事前分布は二つ目の物音によって，尤度を介してより精密な，**事後分布**に変わる．具体的に，事前分布と尤度から事後分布を導出する方法を規定するのが**ベイズの公式**である．

雨戸の音の要因を $\theta = \theta_1, \cdots, \theta_K$ としたとき，事前分布 Π によってそれらの事前確率 $\Pi(\{\theta_1\}), \cdots, \Pi(\{\theta_K\})$ が見積もられている．また，それぞれの要因 θ のもとでの観測のもっともらしさ，尤度 $f(\mathrm{Data}|\theta)$ が定義されている．このとき，事後確率は**ベイズの公式**

$$\Pi(\{\theta_k\}|\mathrm{Data}) = \frac{f(\mathrm{Data}|\theta_k)\Pi(\{\theta_k\})}{\sum_{l=1}^{K} f(\mathrm{Data}|\theta_l)\Pi(\{\theta_l\})}$$

によって計算される．分子が事前確率と尤度の掛け算でできていることに注目しよう．分母は事後分布が正しく確率分布になるように定めた正規化定数である．標語的に，事後分布は事後分布と尤度の積であるというふうに覚えておこう．抽象的にはこれで事後分布が導出されるわけだが，その意味を理解するため，もう少し具体的な例を考えてみよう．

ある国のコインにはばらつきがあり，歪みのないものと歪んだものがある．前者を A，後者を B としよう．二つのコイン A,B を投げた場合，表になる確率はそれぞれ $\theta_A = 0.5$，$\theta_B = 0.6$ である．幸いにも A のコインが市場に出回るものの 9 割を占めている．いま手元にその国のコインがひとつあるが，A のコインである確率はどれくらいだろう．市場への流通量から，その確率を $\Pi(\{\theta_A\}) = 0.9$ と考えるのは妥当だろう．そのコインを勝手に 10 回投げたところ 6 回表であったとする．尤度はこの場合

$$f(\mathrm{Data}|\theta) = \binom{10}{6}\theta^6(1-\theta)^4$$

となる．したがって，コイン投げの実験後のコイン A である事後確率は

$$\Pi(\{\theta_A\}|\mathrm{Data}) = \frac{\binom{10}{6}\left(\frac{1}{2}\right)^6\left(\frac{1}{2}\right)^4\times 0.9}{\binom{10}{6}\left(\frac{1}{2}\right)^6\left(\frac{1}{2}\right)^4\times 0.9+\binom{10}{6}\left(\frac{6}{10}\right)^6\left(\frac{4}{10}\right)^4\times 0.1}$$
$$= 0.8804\cdots$$

となる．コイン投げ実験だけを見ると歪んだコインである疑いを高く持つかもしれないが，流通量の少なさからコイン B であると考えるのに十分な証拠とはならない．さて，この後も投げ続けて 100 回中に表が 62 回出たとしよう．すると尤度は

$$f(\mathrm{Data}|\theta) = \binom{100}{62}\theta^{62}(1-\theta)^{38}$$

であり，コイン A である事後確率は

$$\Pi(\{\theta_A\}|\mathrm{Data}) = \frac{\binom{100}{62}\left(\frac{1}{2}\right)^{62}\left(\frac{1}{2}\right)^{38}\times 0.9}{\binom{100}{62}\left(\frac{1}{2}\right)^{62}\left(\frac{1}{2}\right)^{38}\times 0.9+\binom{100}{62}\left(\frac{6}{10}\right)^{62}\left(\frac{4}{10}\right)^{38}\times 0.1}$$
$$= 0.3481\cdots$$

となる．すると市場でのコイン A の圧倒的シェアにもかかわらず，コイン B だろうと推測するのに一定の妥当性を感じる．観測が増えたことによって事後分布はより精密になった．

ここまでで要因θが有限個の場合の事後分布の導出法を紹介した．より一般に，要因θの候補が数えられないくらいたくさんある場合を考えよう．この場合は確率密度関数を持つ事前分布$\Pi(\mathrm{d}\theta)=\pi(\theta)\mathrm{d}\theta$を用意する．事前分布は次のベイズの公式により事後分布

$$\Pi(\mathrm{d}\theta|\mathrm{Data})=\pi(\theta|\mathrm{Data})\mathrm{d}\theta=\frac{f(\mathrm{Data}|\theta)\pi(\theta)\mathrm{d}\theta}{\int f(\mathrm{Data}|\theta)\pi(\theta)\mathrm{d}\theta} \tag{10.1}$$

に変化する．尤度を積分した分母の値$\int f(\mathrm{Data}|\theta)\pi(\theta)\mathrm{d}\theta$を周辺尤度という．

一般の場合の例として，ある疾患に関する新薬の効果と既存の薬の効果の比較を行うことを考える．新薬と既存の薬の有効率(薬を与えて効果がある率)をθ_1, θ_0とすると，$\theta_1>\theta_0$であることが期待される．事後確率$\Pi(\{\theta_1>\theta_0\}|\mathrm{Data})$を計算しよう．さて，新薬と旧薬をそれぞれ$N_1$人，$N_0$人に投与し，$a_1$人，$a_0$人に効果があったとする．

	効果あり	効果なし	総数
既存治療薬	a_0	b_0	$a_0+b_0=N_0$
新治療薬	a_1	b_1	$a_1+b_1=N_1$

尤度は

$$f(\mathrm{Data}|\theta)=\binom{N_1}{a_1}\theta_1^{a_1}(1-\theta_1)^{b_1}\binom{N_0}{a_0}\theta_0^{a_0}(1-\theta_0)^{b_0}$$

となる．ただし，$\theta=(\theta_0,\theta_1)$はパラメータ，$b_1=N_1-a_1$，$b_0=N_0-a_0$とする．事前分布として，$\theta_0,\theta_1$は独立で共に次のベータ分布が定められているとしよう[1]．

$$\mathrm{Beta}\left(\frac{1}{2},\frac{1}{2}\right)$$

すると簡単な計算から，事後分布でもθ_0,θ_1は独立であって

$$\Pi(\mathrm{d}\theta_1|\mathrm{Data})=\mathrm{Beta}\left(\frac{1}{2}+a_1,\frac{1}{2}+b_1\right),$$

1）このベータ分布はJeffreys事前分布になっている．Jeffreys事前分布は情報量の意味で客観性のある事前分布であるが，詳細はここでは省く．

$$\Pi(\mathrm{d}\theta_0|\mathrm{Data}) = \mathrm{Beta}\left(\frac{1}{2}+a_0, \frac{1}{2}+b_0\right)$$

となる．したがって事後確率は

$$\begin{aligned}&\Pi(\{\theta_1 > \theta_0\}|\mathrm{Data})\\ &= \int_{\theta_1>\theta_0} \frac{\theta_1^{-\frac{1}{2}+a_1}(1-\theta_1)^{-\frac{1}{2}+b_1}}{\mathrm{B}\left(\frac{1}{2}+a_1, \frac{1}{2}+b_1\right)} \frac{\theta_0^{-\frac{1}{2}+a_0}(1-\theta_0)^{-\frac{1}{2}+b_0}}{\mathrm{B}\left(\frac{1}{2}+a_0, \frac{1}{2}+b_0\right)} \mathrm{d}\theta_0 \mathrm{d}\theta_1\end{aligned}$$

となる．ここで，被積分関数の分母に出てきた $B(a,b) = \int_0^1 x^{a-1}(1-x)^{b-1}\mathrm{d}x$ はベータ関数である．この積分の解析的な計算は難しいが，数値積分による近似は容易である．この確率が十分大きければ新薬の有効性が期待できる．

事後分布がベイズ統計学での興味の対象である．上のような事後確率の計算はもちろん，これから見るように，点推定，信頼区間や仮説検定・モデル選択もすべて事後分布を通して行う．このような統一的な取り扱いがベイズ統計学の魅力の一つである．

10.1.1 ●点推定

記号が複雑になるのを防ぐため，ここではパラメータ空間は $\Theta = \mathbb{R}$ であるとし，観測を Data とは書かずに x と書くことにしよう．統計モデル $\{P_\theta(\mathrm{d}x) = f(x|\theta)\mathrm{d}x; \theta \in \Theta\}$ を考える．観測から得られる情報は事後分布に集約されるが，統計解析の結果を解釈する段になると，事後分布そのものは扱いがしづらく，点推定(すなわち，推定値)の導出が要求されることがある．尤度関数 $f(x|\theta)$ を θ に関して最大にする，最尤推定量は基本的な点推定法の一つであり，その他統計モデルに応じてさまざまな点推定が行われる．ベイズ統計学では常に事後分布を用いて統計解析を行うので，点推定でもやはり事後分布を用いて導出する，**ベイズ推定量**が使われる．ベイズ統計学に点推定を導入する代表的な方法は統計的決定理論を用いる方法である．統計的決定理論の用意として統計モデル $\{P_\theta; \theta \in \Theta\}$ と事前分布 $\pi(\theta)\mathrm{d}\theta$ とともに，パラメータ θ の推定値 a の損失関数 $L(\theta, a)$ の三組を用意する．損失関数 $L(\theta, a)$ は θ と a の近さを測る関数であり，例えば $L(\theta, a) = |\theta - a|$ や $|\theta - a|^2$ が使われる．推定量 $a(x)$ の期待損失，すなわち当てはまりの悪さ

$$\mathbb{E}[L(\theta, a(x))] = \int L(\theta, a(x)) f(x|\theta)\pi(\theta)\mathrm{d}\theta\mathrm{d}x$$

を定義する．ここで $\mathbb{E}$ は期待値を表す．この期待損失を最小化する推定量 $a(x)$ をベイズ推定量という．損失関数を $L(\theta, a) = |\theta - a|^2$ と取れば，ベイズ推定量はよく知られた事後平均

$$\int \theta\pi(\theta|x)\mathrm{d}\theta$$

になる．また，最尤推定量と似た発想で maximum a posteriori(MAP)推定量が定義される，MAP 推定量は $\pi(\theta|x)$ を最大化する θ である．なお，MAP 推定量の導出は $f(x|\theta)\pi(\theta)$ の最大化と同値であることに注意する．

10.1.2 ●信頼区間

点推定では事後分布の情報はすべて一点に集約されたが，信頼区間の導出も基本的な情報集約法の一つである．引き続きここでもパラメータ空間は $\mathbb{R}$ としよう．頻度論における信頼区間(Confidence interval) $C(x)$ とは，$\mathbb{R}$ の区間に値を取る x の関数で，任意の $\theta \in \Theta$ に対して

$$P_\theta(\{x \in E; \theta \in C(x)\}) = \int_{\{x;\theta \in C(x)\}} f(x|\theta)\mathrm{d}x \geqq 1-\alpha$$

を満たすものとして定義された．ただし $\alpha \in (0,1)$ はあらかじめ定める定数であり，E は x の取りうる値全体を表す．一方でベイズ統計学では，次を満たす区間(Credible interval；日本語では信用区間，確信区間)が用いられる．

$$\Pi(\{\theta \in C(x)\}|x) = \int_{\theta \in C(x)} \Pi(\mathrm{d}\theta|x) \geqq 1-\alpha \tag{10.2}$$

同じように見えてその差は小さくない．前者は真のパラメータ θ のもとで観測が独立に繰り返し得られたとき(x_n, $n = 1, 2, \cdots$ としよう)，$\theta \in C(x_n)$ となる割合が $1-\alpha$ 以上であることを要求している．後者は得られた観測 x に対し，$\theta \in C(x)$ である事後確率が $1-\alpha$ 以上であることを要求している．とくに，あまり繰り返し起こらない現象を考えるのに前者よりも後者のほうが妥当に感じられるだろう．

なお，ベイズ的信頼区間は(10.2)式の条件をみたすものならばよく，頻度論における信頼区間と同様に任意性がある．そこで，適当に $k > 0$ を取ることによって

$$C(x) = \{\theta \in \mathbb{R}; \pi(\theta|x) > k\}$$

とすることが一般的である．ただし，頻度論における信頼区間がそうであるように(しばしばそれ以上に)，ベイズ的信頼区間を解析的に計算するのは困難なことが多く，その場合数値計算手法を利用する必要がある．

10.1.3 ●仮説検定・モデル選択

あるワクチンの副反応は100万回の接種あたり100件ほど起こる($\theta_0 = 10^{-4}$)とされているが，日本人での割合はこの想定より低いことが疑われ，データを取って解析する．想定される割合$\theta_0 = 10^{-4}$より少ないか(仮説：H_0)／多いか(仮説：H_1)，統計的仮説検定問題

$$H_0 : \theta \in \Theta_0 \quad \text{vs} \quad H_1 : \theta \in \Theta_1$$

を考えよう．ただし，パラメー空間全体$\Theta = [0,1]$に対し，$\Theta_0 = \{\theta \in \Theta; \theta \leqq \theta_0\}$，$\Theta_1 = \{\theta \in \Theta; \theta > \theta_0\}$である．ベイズ統計学では統計的仮説検定問題は事後確率の問題になる．観測(＝Data)が得られたもとで$\theta \in \Theta_0$である事後確率は

$$\Pi(\Theta_0|\text{Data}) = \int_{\Theta_0} \pi(\theta|\text{Data})\mathrm{d}\theta = \frac{\int_{\Theta_0} f(\text{Data}|\theta)\pi(\theta)\mathrm{d}\theta}{\int_{\Theta} f(\text{Data}|\theta)\pi(\theta)\mathrm{d}\theta} \tag{10.3}$$

で計算できる．

仮説H_0の確からしさは事後確率$\Pi(\Theta_0|\text{Data})$と$\Pi(\Theta_1|\text{Data})$の比較で解釈される．解釈の際にしばしば用いられる指標がベイズ因子

$$\text{BF}_{0,1} = \frac{\Pi(\Theta_0|\text{Data})/\Pi(\Theta_0)}{\Pi(\Theta_1|\text{Data})/\Pi(\Theta_1)}$$

である．ベイズ因子が1よりどれだけ大きいかを持って仮説H_0の確からしさを判断することが行われる．

さて，実際にデータを取ったところ，前年度の35000件の接種で2件の副反応があったとする．事前分布として$\text{Beta}\left(\frac{1}{2}, \frac{1}{2}\right)$を考えよう．すると

$$\Pi(\Theta_0|\text{Data}) \approx 0.7794, \qquad \Pi(\Theta_1|\text{Data}) \approx 0.2206$$

である．したがって事後確率から仮説H_0に相応の妥当性を感じられる．しかし，もともと事前確率では仮説H_0の可能性を低く見積もっているのでその分を考慮すべきかもしれない．その点を考慮したベイズ因子では

$$\mathrm{BF}_{0,1} \approx 551.35$$

となり，この場合でも仮説 H_0 に相応の妥当性が感じられる．なお，一般には事後確率が高くともベイズ因子は低くなること，またその逆もあることに注意しよう．

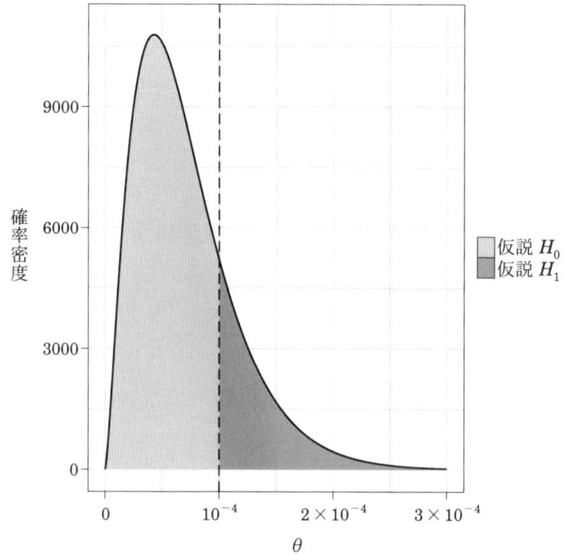

図 10.2

統計的仮説検定は上で述べたような手続きで実行できるが，モデル選択であっても仮説検定と考え方は同じである．ここで，2 個の統計モデル

$$M_k = \{f(x|\theta_k)\mathrm{d}x;\, \theta_k \in \Theta_k\} \qquad (k=1,2)$$

の中から，観測を最もよく説明する統計モデルを選び出したいとする．統計モデルごとにパラメータ空間 Θ_k の次元は異なって良い．事前分布は

$$(\mathrm{Model}) \times (\mathrm{Parameter}|\mathrm{Model})$$

なる二段構造で，まず和が 1 になるような 2 個の統計モデルに対する重み

$$\Pi(\{M_1\}), \qquad \Pi(\{M_2\})$$

があり，各統計モデルでモデル内パラメータへの事前分布

$$\Pi(\mathrm{d}\theta_k|M_k) = \pi(\theta_k|M_k)\mathrm{d}\theta_k, \qquad k=1,2$$

が用意される．事前分布を用いれば統計モデル M_k の事後確率

$$\Pi(M_k|\mathrm{Data}) = \frac{\int_{\Theta_k} f(\mathrm{Data}|\theta_k, M_k)\pi(\theta_k|M_k)\Pi(\{M_k\})\mathrm{d}\theta_k}{\sum_{k=1,2}\int_{\Theta_k} f(\mathrm{Data}|\theta_k, M_k)\pi(\theta_k|M_k)\Pi(\{M_k\})\mathrm{d}\theta_k}$$

が定義できる．この値を比較することで統計モデルを選択できる．ベイズ因子は

$$\mathrm{BF}_{1,2} = \frac{\Pi(M_1|\mathrm{Data})/\Pi(M_1)}{\Pi(M_2|\mathrm{Data})/\Pi(M_2)} = \frac{\int_{\Theta_1} f(\mathrm{Data}|\theta_1, M_1)\pi(\theta_1|M_1)\mathrm{d}\theta_1}{\int_{\Theta_2} f(\mathrm{Data}|\theta_2, M_2)\pi(\theta_2|M_2)\mathrm{d}\theta_2}$$

により計算ができる．ベイズ因子は各統計モデルの周辺尤度の比率である．

このようにベイズ統計学は直感的で統一的な統計解析を可能にする．しかし 1990 年代に入るまでベイズ統計学は一般的統計手法とは言い難かった．それは事前分布に関連する哲学的問題と，当時の著名な統計学者が批判的立場をとっていた研究者の状況もあったが，最大の問題は積分計算の困難さだった．1990 年代に入ってベイズ積分計算の環境は飛躍的に向上し，それに合わせてベイズ統計学は大いに広まっていった．後半ではそのキーとなったベイズ統計計算手法について解説する．

10.2 ● 統計計算

ベイズ統計学ではさまざまな場面で積分計算の必要がある．積分が解析的に解けるような単純な場合を除き，数値積分によって積分近似を求めなくてはならないが，その精度には細心の注意を払わなくてはならない．とくに高次元の場合には台形公式をはじめとする数値積分法は困難であり，比較的高次元でも有効なモンテカルロ法は自然な選択である．

10.2.1 ● モンテカルロ法

今まで見てきたように，点推定や統計的仮説検定などでは，関数 $h(\theta)$ に対して

$$\int_{\Theta} h(\theta)f(\mathrm{Data}|\theta)\pi(\theta)\mathrm{d}\theta$$

なる積分を計算する必要があった．大数の法則によれば $\theta^1, \theta^2, \cdots$ を独立に事前分布 $\pi(\theta)\mathrm{d}\theta$ から生成すると

$$\frac{1}{M}\sum_{m=1}^{M} h(\theta^m) f(\mathrm{Data}\,|\,\theta^m) \to \int h(\theta) f(\mathrm{Data}\,|\,\theta)\pi(\theta)\mathrm{d}\theta \quad (M\to\infty)$$

なる収束をする．モンテカルロ法はこの事実を利用した手法で，計算機によって $\theta^1, \theta^2, \cdots$ を生成することで，上の左辺によって右辺の積分を近似する．モンテカルロ法は1940年代後半にロスアラモス国立研究所の研究者によって開発され，以後さまざまな拡張を生み出しながら科学の多くの分野で利用されている．

例として次の二項モデルを考えよう．$+1$ か -1 に値を取る変数 X は実数値をとる変数（説明変数）z に依存して

$$\mathbb{P}(X=+1\,|\,\theta, z) = 1-\mathbb{P}(X=-1\,|\,\theta, z) = \Phi(\alpha+\beta z) = \int_{-\infty}^{\alpha+\beta z}\phi(y)\mathrm{d}y$$

なる確率分布に従う．ただし，$\phi(x)$ は標準正規分布の確率密度関数である．この統計モデルをプロビット回帰モデルという．パラメータ $\theta=(\alpha,\beta)\in\mathbb{R}^2$ は未知であり，2次元標準正規分布が事前分布であるとしよう．説明変数 $z_1, \cdots, z_N$ に対し，観測 $\mathrm{Data}=\{x_1, \cdots, x_N\}$ が得られたとすると尤度は

$$f(\mathrm{Data}\,|\,\theta) = \prod_{n=1}^{N}\Phi(x_n(\alpha+\beta z_n))$$

となる．ベイズ因子の計算のため周辺尤度

$$\int f(\mathrm{Data}\,|\,\theta)\pi(\theta)\mathrm{d}\theta = \int\prod_{n=1}^{N}\Phi(x_n(\alpha+\beta z_n))\phi(\alpha)\phi(\beta)\mathrm{d}\alpha\mathrm{d}\beta$$

を計算したい．積分の値を解析的に得るのは難しい．モンテカルロ法はこの問題に現実的な解を与える．確率変数 $\theta^1=(\alpha^1,\beta^1)$，$\theta^2=(\alpha^2,\beta^2), \cdots$ を二次元標準正規分布から生成し，以下を計算する．

$$\frac{1}{M}\sum_{m=1}^{M} f(\mathrm{Data}\,|\,\theta^m).$$

するとこの近似値は，大数の法則から $M\to\infty$ なる極限で求めたい周辺尤度に収束する．以下は実際に計算機で $\{\theta^m\}_m$ を生成し，繰り返し計算の回数 M を横軸として周辺尤度を近似したプロットである．横軸が計算に用いた乱数 θ^m の数であり，縦軸は近似された周辺尤度である．破線は真の周辺尤度の値を表す．おおよそ乱数を多く発生させれば良い周辺尤度の近似になる

傾向は見られる．

このように，モンテカルロ法は便利であるが，その精度には注意が必要である．理論的にはたしかに大数の法則によって，乱数を多くとれば周辺尤度に必ず収束するが，収束の速さは決して早くはない．中心極限定理が成立するとすれば，おおよそ乱数の数 M に応じて $1/\sqrt{M}$ のレートで収束する．したがって $M=10000$ のときの近似精度を一桁よくするためにはその百倍の長さの乱数 $M=1000000$ が必要である．

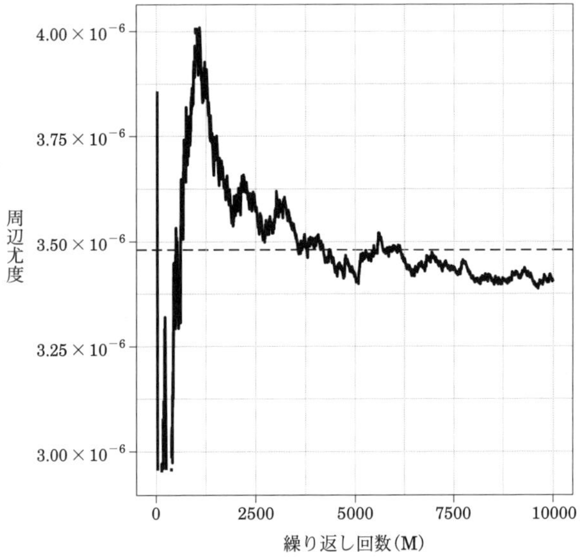

図 10.3

10.2.2 ●重点サンプリング法

先ほど見たように，ベイズ統計学で現れる積分計算は，モンテカルロ法で近似計算が可能である．しかしとくにパラメータ数の大きな統計モデルや巨大なデータでの積分計算はモンテカルロ法でさえも困難である．したがってその効率化はベイズ統計学では大きな問題である．基本的モンテカルロ法を少し工夫することで，しばしば計算効率は大きく改善される．先ほどと同じ積分を

$$\int h(\theta) f(\mathrm{Data}|\theta)\pi(\theta)\mathrm{d}\theta = \int \frac{h(\theta) f(\mathrm{Data}|\theta)\pi(\theta)}{q(\theta)} q(\theta)\mathrm{d}\theta$$

と書きなおし，$\theta^1, \theta^2, \cdots$ を確率分布 $q(\theta)\mathrm{d}\theta$ に従う確率変数列とする．すると大数の法則から

$$\frac{1}{M}\sum_{m=1}^{M} \frac{h(\theta^m) f(\mathrm{Data}|\theta^m)\pi(\theta^m)}{q(\theta^m)} \to \int h(\theta) f(\mathrm{Data}|\theta)\pi(\theta)\mathrm{d}\theta$$

$$(M \to \infty)$$

となる．

確率分布 $q(\theta)\mathrm{d}\theta$ の取り方には自由度があるが，$\dfrac{|h(\theta)| f(\mathrm{Data}|\theta)\pi(\theta)}{q(\theta)}$ が 1 に近いほうが平均二乗誤差が小さい．先ほどの周辺尤度近似であれば $h(\theta) = 1$ なので，$q(\theta)$ が良く $f(\mathrm{Data}|\theta)\pi(\theta)$ を近似していることが望ましい．一つの方法として $g(\theta) := f(\mathrm{Data}|\theta)\pi(\theta)$ を正規分布の確率密度関数で近似したものを $q(\theta)$ として使ってみよう．具体的には MAP 推定量を $\hat{\theta}$ としたとき

$$\log g(\theta) \approx \log g(\hat{\theta}) + \frac{1}{2}[(\log g)''(\hat{\theta})](\theta - \hat{\theta})^2$$

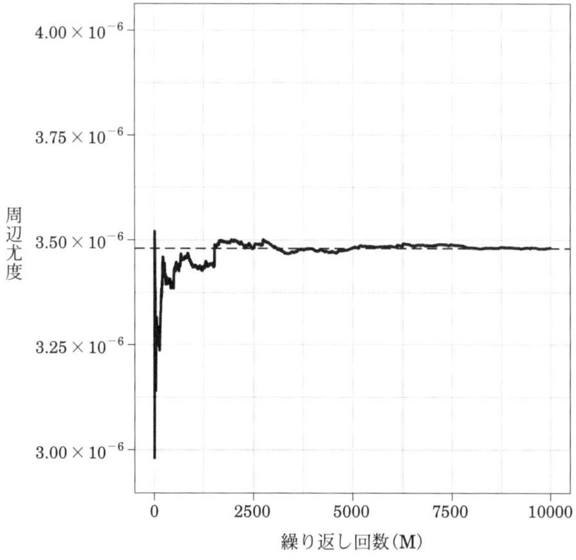

図 10.4

とテイラー展開することにより，$q(\theta)\mathrm{d}\theta = N(\hat{\theta}, -(\log g)''(\hat{\theta}))$ とした．ただし $N(\mu, \sigma^2)$ は平均 μ 分散 σ^2 の正規分布を表す．

この場合計算効率は大きく向上したが，実用上は計算したい被積分関数は複雑で，平均二乗誤差を小さくするような q の選択は容易ではないことが多いだろう．理論から示唆される一般的注意として被積分関数より裾の軽い関数 q は使うべきではない．適当な q が得られない場合は後述する MCMC 等を検討したほうが良い．

10.3 ● 基本的マルコフ連鎖モンテカルロ法

基本的モンテカルロ法や重点サンプリング法だけでは限界がある．例えばベイズ推定量の計算で重点サンプリング法を使う場合，モンテカルロ法を実行する前にあらかじめ事後分布の良い近似ができていることが望ましい．事後分布に対する手がかりがあまりない場合，しばしばマルコフ連鎖モンテカルロ（MCMC）法が有効である．基本的モンテカルロ法が独立で同分布に従う乱数を生成したのに対し，MCMC 法ではマルコフ連鎖を用いて乱数を生成することが特徴である．マルコフ連鎖は独立な乱数と違い，遷移確率カーネルと呼ばれる関数に従って各 θ^m は θ^{m-1} に依存した確率分布に従って生成される．詳しくは述べないが，マルコフ連鎖の遷移確率カーネルの

（a） 既約性，
（b） 正再帰性，

および右辺の積分の存在のもと，マルコフ連鎖 $\theta^1, \theta^2, \cdots$ はある確率分布 $p(\theta)\mathrm{d}\theta$ に対し

$$\frac{1}{M}\sum_{m=1}^{M} h(\theta^m) \to \int_\Theta h(\theta)p(\theta)\mathrm{d}\theta \quad (M \to \infty)$$

なる収束をする[2]．この事実を用いれば，基本的モンテカルロ法と同じように，左辺を右辺の近似値として使うことが正当化される．ベイズ統計学であれば $p(\theta)\mathrm{d}\theta$ を事後分布 $\Pi(\mathrm{d}\theta|\mathrm{Data})$ と取れれば良い．具体的なマルコフ連鎖の生成法としてさまざまな方法が提案されているが，まず特に有用なギブ

スサンプリングを紹介する.

10.3.1 ●ギブスサンプリング

MCMC 法の例として統計モデルから自然に定義される手法をまずは紹介しよう．いま観測 x, y に対して統計モデル $\{f(x, y|\theta)\mathrm{d}x\mathrm{d}y;\ \theta \in \Theta\}$ と事前分布 $\pi(\theta)\mathrm{d}\theta$ が定義されているものとする．このとき観測 x, y の情報を使うことで事前分布は事後分布

$$\Pi(\mathrm{d}\theta|x, y) = \frac{f(x, y|\theta)\pi(\theta)\mathrm{d}\theta}{\int_\Theta f(x, y|\theta)\pi(\theta)\mathrm{d}\theta}$$

に変わるのだった.

何らかの事情で y は観測されず，観測は x のみであって，したがって上の事後分布を利用できないとしよう．先ほどの事後分布に比べ情報量は少ないが，このときも $f(x|\theta) = \int_y f(x, y|\theta)\mathrm{d}y$ としたとき，統計モデル $\{f(x|\theta)\mathrm{d}x;\ \theta \in \Theta\}$ と先ほどの事前分布によって，事後分布

$$\Pi(\mathrm{d}\theta|x) = \frac{f(x|\theta)\pi(\theta)\mathrm{d}\theta}{\int_\Theta f(x|\theta)\pi(\theta)\mathrm{d}\theta}$$

が定義できる．この問題設定においては $\Pi(\mathrm{d}\theta|x)$ こそが求めるべき事後分布となる.

ここからこのモデル構造から生じる計算機的問題を考えよう．しばしば $\Pi(\mathrm{d}\theta|x, y)$ は計算しやすいが，$\Pi(\mathrm{d}\theta|x)$ の計算は難しい状況が起こる．ギブスサンプリングは前者の良さを利用して後者をうまく計算する手法である．初期状態として θ を一つ設定してから次のステップを繰り返す.

- y を $f(y|x, \theta)\mathrm{d}y$ から計算機によって生成する．ただし $f(y|x, \theta) = f(x, y|\theta)/f(x|\theta)$ である.
- θ を $\Pi(\mathrm{d}\theta|x, y)$ から生成する.

繰り返しで得られた系列 $\theta^1, \theta^2, \cdots$ はマルコフ連鎖になっており，しかも正則条件のもと

2）詳しくは，ほとんどすべての出発点 $\theta^1 \in \Theta$ について成り立つ.

$$\frac{1}{M}\sum_{m=1}^{M} h(\theta^m) \to \int h(\theta)\Pi(\mathrm{d}\theta|x) \quad (M\to\infty)$$

となる．この大数の法則が成り立てば，繰り返し計算するデメリットと引き換えに事後分布の積分計算の近似が可能になるのである．

例えば，説明変数 $z_1, \cdots, z_N \in \mathbb{R}$ に対し，y_n は正規分布 $N(\alpha+\beta z_n, 1)$ に従うが，観測されるのは y_n の正負の符号 $x_n \in \{-1, +1\}$ だけだとしよう．観測をまとめて $x^N = \{x_1, \cdots, x_N\}$，$y^N = \{y_1, \cdots, y_N\}$ とする．この場合の尤度は

$$f(\mathrm{Data}|\theta) = \prod_{n=1}^{N} \Phi(x_n(\alpha+\beta z_n))$$

となる．ただし，$\theta = (\alpha, \beta)$ である．

事前分布が正規分布なら $\Pi(\mathrm{d}\theta|x^N, y^N)$ も正規分布になるが，$\Pi(\mathrm{d}\theta|x^N)$ はよく知られた確率分布にならない．この場合ギブスサンプリングが効果的に働く．標準正規分布を事前分布として採用すると，具体的なギブスサンプリングのステップは以下の通りである：

- 各 n について，$x_n = +1$ なら区間 $(0, \infty)$ に制限した正規分布 $N(\alpha+\beta z_n, 1)$ によって y_n を生成し，$x_n = -1$ なら区間 $(-\infty, 0]$ に制限した正規分布 $N(\alpha+\beta z_n, 1)$ から y_n を生成する．
- θ を二次元正規分布 $N_2(\mu, S)$ によって生成する．ただし

$$S = \left(I_2 + \sum_{n=1}^{N} (1, z_n)\begin{pmatrix}1\\ z_n\end{pmatrix}\right)^{-1}, \quad \mu = S\left(\sum_{n=1}^{N} y_n \begin{pmatrix}1\\ z_n\end{pmatrix}\right),$$

  および I_2 は 2×2 の単位行列．

$N = 1000$，説明変数 $z_n \sim N(0, 1)$，観測 x_n を $\alpha = 0.1$，$\beta = 0.5$ として乱数を生成して Data を構成し，その上で上述のギブスサンプリングを生成した．以下は $M = 10^4$ 繰り返しで得られた系列のヒストグラムである(図 10.5)．おおよそ事後分布 $\Pi(\mathrm{d}\theta|\mathrm{Data})$ を近似していることが期待されるが，観測を生成したときの真のパラメータの周辺に $\{\theta^m\}_m$ が集中していることは確認できる．

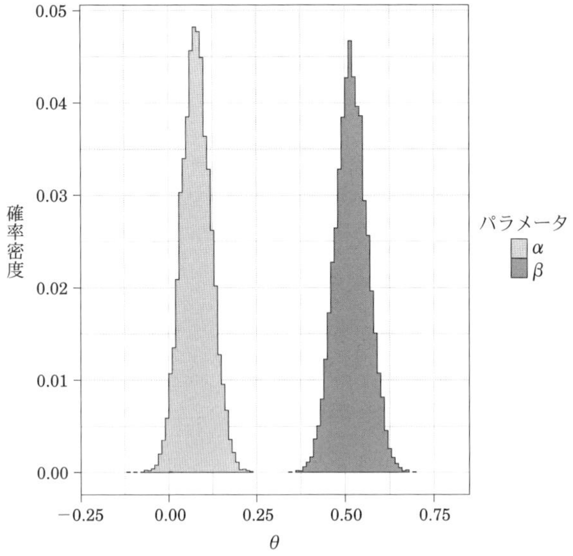

図 10.5

10.3.2 ●ランダムウォーク・メトロポリス法

先ほどと同じように説明変数 $z_1, \cdots, z_N \in \mathbb{R}$ に対し観測として符号 $x_n \in \{-1, +1\}$ が得られるが，ここではロジスティック回帰モデル：

$$\mathbb{P}(x_n = +1 | \theta, z) = 1 - \mathbb{P}(x_n = -1 | \theta, z) = \frac{\exp(\alpha + \beta z_n)}{1 + \exp(\alpha + \beta z_n)}$$

$$(\theta = (\alpha, \beta) \in \mathbb{R}^2)$$

を考えよう．一転して自然なギブスサンプリングの構成が困難になる．しかしこの場合でも MCMC 法の一つ，ランダムウォーク・メトロポリス法が構成できる．近似したい確率分布を $p(\theta)\mathrm{d}\theta$ とし，チューニングパラメータ $\sigma > 0$ を決めれば，θ^0 を初期値として次の手続きを繰り返して θ を更新していく．$m = 1$ とする．

（1） 提案とよばれるパラメータの候補 θ^{m*} を $N_d(\theta^{m-1}, \sigma^2 I_d)$ から生成する．ただし I_d は $d \times d$ の単位行列とする．

（2） 確率 $\boldsymbol{\alpha}(\theta^{m-1}, \theta^{m*})$ で $\theta^m \leftarrow \theta^{m*}$ とし，確率 $1 - \boldsymbol{\alpha}(\theta^{m-1}, \theta^{m*})$ で

$\theta^m \leftarrow \theta^{m-1}$ とする．$m \leftarrow m+1$ とする．

ただし，採択率は

$$\boldsymbol{\alpha}(\theta, \vartheta) = \min\left\{\frac{p(\vartheta)}{p(\theta)}, 1\right\}.$$

とする．

実際にロジスティック回帰モデルに適用しよう．尤度は

$$f(\mathrm{Data}|\theta) = \exp\left(\sum_{n;\, x_n=+1}(\alpha+\beta z_n)\right)\prod_{n=1}^{N}(1+\exp(\alpha+\beta z_n))^{-1}$$

である．事前分布を $\pi(\theta)\mathrm{d}\theta$ とし事後分布

$$\Pi(\mathrm{d}\theta|\mathrm{Data}) = \frac{f(\mathrm{Data}|\theta)\pi(\theta)\mathrm{d}\theta}{\int f(\mathrm{Data}|\theta)\pi(\theta)\mathrm{d}\theta}$$

を近似するためのランダムウォーク・メトロポリス法を考えると，採択率は

$$\boldsymbol{\alpha}(\theta, \vartheta) = \min\left\{\frac{f(\mathrm{Data}|\vartheta)\pi(\vartheta)}{f(\mathrm{Data}|\theta)\pi(\theta)}, 1\right\}$$

となる．ここで，事後分布の正規化定数の計算は不要であり，尤度と事前分布の確率密度関数 $\pi(\theta)$ さえ計算できれば良いことに注意せよ．先ほどと同様に，$N=1000$, $\alpha=0.1$, $\beta=0.5$, $z_n \sim N(0,1)$ のもとで観測を生成し，今度はランダムウォーク・メトロポリス法で $\{\theta^m\}_m$ を生成した．ヒストグラムは以下のように，先ほどの結果とよく似ている(図 10.6)．

ランダムウォーク・メトロポリス法ではチューニングパラメータ $\sigma>0$ の選択は慎重になるべきである．ここでは $\sigma=0.05$ を用いたが，この選択がパフォーマンスに大きく影響する．どの σ が良いかは数値計算結果から判断するほかなく，判断材料として $\{\theta^m\}_m$ の経路を確認したり，提案の採択率，自己相関関数が使われることが多い．経路であれば，よりミキシングの良さそうなダイナミックな経路が好まれ，相関であれば時間間隔の大きな場合の自己相関が小さい方が良いとされる．採択率に関しては G. O. Roberts らによる高次元漸近論を用いた興味深い研究があり，きわめて限定的条件ながら，採択率を 23% にすれば最適であるという基準が示された[4]．

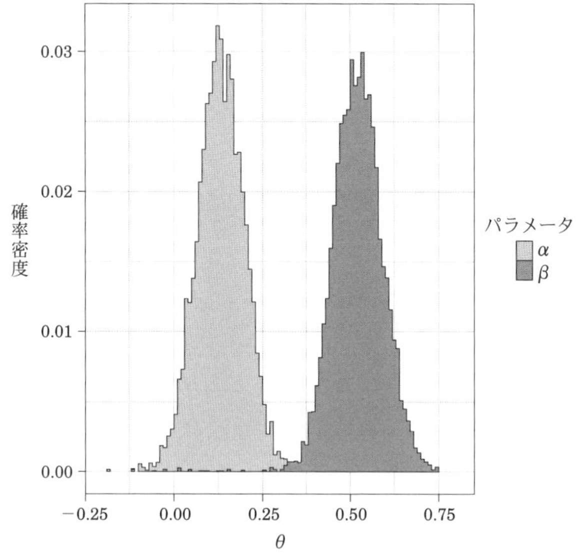

図 10.6

10.4 ● さまざまなマルコフ連鎖モンテカルロ法

10.4.1 ● メトロポリス・ヘイスティングス法

ギブスサンプリングやランダムウォーク・メトロポリス法は，W. K. Hastings[2]によって拡張された，より一般的なメトロポリス・ヘイスティングス(MH)法の特殊な例と捉えることができる．MH 法はランダムウォーク・メトロポリス法で正規分布による提案を行ったところを，より一般的にマルコフカーネル $Q(\theta, \mathrm{d}\vartheta) = q(\theta, \vartheta)\mathrm{d}\vartheta$ での提案に置き換えたものである．ここで，マルコフカーネルとは各 θ で $Q(\theta, \cdot)$ が確率分布になるもので，ランダムウォーク・メトロポリス法の例 $Q(\theta, \cdot) = N_d(\theta, \sigma^2 I_d)$ もその一つである．初期値 θ^0 をとると，MH 法の繰り返しアルゴリズムは以下で定義される．$m = 1$ とする：

（1） 提案 θ^{m*} を $Q(\theta^{m-1}, \mathrm{d}\vartheta)$ から生成する．

（2） 確率 $\boldsymbol{\alpha}(\theta^{m-1},\theta^{m*})$ で $\theta^m \leftarrow \theta^{m*}$ とし，確率 $1-\boldsymbol{\alpha}(\theta^{m-1},\theta^{m*})$ で $\theta^m \leftarrow \theta^{m-1}$ とする．$m \leftarrow m+1$ とする．

ただし，

$$\boldsymbol{\alpha}(\theta,\vartheta) = \min\left\{\frac{\pi(\vartheta)q(\vartheta,\theta)}{\pi(\theta)q(\theta,\vartheta)}, 1\right\}$$

である[3]．ランダムウォーク・メトロポリス法では $q(\theta,\vartheta)=q(\vartheta,\theta)$ なので，$\boldsymbol{\alpha}(\theta,\vartheta)=\min\{\pi(\vartheta)/\pi(\theta),1\}$ になったのである．

MH 法の種類は多様であるが，一例として独立型 MH 法を紹介する．このとき $Q(\theta,\mathrm{d}\vartheta)$ の代わりに確率分布 $Q(\mathrm{d}\theta)=q(\theta)\mathrm{d}\theta$ が使われる．手続きは θ^* を $Q(\mathrm{d}\theta)$ から生成することを除いて同じだが，この場合の採択率は

$$\boldsymbol{\alpha}(\theta,\vartheta) = \min\left\{\frac{\pi(\vartheta)q(\theta)}{\pi(\theta)q(\vartheta)}, 1\right\}$$

となる．近似したい分布 Π の情報が充分ある場合は独立型 MH 法は有効な手法である．一方で Q と Π が乖離していると計算効率はしばしばきわめて悪くなる．とくに裾の重さに注意が必要で，$\inf_{\theta} q(\theta)/\pi(\theta)=0$ とならないよう構成したほうが良い．

10.4.2 ●ランジュバン型 MCMC，ハミルトニアン・モンテカルロ法

ランダムウォーク・メトロポリス法では θ^* の生成の際に Π の知識は使わなかったが，より効率的な MCMC 法を考える上では Π の知識を入れても良いだろう．何らかの意味で Π に近い提案ができれば，あまり提案が否決されることなくて効率が良さそうである．

ここではパラメータ空間は $\mathbb{R}^d$ であるとし，$\theta=(\theta_1,\cdots,\theta_d)\in\mathbb{R}^d$ に対してノルム $\|\theta\|=\sqrt{\sum_{i=1}^{d}\theta_i^2}$ を用意する．ある確率空間上に次の確率微分方程式

$$\mathrm{d}X_t = \frac{1}{2}\nabla\log\pi(X_t)\mathrm{d}t+\mathrm{d}W_t$$

を満たすような確率過程 $\{X_t\}$ があるとする．ただし $\{W_t\}_t$ は標準的ブラウン運動とする．もしこの確率過程を計算機で生成できれば，X_t は Π を不変分布として持つので，エルゴード性の仮定のもと $T\to\infty$ なる極限で $T^{-1}\int_0^T h(X_t)\mathrm{d}t$ は $\int h(x)\pi(x)\mathrm{d}x$ に収束するはずである．実際には連続な確

率過程の生成は困難であり，オイラー-丸山近似で代用して，

$$X_n = X_{n-1} + \frac{h}{2}\nabla \log \pi(X_{n-1}) + \sqrt{h}\xi_n, \qquad \xi_n \sim N_d(0, I_d)$$

なる方法で提案をしてみよう．確率過程の離散化誤差によって Π が不変分布である仮定は崩されるため，やはり採択棄却の手順が必要になるが，その採択率は高いことが期待される．こうしてできた方法がランジュバン型のメトロポリス・ヘイスティングス法である(Roberts, Tweedie[6])．具体的には

$$Q(\theta, \cdot) = N_d(\theta + h\nabla \log \pi(\theta)/2, hI_d)$$

としたメトロポリス・ヘイスティングス法である．エルゴード性や高次元漸近論などが研究されているが，理論研究家の間での知名度に反し，ランジュバン型のメトロポリス・ヘイスティングス法は応用研究では一般的ではない．似た方法にハミルトニアン・モンテカルロ法(Duane, et al.[7])があり，こちらの応用研究は非常に盛んである．

ハイブリッド・モンテカルロ法，もしくはハミルトニアン・モンテカルロ法では確率分布 Π に標準正規分布を付け加えた確率分布を考えて，次の手続きでマルコフ連鎖を発生させる方法である．$\theta = \theta_0$ を初期値とし，$h > 0$, $L \in \mathbb{N}$ を固定して以下を繰り返す．

- $p = p_0$ を d 次元標準正規分布から生成する．
- 次の馬跳びステップとよばれる手続きを $l = 0$ から $l = L-1$ まで行い，$(\theta^*, p^*) = (\theta_{Lh}, p_{Lh})$ とする．
  - $p_{lh+h/2} = p_{lh} + h\nabla \log \pi(\theta_{lh})/2$ とする．
  - $\theta_{(l+1)h} = \theta_{lh} + hp_{lh+h/2}$ とする．
  - $p_{(l+1)h} = p_{lh+h/2} + h\nabla \log \pi(\theta_{(l+1)h})/2$ とする．
- 確率 $\boldsymbol{\alpha}((\theta, p), (\theta^*, p^*))$ で (θ^*, p^*) を採択する．ただし

$$\boldsymbol{\alpha}((\theta, p), (\theta^*, p^*)) = \min\left\{1, \frac{\pi(\theta^*)\exp(-\|p^*\|^2/2)}{\pi(\theta)\exp(-\|p\|^2/2)}\right\}.$$

---

3) 採択率の取り方は任意性があるが，Hastings の学生であった P. H. Peskun[3] と，さらに後に L. Tierney [5] によってこの取り方が漸近分散を最小化する意味で最適であることが示された．

比較的新しいアルゴリズムであるため理論的性質はまだ解明が不十分である．一方でハミルトニアン・モンテカルロ法は統計ソフトウェアStan(Corpeuter, et al.[8])で実装が容易であり，そのためStanの広がりとともに一般的になった．ベイズ統計学の流行はやはり計算環境に負うところが大きいのである．

10.5 ● ABC法

いままで尤度は計算可能である前提で考えてきたが，複雑なモデル構造のため尤度計算が困難であることも多い．観測をすべてまとめてxと書くと，典型的には尤度関数$f(x|\theta)$が積分の形

$$f(x|\theta) = \int_y f(x, y|\theta)\mathrm{d}y$$

であり，$f(x, y|\theta)$は計算できるものの，その積分の値が得られない場合である．この場合でも$f(x, y|\theta)$が性質の良い関数であればギブスサンプリングを使って事後分布を計算することができた．しかしより一般の複雑なモデルではそのような良い性質は望めない．一般の複雑なモデル構造を持つ場合でも計算が可能なベイズ計算手法Approximate Bayesian Computation(ABC)法(Tarare, et al.[9])の研究が近年盛んである(たとえば[10])．

観測は確率分布P_θから生成され，未知のパラメータ$\theta \in \Theta$には事前分布Πが与えられている．観測は$E = \{1, \cdots, K\}$に値を取るとし，実際にData $= x^*$が観測されたとする．ABC法の基本的アイデアは以下の棄却法である：

- θを事前分布から生成．
- xをP_θから生成．
- $x = x^*$となったときのみθを記録する．

すると，記録されたθは事後分布に従う．なぜなら，$x = x^*$となった条件のもとでのθの条件付き分布を導出する式を考えてみれば，ベイズの公式そのものだからである．したがって，記録された$\theta^1, \cdots, \theta^M$を集めれば，適当な関数$h(\theta)$に対して

$$\frac{1}{M}\sum_{m=1}^{M} h(\theta^m) \to \int h(\theta)\Pi(\mathrm{d}\theta|x^*) \quad (M\to\infty)$$

なる収束をする．本手法の利点は尤度の計算ができなくても，事前分布からの乱数と P_θ からの乱数が生成できれば良いことである．

先ほどの $x=x^*$ なる条件は E が有限集合ではないと無意味であり，実用上強すぎる制約である．一般の状態空間 E に対しても使えるように制約を緩めて，ある $T:E\to\mathbb{R}^k$ に対し，$\|T(x)-T(x^*)\|<\varepsilon$ のときに θ を記録するようにしたものが ABC 法である．

- θ を事前分布 Π から生成．
- x を P_θ から生成．$T(x)$ を計算する．
- $\|T(x)-T(x^*)\|<\varepsilon$ となったときのみ θ を記録する．

ABC 法で得られた列 $\theta^1,\cdots,\theta^M$ は事後分布に収束しないことに注意しよう．実際には

$$\frac{1}{M}\sum_{m=1}^{M} h(\theta^m) \to \int h(\theta)\Pi^\varepsilon(\mathrm{d}\theta|x^*) \quad (M\to\infty)$$

なる収束をする．ただし，

$$\Pi^\varepsilon(\mathrm{d}\theta|x^*) = \frac{\int_{x;\|T(x)-T(x^*)\|<\varepsilon} P_\theta(\mathrm{d}x)\Pi(\mathrm{d}\theta)}{\int_\Theta\int_{x;\|T(x)-T(x^*)\|<\varepsilon} P_\theta(\mathrm{d}x)\Pi(\mathrm{d}\theta)}$$

である．実数 ε が十分小さければ $\Pi^\varepsilon(\mathrm{d}\theta|x^*)$ は事後分布 $\Pi(\mathrm{d}\theta|x^*)$ に近いことが期待される．

関数 T の取り方や $\varepsilon>0$ の取り方にパフォーマンスは大きく依存する．関数 T は十分統計量を取るのが理想的であるが，一般には難しい．また $\varepsilon>0$ が小さいと採択率が減少するので計算誤差が増える一方，$\Pi^\varepsilon(\mathrm{d}\theta|x^*)$ と事後分布の差は減少する．$\varepsilon>0$ を大きく取ると計算誤差は減るが $\Pi^\varepsilon(\mathrm{d}\theta|x^*)$ と事後分布の差は増加する．

関数 $T(x)$ の取り方の難しさを示すため，例として確率微分方程式

$$\mathrm{d}X_t = -\theta_2\mathrm{d}t + (1+\theta_1 X_t^2)\mathrm{d}W_t;\ X_0=1, \qquad t\in[0,1]$$

の経路の離散観測から事後分布を計算することを考えよう．観測点は観測時

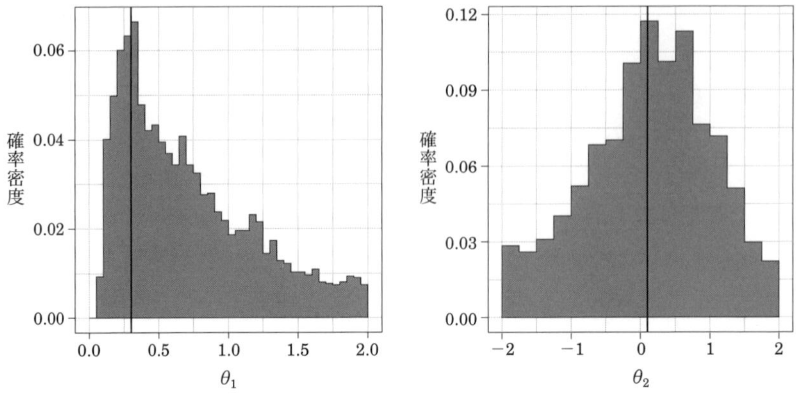

図 10.7

間 [0, 1] の間に等間隔に 100 点とり，事前分布は

$$\theta_1 \sim \mathrm{Exp}(1), \qquad \theta_2 \sim N(0,1).$$

とした．一般に確率過程の場合は尤度，すなわち密度関数を導出することは困難であるが，オイラー–丸山近似等で精度の良い X_t の離散近似による乱数生成は可能である．この統計モデルに対して ABC 法を考えよう．ここでは $T(\mathrm{Data}) = \sum_{n=1}^{100} (X_{n/100} - X_{(n-1)/100})^2$ とし，$\varepsilon = 0.05$ と置いた．時間間隔を細かくする極限において，統計量 T は θ_1 の情報しか持たなくなるため，この統計量の選択は θ_2 の推定の意味では良いものではない．得られたヒストグラムを見ても θ_1 のアウトプットは真値周辺(黒い縦線が真値である)に集まっているのに対し，θ_2 はそうでもないように見える．適切な関数 $T(x)$ の選択はこのとおり厄介な問題であるが，関数の自動的な設定法などの研究も進んでいる．

しばしば ABC 法は $T(x)$ や $\varepsilon > 0$ を適切に設定しても，採択率

$$\int_\Theta \int_{x;\, \|T(x)-T(x^*)\|<\varepsilon} P_\theta(\mathrm{d}x)\Pi(\mathrm{d}\theta)$$

は非常に小さく，良い結果を得るためには長い計算時間をかけなければいけない．ABC 法の効率化のため MCMC 法と組み合わせた ABC–MCMC 法，逐次モンテカルロ(SMC)法と組み合わせた ABC–SMC 法などさまざまな手法が提案されており([11])，ベイズ計算分野での活発な領域の一つになって

いる.

参考文献

[1] 『吾輩は猫である』，漱石全集／夏目漱石著：第1巻，岩波書店，1984.

[2] W. K. Hastings, Monte Carlo sampling methods using Markov chains and their applications, *Biometrika*, 57: 97–109, 1970.

[3] Peter H. Peskun, Optimum monte-carlo sampling using markov chains, *Biometrika*, 60(3): 607–612, 1973. doi: 10.1093/biomet/60.3.607.

[4] Gareth O. Roberts, Andrew Gelman, and Walter R. Gilks, Weak convergence and optimal scaling of random walk Metropolis algorithms, *Annals of Applied Probability*, 7(1): 110–120, 1997.

[5] Luke Tierney, A note on Metropolis-Hastings kernels for general state spaces, *Annals of Applied. Probability.*, 8(1): 1–9, 1998. doi: 10.1214/aoap/1027961031.

[6] Gareth O. Roberts, and Richard L. Tweedie, Exponential convergence of Langevin diffusions and their discrete approximations, *Bernoulli*, 2: 341–363, 1996.

[7] Simon Duane and A. D. Kennedy and Brian J. Pendleton and Duncan Roweth, Hybrid Monte Carlo, *Physics Letters B*, 195(2): 216–222, 1987.

[8] Bob Carpenter, Andrew Gelman, Matt Hoffman, Daniel Lee, Ben Goodrich, Michael Betancourt, Michael A. Brubaker, Jiqiang Guo, Peter Li, and Allen Riddell, Stan: A probabilistic programming language, *Journal of Statistical Software*, 2016(in press).

[9] S. Tavaré, D. Balding, R. Griffith, P. Donnelly, Inferring coalescence times from DNA sequence data, *Genetics* 145(2): 505–518, 1997.

[10] Jean-Michel Marin, Pierre Pudlo, Christian P. Robert, Robin J. Ryder, Approximate Bayesian computational methods, *Stat Comput*, 22: 1167–1180, 2012. doi: 10.1007/s11222-011-9288-2.

[11] P. Marjoram, J. Molitor, V. Plagnol, S. Tavaré, Markov chain Monte Carlo without likelihoods, *Proc. Natl. Acad. Sci.* 100(26): 15324–15328, 2003.

第11章

統計における最適化

小林 景
●慶應義塾大学

11.1 ● 統計と最適化

統計学と最適化は，大規模なデータ解析において理論的基礎となる二大分野である．特に今世紀に入り，機械学習の発展も受けて両分野の融合は急速に活発になり，その応用上の重要性からも今後ますます進んでいくと期待される．

ただし，ここで統計学と最適化の融合といったときに，大きく分けて二つの方向性がある．まず一つ目は，統計的解析において必要となる計算を，最適化の手法を用いて実行するという方向であり，本章の「統計における最適化」でおもに扱うのは，こちらの話題である．もう一つは，最適化の過程でアルゴリズムにあえてランダムネスを導入することにより，決定的なアルゴリズムでは実行できない計算を行ったり，その計算効率を上げるという方向である[1)]．

最適化問題では，与えられた関数を適当な制約条件のもとに最大化もしくは最小化する．この関数は**目的関数**とよばれるが，統計学においては多種多様な目的関数が登場する．例えば，残差二乗和，尤度関数，適当な損失(利益)関数に対するリスク(効用)，ベイズ事後確率，ベイズ周辺尤度等である．また，こういったデータに依存する確率的な目的関数を最大，最小化することにより求まる推定量のことを M 推定量といい，一般的な枠組みで統計的理論評価がなされている．それぞれ統計解析の目的は異なるが，最適化手法としては同一のものを用いることができるので，本章前半はおもに尤度関数の最大化を例として説明する．

11.2 ● ニュートン法とフィッシャーのスコアリングアルゴリズム

ニュートン法もしくは**ニュートン=ラフソン法**とは微分可能な多次元値の関数 $f:\mathbb{R}^p\to\mathbb{R}^p$ に対して，$f(\boldsymbol{x})=0$ を反復法により解く最も基本的なアルゴリズムの一つであり，変数の更新は以下の式で表される．

$$\boldsymbol{x}_{m+1}=\boldsymbol{x}_m-(\partial f(\boldsymbol{x}_m))^{-1}f(\boldsymbol{x}_m).$$

ここで ∂f は f のヤコビ行列である．これは f のテイラー展開

$$\begin{aligned}0 &= f(\boldsymbol{x})\\ &= f(\boldsymbol{x}_m)+\partial f(\boldsymbol{x}_m)(\boldsymbol{x}-\boldsymbol{x}_m)+o(\|\boldsymbol{x}-\boldsymbol{x}_m\|)\end{aligned}$$

に基づく一次近似から導かれる．

統計モデルが，パラメータ $\boldsymbol{\theta}\in\mathbb{R}^p$ で特徴付けられる確率密度関数 $P(x|\boldsymbol{\theta})$ をもつとする．実際に観測されたデータ x を代入した対数尤度 $L(\boldsymbol{\theta}):=\log P(x|\boldsymbol{\theta})$ を最大化するような値が最尤推定値 $\hat{\boldsymbol{\theta}}$ であり，そのデータを最もよく説明できるパラメータという解釈ができる．そこで，対数尤度の最大化のために，微分可能性を仮定した上でその停留点を計算しよう．

$$\nabla L(\boldsymbol{\theta}) = \nabla \log P(x|\boldsymbol{\theta}) = 0.$$

この連立方程式を**尤度方程式**といい，**スコア関数** $\nabla L(\boldsymbol{\theta})$ の零点を求める問題となる．これをニュートン法で解くと，反復法の更新式は

$$\boldsymbol{\theta}_{m+1} = \boldsymbol{\theta}_m-(\partial\nabla L(\boldsymbol{\theta}_m))^{-1}\nabla L(\boldsymbol{\theta}_m)$$

となり，この尤度方程式の解法は**フィッシャーのスコアリングアルゴリズム**とよばれる．

更新式に現れる $\partial\nabla L(\boldsymbol{\theta}_m) = \partial\nabla \log P(x|\boldsymbol{\theta})$ に負号をつけたものの期待値は**フィッシャー情報行列**とよばれる $p\times p$ 正定値行列であり，推定量の精度の限界をあらわすクラメル=ラオ不等式においても用いられる重要な統計量である[2)]．

フィッシャーのスコアリングアルゴリズムは基本的な最尤値計算法であるが，ニュートン法に由来するいくつかの欠点があるので注意が必要である．まず，アルゴリズムの各ステップにおいて尤度は単調に増大するわけではなく，減少する場合もある．また，フィッシャー情報行列が縮退して0に近い行列式をもつようなパラメータ値周辺では，収束が非常に遅くなる．

さらに，計算量の問題があげられる．ニュートン法は $p\times p$ 行列の逆行列を計算する必要があり，これは大まかには $O(p^3)$ の計算量やメモリを必要と

1）本章では扱わないが，後者の意味での最適化は「確率的最適化(stochastic optimization)」とよばれる近年活発な研究分野である．特にそのアルゴリズムの妥当性や収束速度の評価には，統計学が重要な役割を果たす．例えば[1]を参照．決定的なアルゴリズムでも目的関数にデータが入る場合は統計的な理論評価が必要なので，これが三つ目の方向性といえるかもしれない．

2）フィッシャーのスコアリングアルゴリズムは，フィッシャー情報行列を計量とするようなパラメータ空間の勾配法として自然に導かれる最適化手法であり，その文脈では自然勾配法とよばれて，情報幾何学の観点から研究がなされている．例えば[2]を参照．

する．次元 p が数千程度のデータであれば，一般の家庭用計算機でも，実用的な時間とメモリでなんとか計算することができるが，数万次元となると計算を再帰的に分解したり(共役勾配法，準ニュートン法，etc.)，近似計算を用いるなど，計算量を抑える何らかの工夫が必要となる．特に，逆行列部分を単位行列 $\alpha_k I_p$ とした場合に対応する最急降下法は，非常に素朴な方法であるが，パラメータを更新するステップ幅 α_k を上手く設定することができれば，機械学習など大規模なデータを扱う場合には有効であることも多い．

最後に，これはニュートン法に限らず，多くの最適化アルゴリズムにいえることであるが，最大値ではなく，極値や停留点に収束してしまう危険がある．そのため，複数の初期値 $\boldsymbol{\theta}_0$ について計算した結果の中で尤度が最大となるものを選んだり，最尤値が厳密に計算できるような適当な近似モデルを構成し，その解を初期値とするといった方法が有効である．

11.3 ● EMアルゴリズム

統計における最適化問題でよくある設定として，最適化したい目的関数に確率変数の関数の期待値が含まれる場合があげられる．例えば，観測される確率変数 Y と観測されない確率変数 Z (**潜在変数**，**隠れ変数**とよばれる)が存在し，同時確率密度が $P(Y,Z|\theta)$ と表されるとする．このとき最大化するべき尤度は，潜在変数 Z を積分して消去した(周辺化した) $P(Y|\theta)=\int_Z P(Y,Z|\theta)dZ$ の値に観測値 $Y=y$ を代入した $P(y|\theta)$ である．尤度 $P(y|\theta)$ をニュートン法などで最大化できればよいが，多くの場合潜在変数での期待値の計算結果は複雑になり，それを目的関数として最適化するのは困難である．

そこで，**EMアルゴリズム**(Expectation-Maximization アルゴリズム)は次のような関数 $Q(\theta|\theta')$ を導入し，それを逐次的に更新する．

$$Q(\theta|\theta') := E_{Z|y,\theta'}[\log P(y,Z|\theta)].$$

ここで，右辺が $P(y,Z|\theta)$ の期待値ではなく，その対数の期待値になっていることに注意が必要である．この計算がもとの $P(y|\theta)$ の計算より(不思議と)容易になる場合が多いため，EM アルゴリズムは応用上，非常に広く用いられている．

具体的には，適当に選んだ初期値 θ_0 から，以下の二つのステップを θ_m の値が収束するまで繰り返す．

（**E step**）　$Q(\theta|\theta_m) = E_{Z|y,\theta_m}[\log P(y, Z|\theta)]$ を計算．

（**M step**）　最大化　$\theta_{m+1} := \underset{\theta}{\operatorname{argmax}}\, Q(\theta|\theta_m)$．

ただし，E ステップの $E_{Z|y,\theta_m}[\cdot]$ は，周辺化 $P(y|\theta) = \int_Z P(y, Z|\theta)dZ$ およびベイズの定理 $P(Z|y,\theta) = P(y, Z|\theta)/P(y|\theta)$ により導出される事後確率 $P(Z|y,\theta)$ による期待値を意味する．この二つのステップにより尤度 $P(y|\theta)$ は増大する．これは，

$$
\begin{aligned}
0 &\leqq Q(\theta_{m+1}|\theta_m) - Q(\theta_m|\theta_m) \\
&= E_{Z|y,\theta_m}[\log P(y, Z|\theta_{m+1})] - E_{Z|y,\theta_m}[\log P(y, Z|\theta_m)] \\
&= -E_{Z|y,\theta_m}\left[\log \frac{P(Z|y,\theta_m)}{P(Z|y,\theta_{m+1})}\right] + \log P(y|\theta_{m+1}) - \log P(y|\theta_m) \\
&\leqq \log P(y|\theta_{m+1}) - \log P(y|\theta_m)
\end{aligned}
$$

より $P(y|\theta_{m+1}) \geqq P(y|\theta_m)$ となることから示される．さらに $P(Z|y,\theta_m)$ と $P(Z|y,\theta_{m+1})$ が異なる確率分布となるときに，不等式は厳密に成立する．ここで，任意の確率密度関数 f, g に対する KL（カルバック=ライブラー）ダイバージェンス $E_f\left[\log \frac{f}{g}\right]$ はイェンセンの不等式を用いて

$$
\begin{aligned}
E_f\left[\log \frac{f}{g}\right] &= -E_f\left[\log \frac{g}{f}\right] \\
&\geqq -\log E_f\left[\frac{g}{f}\right] = -\log 1 = 0
\end{aligned}
$$

と非負になり，$f \neq g$ のときに正の値になるという事実を用いた．

ところで，EM アルゴリズムは**MM アルゴリズム**（Majorize-Minimization もしくは Minorize-Maximization アルゴリズムの略）とよばれる反復アルゴリズムに一般化できる[3]．目的関数 $\varphi(\theta)$ の最大化問題に対する MM アルゴリズムでは，まず $\varphi(\theta) = \widetilde{Q}(\theta|\theta)$ かつ $\theta' \neq \theta$ に対して $\varphi(\theta) > \widetilde{Q}(\theta|\theta')$ となるような関数 $\widetilde{Q}(\theta|\theta')$ を導入し，各ステップで

3）MM アルゴリズムについては，[3]が詳しい．EM アルゴリズム以外の MM アルゴリズムの統計学への応用例も数多く紹介されている．

$$\theta_{m+1} = \underset{\theta}{\operatorname{argmax}}\, \widetilde{Q}(\theta|\theta_m)$$

となるようにパラメータを更新する．すると $\theta_{m+1} \neq \theta_m$ のとき

$$\varphi(\theta_{m+1}) > \widetilde{Q}(\theta_{m+1}|\theta_m) \geqq \widetilde{Q}(\theta_m|\theta_m) = \varphi(\theta_m)$$

となり，各ステップごとに目的関数の値の増大が保証される．特にEMアルゴリズムは

$$\varphi(\theta) := \log P(y|\theta),$$
$$\widetilde{Q}(\theta|\theta') := Q(\theta|\theta') - Q(\theta'|\theta') + \log P(y|\theta')$$

とおいたものである．よってEMアルゴリズムは，統計学と直接は関係のないシンプルな反復アルゴリズムであるMMアルゴリズムに，イェンセンの不等式やそれを用いた情報理論的不等式により導出される $\varphi(\theta) > \widetilde{Q}(\theta|\theta')$ を組み合わせたものであると考えるとわかりやすく，またアルゴリズムの拡張もしやすい[4]．

混合正規分布はEMアルゴリズムが非常に有効に働く例である．混合正規分布は，K 個の正規分布の密度関数 $\phi(\boldsymbol{x}|\boldsymbol{\mu}_k, \Sigma_k)$ $(k = 1, \cdots, K)$ を，π_k ($\pi_k \geqq 0$, $\sum_k \pi_k = 1$) で重みづけ平均した以下の密度関数で表される．

$$f(\boldsymbol{x}|\pi_1, \boldsymbol{\mu}_1, \Sigma_1, \cdots, \pi_K, \boldsymbol{\mu}_K, \Sigma_K) = \sum_{k=1}^{K} \pi_k \phi(\boldsymbol{x}|\boldsymbol{\mu}_k, \Sigma_k).$$

一方，X_i がどの正規分布から生成されるかを表す観測されない確率変数 $\boldsymbol{z}_i = (z_{i1}, \cdots, z_{iK})$ (k 番目から生成される場合，$z_{ik} = 1$，それ以外は0)を用いることにより潜在変数モデルとしても表すことができる．この事実を用いて構成したEMアルゴリズムは，ニュートン法に比べてはるかに更新式の導出が容易である[5]．(上記の密度関数を用いて対数尤度をパラメータで二階偏微分するのがどれだけ面倒か一度試してみてほしい．)

図11.1は混合正規分布に対するEMアルゴリズムの解の更新例である．ここでは，1次元2成分混合正規分布にさらに $\mu_1 = 1$, $\mu_2 = -1$, $\sigma_1 = \sigma_2 = \sigma$ という制約をおき，$\pi_1 = 0.2$, $\sigma = 0.5$ の分布に従う独立な100標本を生成した．それにより計算した尤度関数を最大化する π_1 および σ を，EMアルゴリズムを用いて求めたときの，各ステップでの解の様子である．等高線の値は対数尤度を標本サイズで割ったものであり，-3 以下にあたる部分は省略した．3つの異なる初期値(●)から始めて，いずれも大域解(□)に収束したことが確認できる．また，各ステップで尤度が増大していることもわかる．

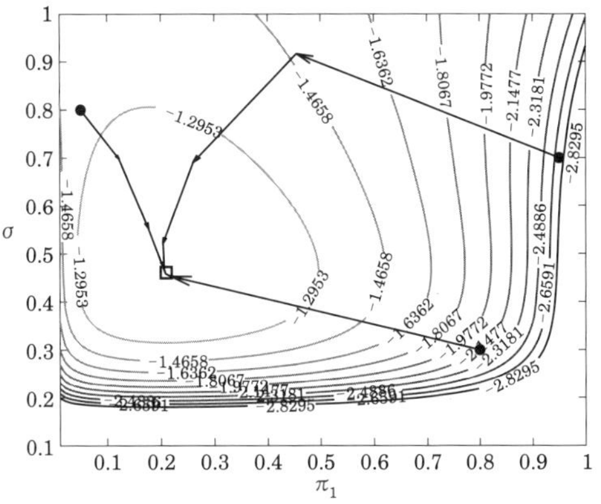

図 11.1 混合正規分布に対する EM アルゴリズムの解の更新例

注意が必要なのは，最適解に近づくとステップサイズが小さくなり，収束が遅くなる傾向があることである．図では見にくいが，両パラメータ更新が 0.01 以下になるという停止条件まで最長のものは 8 ステップかかった．これは MM アルゴリズムから引き継がれた，EM アルゴリズムの欠点である．ただし，ニュートン法と異なり，尤度が各ステップごとに単調に増加するという点では安定したアルゴリズムといえる．

また,「主成分分析と因果分析」の章では，EM アルゴリズムの因子分析への応用例が紹介されているので参照されたい．

11. 4 • 正則化法とリッジ回帰

統計における最適化問題で，目的関数 $f(\theta)$ を最小化したいとする(例えば $f(\theta)$ を負の対数尤度とすれば，最尤法と一致する)．目的関数に，以下のように確率分布のパラメータの関数 $w(\theta)$ に非負の実数 λ をかけたものを加え，それを最小化するような問題を**正則化問題**とよぶ．

4) EM アルゴリズムも情報幾何学的解釈をもつ．その場合 E ステップと M ステップは，それぞれ e 射影と m 射影とよばれる双対アファイン接続の対によるモデル多様体とデータ多様体間の射影に対応する．先述の[2]を参照．

5) 紙数の都合上，更新式の導出は省略する．例えば[4]を参照．EM アルゴリズムの有名な例なので web 上でも容易に見つけられる．

$$\underset{\theta}{\text{minimize}} \quad f(\theta)+\lambda w(\theta)$$

右辺第二項 $\lambda w(\theta)$ は**正則化項**もしくは**罰則項**とよばれ，λ は正則化パラメータとよばれる．

特に，独立同一な標準正規ノイズ ε_i を仮定した標本サイズ n の p 次元多重線形回帰分析(簡単のため切片ゼロ)

$$y_i = \boldsymbol{\beta}^\top \boldsymbol{x}_i+\varepsilon_i, \qquad \varepsilon_i \sim N(0,1), \qquad \text{i.i.d.} \tag{11.1}$$

を考えよう(ここで i.i.d. は，互いに独立で同一の分布に従うことであった)．負の対数尤度 $f(\theta) = -\log P(y|\theta)$ を最小化する問題に正則化関数 $w(\boldsymbol{\beta}) = 2\|\boldsymbol{\beta}\|^2$ を導入したとき，定数項を無視すると，正則化問題は

$$\underset{\beta}{\text{minimize}} \quad \|\boldsymbol{y}-X\boldsymbol{\beta}\|^2+\lambda\|\boldsymbol{\beta}\|^2 \tag{11.2}$$

と書ける．ただし，X は $\boldsymbol{x}_i^\top$ を第 i 行とする $n\times p$ 行列，$\boldsymbol{y}$ は y_i を第 i 成分とする n 次元ベクトルである．この問題は**リッジ回帰**とよばれ，統計における最も基本的な正則化問題の一つである．目的関数は $\boldsymbol{\beta}$ の凸二次式であり，最適値は

$$\widehat{\boldsymbol{\beta}}_{\text{ridge}}(\lambda) = (X^\top X+\lambda I_p)^{-1}X^\top \boldsymbol{y}$$

のように陽に計算できる．ただし I_p は p 次元単位行列である．

パラメータ $\boldsymbol{\beta}$ の次元 p が標本サイズ n より大きいとき，$\lambda = 0$ とすると，この最小化問題は複数の解をもつ不良設定問題となる．また，$n \geqq p$ であっても，$\boldsymbol{x}_i\ (i = 1,\cdots,n)$ が張る空間が低次元あるいは低次元空間のまわりに集中している場合は，不良設定問題になったり，最適値の計算のための逆行列計算が不安定になることがある．これを統計的には多重共線性の問題という．一方，λ を正の値にすると，このようなことは起きないことが容易にわかる．このように，問題や計算の「正則性」を保証することが，正則化項の一つ目の役割である．

こういった計算の安定性以外にも，正則化項は統計学的に重要な解釈をもつ．たとえば，l^2 ノルムによる正則化項が加わると，最適化されたパラメータ(推定値)は，l^2 ノルムがより小さなものとなる．このような推定量は，**縮小推定量**とよばれ，標本サイズや標本値に依存させてうまく λ を選ぶと，$\lambda = 0$ の場合よりも推定量の期待二乗誤差を小さくできることが知られてい

る[6].

また，正則化項はベイズ統計学の事前確率としても解釈できる．上記の線形回帰分析に正規事前分布

$$\pi(\boldsymbol{\beta}) = \frac{1}{(2\pi\lambda^{-2})^{p/2}} \exp\left(-\frac{\|\boldsymbol{\beta}\|^2}{2\lambda^{-1}}\right)$$

を仮定すると，尤度関数に事前確率をかけた事後確率は，

$$\pi(\boldsymbol{\beta}|y,x) \propto \exp\left(-\frac{1}{2}(\|\boldsymbol{y}-X\boldsymbol{\beta}\|^2+\lambda\|\boldsymbol{\beta}\|^2)\right)$$

となる．よって，最大事後確率(MAP, Maximum a posteriori)推定量を求める問題は，リッジ回帰と同一な正則化問題となる．

ベイズ統計の枠組みでは，パラメータλはハイパーパラメータとよばれ，周辺尤度最大化やベイズ情報量規準(BIC, Baysian Information Criterion)などのモデル選択手法で，データから適当なλの値を計算することができる[7]．尤度の形が複雑な場合であったり，統計モデルを意識せず最適化問題の正則化としてとらえる場合は，計算コストがかかる手法であるがクロスバリデーション(交差確認法)でλの値を選ぶという方法も一般的である．なお，いずれの方法で選ばれるλの値も，標本サイズnが増大するにつれて小さくなる傾向がある．

11.5 • L1正則化と制約つき最適化

l^2 ノルムを用いた正則化の代わりに，近年 l^1 ノルムの正則化関数 $w(\boldsymbol{\beta}) = \sum_{j=1}^{p}|\beta_j|$ を用いるL1正則化の応用が広まっている．このような l^1 正則化項を用いた回帰分析は**LASSO** (Least Absolute Shrinkage and Selection Operator，ラスーもしくはラッソ)回帰とよばれる．l^2 ノルムによる正則化ではλを大きくしていくと，パラメータ最適値のノルムは小さくなるが，各成分は通常は絶対値の小さな非ゼロの値となる．一方，L1正則化ではλを大きく

6) 縮小推定量やリッジ回帰推定量との関係については[5]の第三部「スタインのパラドクスと縮小推定の世界」(久保川達也著)を参照．

7) また，ベイズ統計のモデルを介さずにλを最適化する手法として，正則化情報量規準(RIC, Regularized IC)や一般化情報量規準(GIC, Generalized IC)があげられる．[6]を参照．

していくと，ゼロとなる成分が増えていく[8)]．L1 正則化のわかりやすい応用例としては，画像解析で輪郭をはっきりさせるといった効果があげられる．また，説明変数の中で回帰分析に有効に働くものの成分数が少ないときに，それを選択するための変数選択の手法と考えることもできる．さらに，高次元なデータに対しても計算の過程で最適化するパラメータの次元を落とせるため，計算量削減のメリットもある．LASSO 回帰のように，l^1 ノルムなどを用いて最適化されたパラメータのゼロ成分の数を増やす手法は一般的に**スパース推定**とよばれる．

L1 正則化は L2 正則化と比べると統計モデルとしての解釈は難しく[9)]，また，非ゼロ要素の数が高々 n 個に制限されるなどの欠点もある．そこで，L1 正則化と L2 正則化を組み合わせて互いの欠点を補うエラスティックネットや，一般の l^q ノルムを用いるブリッジ型正則化，特定のグループのパラメータが同時にゼロになりやすいように修正したグループ LASSO 等の研究と応用が進んでいる．また，L1 正則化では通常正則化パラメータ λ はクロスバリデーションで選ばれるが，メッシュで区切った各 λ の値に対してそれぞれ計算して比較しなくてはいけないために，計算時間の問題が生じる．その点を改良した Least Angle Regression(LARS)なども提案されている[10)]．

図 11.2 は正則化パラメータ λ を変化させたときに，リッジ回帰と LASSO 回帰によって得られる最適解の各成分 $\hat{\beta}_j$ が変化する様子を表している．スパースな真のパラメータ $\boldsymbol{\beta}^* = (1, 2, 3, 4, 5, 0, 0, 0, 0, 0)^\top$ を用いて，あえて LASSO に有利な問題設定にしてある．λ を増加させたとき，リッジ回帰は各成分の絶対値が滑らかに減少する傾向があるのに対し，LASSO の軌跡は滑らかでなく，また徐々にゼロとなる成分が増えていく．特に λ が 0.6 から 1 のあたりでは真のパラメータの非ゼロ要素を正確に抽出していることがわかる．

最後に，これまであげたリッジ回帰，LASSO 回帰などの正則化問題は，変数領域に制約を加える形の最適化問題に書き換えることができる(そしてその逆も可である)ことを述べておこう．例えば，リッジ回帰の問題(11.2)は，制約付き最適化問題

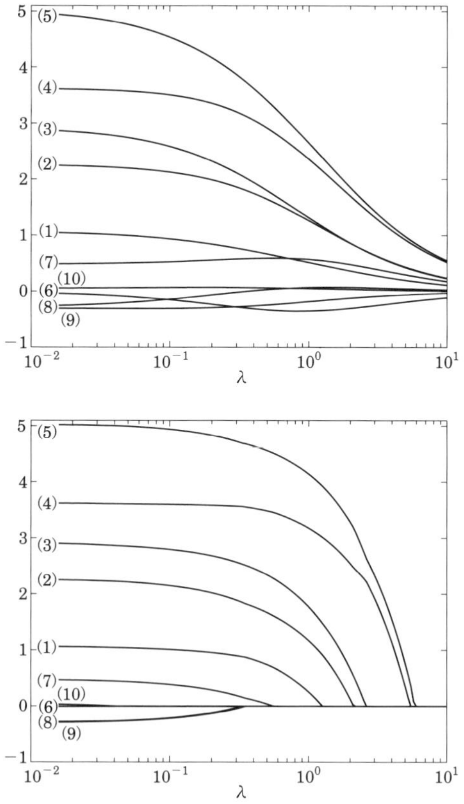

図 11.2 リッジ回帰(上)と LASSO 回帰(下)の解のパス．(j) は $\widehat{\beta}_j$ の軌跡であることを表す．

$$
\begin{aligned}
&\underset{\beta}{\text{minimize}} \quad \|\boldsymbol{y}-X\boldsymbol{\beta}\|^2 \\
&\text{subject to} \quad \|\boldsymbol{\beta}\|^2 \leqq c
\end{aligned}
\tag{11.3}
$$

において，制約パラメータ c として $\|\widehat{\boldsymbol{\beta}}_{\mathrm{ridge}}(\lambda)\|^2$ を用いたものと同一の問題である．制約付き最適化問題(11.3)の解がリッジ回帰(11.2)の解になることは，

8) t が小さいときには $|t| \gg t^2$ であることから，二乗誤差の項が多少大きくなったとしても，小さい β_j の値はゼロに丸めてしまうというのが，直感的な説明である．

9) ただし，L1 正則化に対しても，ラプラス事前分布 $\pi(\beta_j) = \dfrac{\lambda}{2}\exp(-\lambda|\beta_j|)$ を用いたベイズ事後確率最大化と解釈した上での λ の値の選択や，情報量規準なども提案されている．

10) これらのスパース推定の手法については，[7]や[8]等を参照．

ラグランジュ未定乗数法の不等式制約版であるKKT条件(カルーシュ=キューン=タッカー条件)，つまり

$$\|\boldsymbol{y}-X\boldsymbol{\beta}\|^2+\lambda(\|\boldsymbol{\beta}\|^2-c)$$

の極値条件と(11.2)が同じ問題となることから確認できる．ただし，ここでのλはラグランジュ乗数と同様の働きをするKKT乗数である．逆に，リッジ回帰(11.2)の解が$c=\|\hat{\boldsymbol{\beta}}_{\mathrm{ridge}}(\lambda)\|^2$を用いたときの制約付き問題(11.3)の解にならなくてはいけないことはすぐにわかる．より一般的には，目的関数と正則化関数がともに(微分可能でなくてもよい)凸関数であり，正則化関数が唯一の点で最小値0をとる場合には，同様の方法で最適化問題の書き換えができる[11]．一方，目的関数の形が複雑で凸最適化や二次最適化問題に帰着できないときには，ニュートン法等のその他の非線形最適化のアルゴリズムを用いることになる[12]．

11.6 • 線形最適化，二次最適化，凸最適化

本章前半では，ニュートン法やMM法のように，目的関数に微分可能性程度の比較的弱い条件しか仮定しない手法をおもに扱った．一方，目的関数が特定の形をしている場合には，その特徴をいかしたより効率的な最適化法，最適化理論が存在する．例えば，前節で扱った正則化問題の書き換えでは，凸最適化理論が重要な役割を果たす．本節では，統計学におけるより一般的な凸最適化問題を紹介する．

凸最適化の中でも，特に重要な問題のサブクラスとして線形最適化と二次最適化があげられる．ニュートン法やMM法では，最適化する際に変数$\boldsymbol{x}$がとりうる値の集合(**許容集合**，**実行可能集合**)には特に制約をおいてこなかったが，ここでは制約条件の形も重要である．

▶線形最適化

与えられた実ベクトル$\boldsymbol{a}_1, \cdots, \boldsymbol{a}_l, \boldsymbol{c}$と実数$b_1, \cdots, b_l$に対する，以下のような最適化問題を線形最適化とよぶ．

$$\underset{\boldsymbol{x}}{\text{minimize}} \quad f(\boldsymbol{x}) = \boldsymbol{c}^\top \boldsymbol{x}$$

$$\text{subject to} \quad \boldsymbol{a}_i^\top \boldsymbol{x} \leqq b_i \qquad (i = 1, \cdots, p).$$

ここで，$\boldsymbol{a}^\top \boldsymbol{x} \leqq b$ かつ $-\boldsymbol{a}^\top \boldsymbol{x} \leqq -b \Leftrightarrow \boldsymbol{a}^\top \boldsymbol{x} = b$ より，線形制約条件も含むことに注意する．アルゴリズムとしては単体法やさまざまな内点法等が使われる．また厳密に多項式時間のアルゴリズムが知られている．

線形最適化に帰着する統計の問題としては，特に l^1 ノルムの損失関数を用いた線形回帰分析があげられる．これは，

$$\underset{\boldsymbol{\alpha}, \beta}{\text{minimize}} \quad \sum_{i=1}^{n} |\boldsymbol{\alpha}^\top \boldsymbol{x}_i + \beta|$$

という最適化問題が，$z_{i1} = \max(\boldsymbol{\alpha}^\top \boldsymbol{x}_i + \beta, 0)$，$z_{i2} = \max(-\boldsymbol{\alpha}^\top \boldsymbol{x}_i - \beta, 0)$ とおくと

$$\begin{aligned} &\underset{\boldsymbol{\alpha}, \beta, \boldsymbol{z}}{\text{minimize}} && \sum_{i=1}^{p} z_{i1} + z_{i2} \\ &\text{subject to} && z_{i1} - z_{i2} = \boldsymbol{\alpha}^\top \boldsymbol{x}_i + \beta \\ & && z_{i1}, z_{i2} \geqq 0 \qquad (i = 1, \cdots, p) \end{aligned}$$

と同値になることを用いればよい．また，同様にしてヒンジ損失関数 $\ell(x) = \max(ax + b, 0)$ を用いた(正則化項のない)判別分析も線形最適化問題に帰着できる．一方，単体法の発明者でもあるジョージ・ダンツィグは，ジョン・フォン・ノイマンによる有名なゲーム理論の二人零和有限確定ゲームに対して，最適戦略(ミニマクス解)を線形最適化問題の解として求めている[13]．この場合，双対解(後に説明する)が対戦相手の最適戦略に対応しているのが面白い．

▶二次最適化

与えられた実ベクトル $\boldsymbol{a}_1, \cdots, \boldsymbol{a}_i, \boldsymbol{c}$，実数 $b_1, \cdots, b_i$ と実対称行列 Q に対する，以下のような最適化問題を二次最適化とよぶ．

---

11) 最適化問題を(11.3)の形に書き換えると，LASSO の解がなぜ 0 を多く持つのかがはっきりする．LASSO の制約は $\|\boldsymbol{\beta}\|_1 \leqq c$ という正方形であり，x 軸，y 軸上にある頂点で最適値をとりやすい．一方，リッジ回帰の制約は円形なので，座標軸上の点は特別ではない．

12) ただし，リッジ回帰のように陽に解が求まる場合であっても，大規模な行列演算をさけるためあえて二次計画問題のアルゴリズムやニュートン法の改良アルゴリズムを用いることもある．また，凸最適化問題に帰着できる場合であっても，高速な近似計算アルゴリズムが存在する場合は，大規模な統計解析においてはそちらを使う場合も多い．既にデータにランダムネスがあるため，厳密で計算量が大きいアルゴリズムよりも効率的な近似アルゴリズムが好まれるのも，統計学における最適化の特徴といえるだろう．

13) 例えば，[9]を参照．

$$\underset{x}{\text{minimize}} \quad f(\boldsymbol{x}) = \frac{1}{2}\boldsymbol{x}^\top Q\boldsymbol{x} + \boldsymbol{c}^\top\boldsymbol{x}$$
$$\text{subject to} \quad \boldsymbol{a}_i^\top\boldsymbol{x} \leqq b_i \qquad (i = 1, \cdots, p).$$

単体法，内点法，共役勾配法のほか，さまざまなアルゴリズムが用いられる．Q が強正定値のときは，楕円体法などの多項式時間アルゴリズムが存在するが，強正定値の条件を外すと一般に NP 困難になり得ることが知られている．統計においては，最小二乗法や，正規分布の対数尤度関数に関する最適化の形でよく現れる．また，11.4 節で扱ったリッジ回帰のように，二次の正則化項もよく用いられる．

▶凸最適化

与えられた凸関数 $f(\boldsymbol{x}), h_1(\boldsymbol{x}), \cdots, h_q(\boldsymbol{x})$ および線形関数 $g_1(\boldsymbol{x}), \cdots, g_p(\boldsymbol{x})$ に対する，以下のような最適化問題を凸最適化とよぶ．

$$\begin{aligned} &\underset{x}{\text{minimize}} && f(\boldsymbol{x}) \\ &\text{subject to} && g_i(\boldsymbol{x}) = 0 \qquad (i = 1, \cdots, p) \\ &&& h_j(\boldsymbol{x}) \leqq 0 \qquad (j = 1, \cdots, q). \end{aligned} \tag{11.4}$$

f が微分不可能な場合にも適用できる劣勾配法や，内点法などのさまざまなアルゴリズムが用いられる．統計学における凸最適化の例は，この後にいくつか扱う．

それぞれのアルゴリズムについてはとても記述しきれないのでここでは省略する．統計解析で用いる際には，自分でプログラムするのではなく，既存のソフトウェアを用いることが一般的である[14)]．

11.7 ● 統計における凸最適化

統計学においては凸最適化問題が頻繁に現れる．多くの問題設定において，凸関数の損失関数が用いられ，各データでの損失和も凸関数となるため，その最小化は凸最適化問題となる[15)]．凸損失関数が用いられる理由としては，関数値の期待値に関する不等式であるイェンセンの不等式が凸関数に対して成立することもあげられる．また，指数関数と対数関数は確率のオーダーと情報量のオーダーを行き来する上で最も基本的な凸関数および凹関数である．

さらに，指数型分布族に対する尤度最大化の問題も，凸最適化の問題に帰着する．**指数型分布族**とは，密度関数が適当な関数 $h(\boldsymbol{x}) \geqq 0$，$\boldsymbol{t}(\boldsymbol{x}) \in \mathbb{R}^d$ と $\phi(\boldsymbol{\theta})$ を用いて以下の形で表されるような確率分布の集合である．

$$f(\boldsymbol{x}|\boldsymbol{\theta}) = h(\boldsymbol{x})\exp(\boldsymbol{\theta}^\top \boldsymbol{t}(\boldsymbol{x}) - \phi(\boldsymbol{\theta})).$$

$h(\boldsymbol{x})$ を固定すると，分布はパラメータ $\boldsymbol{\theta} \in \mathbb{R}^d$ によって特徴づけられ，正規分布，指数分布，ガンマ分布，ベータ分布，ポアソン分布をはじめ，主要な統計分布の多くは指数型分布族に属している．ここで，

$$\phi(\boldsymbol{\theta}) = \log \int h(\boldsymbol{x})\exp(\boldsymbol{\theta}^\top \boldsymbol{t}(\boldsymbol{x}))d\boldsymbol{x}$$

は，密度関数の積分を1にする規格化の役割を果たす関数で，**対数分配関数**とよばれる凸関数となる．凸関数となることは以下のように分かる．対数関数の凹性を用いると，$\alpha \in [0,1]$ に対して

$$\begin{aligned}
&\log\{\alpha\exp(\boldsymbol{\theta}_1^\top \boldsymbol{t}(\boldsymbol{x}) - \phi(\boldsymbol{\theta}_1)) + (1-\alpha)\exp(\boldsymbol{\theta}_2^\top \boldsymbol{t}(\boldsymbol{x}) - \phi(\boldsymbol{\theta}_2))\} \\
&\quad \geqq \alpha(\boldsymbol{\theta}_1^\top \boldsymbol{t}(\boldsymbol{x}) - \phi(\boldsymbol{\theta}_1)) + (1-\alpha)(\boldsymbol{\theta}_2^\top \boldsymbol{t}(\boldsymbol{x}) - \phi(\boldsymbol{\theta}_2)) \\
&\quad = \{\alpha\boldsymbol{\theta}_1 + (1-\alpha)\boldsymbol{\theta}_2\}^\top \boldsymbol{t}(\boldsymbol{x}) - \{\alpha\phi(\boldsymbol{\theta}_1) + (1-\alpha)\phi(\boldsymbol{\theta}_2)\}.
\end{aligned}$$

両辺の exp をとり，$h(\boldsymbol{x})d\boldsymbol{x}$ で積分したのち対数をとると

$$0 \geqq \phi(\alpha\boldsymbol{\theta}_1 + (1-\alpha)\boldsymbol{\theta}_2) - \{\alpha\phi(\boldsymbol{\theta}_1) + (1-\alpha)\phi(\boldsymbol{\theta}_2)\}$$

となり，$\phi(\boldsymbol{\theta})$ は凸関数である．よって，指数型分布族の対数尤度関数 $\boldsymbol{\theta}^\top \boldsymbol{t}(\boldsymbol{x}) - \phi(\boldsymbol{\theta})$ は凹関数となり，最尤法は，

$$\underset{\boldsymbol{\theta}}{\text{minimize}} \quad -\boldsymbol{\theta}^\top \boldsymbol{t}(\boldsymbol{x}) + \phi(\boldsymbol{\theta})$$

という凸最適化問題となる．

●例：多変量正規分布の共分散行列とその逆行列の推定

d 次元多変量正規分布 $\mathrm{N}(0, \Sigma)$ から標本 $\boldsymbol{x}_1, \cdots, \boldsymbol{x}_n$ が得られたとし

14) 著者は最適化のプログラムは基本的に既存のソフトウェアまかせである．言い訳をすると，ある最適化の専門家曰く，「一見微細なテクニックやチューニングなどで精度や計算時間が大きく変わるので，下手に最適化のプログラムを手作りするのは危険」とのことである．フリーの統計解析ソフトウェアRでは，関数 optim( ) によって，準ニュートン法や共役勾配法による最適化が可能である．また，その他の手法については，Roger Koenker と Ivan Mizera の論文[10]が詳しい．懐に余裕がある場合は，MATLAB の Optimization toolbox が便利である．

15) ただし，外れ値やモデルの誤りに対するロバスト性を重視する場合は，フーバーの損失関数のように，非凸関数をあえて用いることが，時として有効である．また，l^q 最適化 $(q < 1)$ では，損失関数や正則化関数が非凸となる．その場合の最適解の計算方法は一般に困難で，活発に研究されている．

よう．ルベーグ測度に対する密度関数は

$$f(\boldsymbol{x}, \Sigma) = \exp\left(-\frac{1}{2}\boldsymbol{x}^\top \Sigma^{-1}\boldsymbol{x} + \frac{1}{2}\log|\Sigma^{-1}| - \frac{d}{2}\log(2\pi)\right)$$

であり，

$$\theta_{jk} = (\Sigma^{-1})_{jk} \qquad (1 \leqq j < k \leqq d),$$

$$\theta_{jj} = \frac{1}{2}(\Sigma^{-1})_{jj} \qquad (j = 1, \cdots, d),$$

$$(T(\boldsymbol{x}))_{jk} = -\left(\frac{1}{n}\sum_{i=1}^{n}\boldsymbol{x}_i\boldsymbol{x}_i^\top\right)_{jk} \qquad (1 \leqq i \leqq j \leqq d)$$

とおくと，指数型分布族

$$f(\boldsymbol{x}, \Sigma) = \exp\left(\sum_{j \leqq k}(T(\boldsymbol{x}))_{jk}\theta_{jk} - \phi(\boldsymbol{\theta})\right)$$

の形にかける．よって，最尤推定は凸最適化問題となり，$A := \boldsymbol{\Sigma}^{-1}$ とおくと以下のようになる．

$$\begin{aligned} &\underset{A}{\text{minimize}} \quad \frac{1}{2}\sum_{i=1}^{n}\boldsymbol{x}_i^\top A\boldsymbol{x}_i - \frac{n}{2}\log|A| \\ &\text{subject to} \quad A \succcurlyeq 0. \end{aligned} \tag{11.5}$$

ここで $A \succcurlyeq 0$ は A が半正定値であることを意味する．よく知られているように，$\frac{1}{n}\sum_{i=1}^{n}\boldsymbol{x}_i\boldsymbol{x}_i^\top$ がフルランクであれば，それが Σ の最尤推定値となり，また A の最尤値はその逆行列となるが，統計モデルによっては A にさらなる制約条件が加わる．

分散共分散行列 Σ の逆行列 A は**精度行列**とよばれ，$A = (a_{jk})$ の特定の非対角要素を 0 に固定する統計モデルは重要な意味を持つ．例えば，ある $\tilde{j}, \tilde{k}$ $(\tilde{j} \neq \tilde{k})$ に対し，$a_{\tilde{j}\tilde{k}} = a_{\tilde{k}\tilde{j}} = 0$ とすると，密度関数は

$$\begin{aligned} f(\boldsymbol{x}) &\propto \prod_{j \neq \tilde{j} \text{ or } k \neq \tilde{k}} \exp\left(-\frac{x_j x_k a_{jk}}{2}\right) \\ &= (x_{\tilde{j}} \text{ を含むが } x_{\tilde{k}} \text{ を含まない関数}) \\ &\quad \times (x_{\tilde{k}} \text{ を含むが } x_{\tilde{j}} \text{ を含まない関数}) \end{aligned}$$

というように分解できる．これは，2 変数 $x_{\tilde{j}}, x_{\tilde{k}}$ 以外のすべての変数を固定した（条件付けた）ときに，この 2 変数が独立であること，つまり

$$f(x_{\tilde{j}}, x_{\tilde{k}} | \{x_l | l \neq \tilde{j}, \tilde{k}\}) = f(x_{\tilde{j}} | \{x_l | l \neq \tilde{j}, \tilde{k}\}) f(x_{\tilde{k}} | \{x_l | l \neq \tilde{j}, \tilde{k}\})$$

と条件付き密度関数が分解できることと同値である．特に無向グラフのグラフィカルモデルにおいては，この条件付き独立性によって2変数に対応する頂点を結ぶ辺が存在するかどうかが定義されるので，グラフィカルモデルで表される統計モデルを用いる場合には特に重要である[16]．

11.8 ● 凸最適化の双対問題

ここからは，線形最適化，二次最適化，凸最適化問題に対して重要な役割を果たす**双対性**について簡単に説明し，その統計学への応用を紹介しよう．

最適化問題(11.4)のラグランジェ関数は以下のようになる．

$$L(\boldsymbol{x}, \boldsymbol{\lambda}, \boldsymbol{\tau}) = f(\boldsymbol{x}) + \sum_{i=1}^{p} \lambda_i g_i(\boldsymbol{x}) + \sum_{j=1}^{q} \tau_j h_j(\boldsymbol{x}).$$

このとき，Slater 条件とよばれる正則条件[17]のもとで，最適化問題(11.4)の解 $\hat{\boldsymbol{x}}$ は以下をみたすことが知られている[18]．

$$f(\hat{\boldsymbol{x}}) = \sup_{\boldsymbol{\tau} \geqq 0, \boldsymbol{\lambda}} \inf_{\boldsymbol{x}} L(\boldsymbol{x}, \boldsymbol{\lambda}, \boldsymbol{\tau}).$$

そこで，$D(\boldsymbol{\lambda}, \boldsymbol{\tau}) := \inf_{\boldsymbol{x}} L(\boldsymbol{x}, \boldsymbol{\lambda}, \boldsymbol{\tau})$ とすると，(11.4)の**双対問題**は以下のようになる．

$$\begin{aligned} &\underset{\boldsymbol{\lambda}, \boldsymbol{\tau}}{\text{maximize}} \quad D(\boldsymbol{\lambda}, \boldsymbol{\tau}) \\ &\text{subject to} \quad \boldsymbol{\tau} \geqq 0. \end{aligned}$$

よって，$f(\boldsymbol{x})$ の最小値は上の双対問題の最大値と一致する．また，双対問題の最適解 $\hat{\boldsymbol{\lambda}}, \hat{\boldsymbol{\tau}}$ を用いることにより，もとの最適化問題(双対問題に対する主問題とよばれる)の最適解 $\hat{\boldsymbol{x}}$ の候補を絞り込んだり，場合によっては陽に計算することができる．

---

16) 最適化問題(11.5)の目的関数の第二項を省略すると，第一項は A に関する線形の形をしており，制約条件は A の半正定値性となっている．こういった最適化問題を**半正定値計画問題**とよび，応用上の重要性から凸計画問題の中でも特に研究されている．さらに，目的関数に第二項 $-\log|A|$ を加えると，この項は A の許容集合の内点から境界に近づくと発散するために，内点法において許容集合の境界に近づきすぎないために用いられる「バリア関数」となっている．つまり，偶然にも(？)最尤法が半正定値計画問題に内点法のバリア関数をつけた形となっている．

17) Slater 条件は多少複雑であるが，例えば h_i が全域で有限値の凸関数であり，$\{\boldsymbol{x} | g_i(\boldsymbol{x}) = 0,\ i = 1, \cdots, p\} \cap \{\boldsymbol{x} | h_j(\boldsymbol{x}) < 0,\ j = 1, \cdots, q\} \neq \phi$ であれば条件は成立する．

18) 例えば，[3]を参照．

●例：不等式制約のある回帰分析

各地区ごとのある世代の男性を対象として5年毎に3回調査したデータを解析する．第 j 回目 $(j=1,2,3)$ の調査で地区 i $(i=1,\cdots,m)$ において結婚歴がないと答えた男性の割合を $p_i^{(j)}$ とし，地区 i 全体の男性の人数 $N_i^{(j)}$ とすると，推定未婚者数は $x_i^{(j)}:=p_i^{(j)}N_i^{(j)}$ となる．$\boldsymbol{x}=(x_1^{(1)},\cdots,x_m^{(1)},x_1^{(2)},\cdots,x_m^{(2)},x_1^{(3)},\cdots,x_m^{(3)})^\top$ とし，全体としては十分サンプル数が大きいので，$\boldsymbol{x}$ の分布が $\mathrm{N}(\boldsymbol{\mu},\Sigma)$ に従うと仮定する．ただし，$\boldsymbol{\mu}=(\mu_1^{(1)},\cdots,\mu_m^{(3)})^\top$ は $3m$ 次元ベクトル，Σ は $3m\times3m$ の正定値行列で，過去のデータから十分精度よく推定されているため既知とする．また，地区内では人口が流動していても，全体では転入者がないとすると，全地区での未婚男性の総数は年齢を経て減っているはずなので，

$$\sum_{i=1}^{m}\mu_i^{(1)}\geqq\sum_{i=1}^{m}\mu_i^{(2)}\geqq\sum_{i=1}^{m}\mu_i^{(3)}$$

と仮定できる．いま，この仮定のもとで $\boldsymbol{x}$ の尤度を最大化する最尤推定値 $\hat{\boldsymbol{\mu}}$ を考えよう．対数尤度は，

$$\ell(\boldsymbol{\mu})=-\frac{1}{2}(\boldsymbol{x}-\boldsymbol{\mu})^\top\Sigma^{-1}(\boldsymbol{x}-\boldsymbol{\mu})+(\boldsymbol{\mu}\text{ によらない項})$$

となるので，最尤値は以下の二次最適化問題の解となる．

$$\begin{aligned}&\underset{\mu\in\mathbb{R}^{3m}}{\text{minimize}}\quad f(\boldsymbol{\mu})=\frac{1}{2}(\boldsymbol{\mu}-\boldsymbol{x})^\top\Sigma^{-1}(\boldsymbol{\mu}-\boldsymbol{x})\\&\text{subject to}\quad W\boldsymbol{\mu}\leqq\boldsymbol{0}.\end{aligned}\tag{11.6}$$

ただし $W=\begin{bmatrix}-\boldsymbol{1}_m^\top & \boldsymbol{1}_m^\top & \boldsymbol{0}_m^\top\\ \boldsymbol{0}_m^\top & -\boldsymbol{1}_m^\top & \boldsymbol{1}_m^\top\end{bmatrix}$ で $\boldsymbol{1}_m$ および $\boldsymbol{0}_m$ はそれぞれ全要素が1および0の m 次元縦ベクトルであり，ベクトル間の不等式は各要素ごとに不等式をみたすことを表す．この双対関数は

$$\begin{aligned}D(\boldsymbol{\tau})&=\inf_{\mu}\left[f(\boldsymbol{\mu})+\boldsymbol{\tau}^\top W\boldsymbol{\mu}\right]\\&=-f^\star(-W^\top\boldsymbol{\tau})\end{aligned}\tag{11.7}$$

と書け，ここで

$$f^\star(\boldsymbol{y}^*):=-\inf_{\boldsymbol{y}}\left[f(\boldsymbol{y})-\boldsymbol{y}^\top\boldsymbol{y}^*\right]$$

は，凸関数 f の**凸共役関数**もしくは**ルジャンドル変換**とよばれる凸関

数である[19]．この例のように不等式制約がアファイン($A^\top \boldsymbol{x} \leqq \boldsymbol{b}$ の形)であるとき，双対関数 $D(\boldsymbol{\lambda}, \boldsymbol{\tau})$ はルジャンドル変換を用いて表されている．今の場合はルジャンドル変換が平方完成で簡単に求まり，次のようになる．

$$f^\star(\boldsymbol{\mu}^*) := \frac{1}{2}(\boldsymbol{\mu}^* - \Sigma^{-1}\boldsymbol{x})^\top \Sigma (\boldsymbol{\mu}^* - \Sigma^{-1}\boldsymbol{x}) - \frac{1}{2}\boldsymbol{x}^\top \Sigma^{-1}\boldsymbol{x}.$$

よって，$\boldsymbol{\tau} = (\tau_1, \tau_2)^\top$ に対し

$$\begin{aligned} D(\boldsymbol{\tau}) &= -f^\star(-W^\top \boldsymbol{\tau}) \\ &= -\frac{1}{2}\boldsymbol{\tau}^\top W \Sigma^{-1} W^\top \boldsymbol{\tau} - \boldsymbol{x}^\top \Sigma^{-1} W^\top \boldsymbol{\tau}. \end{aligned} \tag{11.8}$$

双対問題は，$\tau_1, \tau_2 \geqq 0$ のもとで $D(\boldsymbol{\tau})$ を最大化すればよく，2 変数の二次最適化問題となる．$3m$ の変数があった主問題と比べると，非常に小さな問題となる．このように，二次最適化問題の主問題の不等式制約が少なく，変数の次元が高いときには一般に双対問題のサイズは小さくなる．双対問題の最適値は尤度の最大値に対応し，モデル選択に用いることができる[20]．また，双対問題の解によって主問題の解 $\widehat{\mu}$ の候補を絞ることもできる．

11.9 ● サポートベクトルマシン

第 7 章の機械学習のテーマと重複することにもなるが，凸最適化の重要な応用例として，判別問題の解析手法である**サポートベクトルマシン**(SVM)を紹介する．各観測ベクトル $\boldsymbol{x}_i \in \mathbb{R}^d$ $(i = 1, \cdots, n)$ に対して，それぞれ 2 値のクラス $y_i \in \{1, -1\}$ が割り当てられているものとする．このとき，$\boldsymbol{w} \in \mathbb{R}^d$ ($\|\boldsymbol{w}\| = 1$ と規格化されているとする)，$b \in \mathbb{R}$ で表される判別超平面 $\boldsymbol{w}^\top \boldsymbol{x} + b = 0$ で空間を 2 分割して，$\widetilde{y} = \mathrm{sign}(\boldsymbol{w}^\top \widetilde{\boldsymbol{x}} + b)$ をもとにラベルのないデータ $\widetilde{\boldsymbol{x}}$ にラベル $\widetilde{y}$ を割り当てる．このとき，サポートベクトルマシンではラベルの与えられているすべての $i = 1, \cdots, n$ に対して，

19) ルジャンドル変換は，熱力学，解析力学，大偏差原理，情報幾何学など広い分野にわたる非常に重要な変換で，凸最適化でいうところの主問題と双対問題の同値性がそれぞれの分野で本質的な役割を果たす．
20) ただし，パラメータ間に不等式制約がある場合の情報量規準には，特別な注意が必要である．例えば，[11]および[12]を参照．

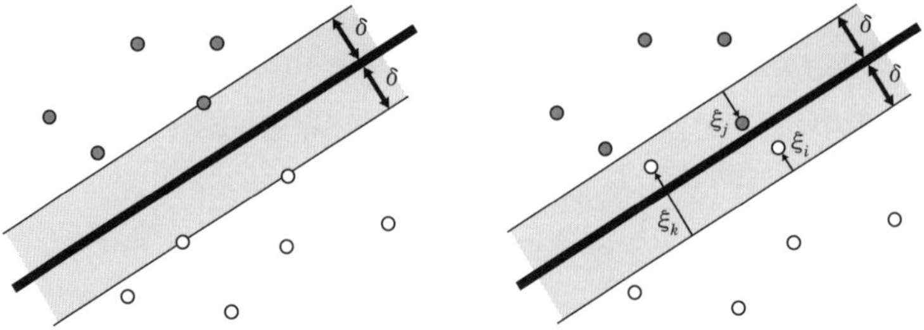

図 11.3　ハードマージン SVM(左図)とソフトマージン SVM(右図)の例. 黒丸データと白丸データの判別問題.

$$y_i = 1 \Longrightarrow \boldsymbol{w}^\top \boldsymbol{x}_i + b \geqq \delta$$
$$y_i = -1 \Longrightarrow \boldsymbol{w}^\top \boldsymbol{x}_i + b \leqq -\delta$$

が成立し，かつ $\delta \geqq 0$ がなるべく大きくなるように $\boldsymbol{w} \in \mathbb{R}^d$, $b \in \mathbb{R}$, $\delta \geqq 0$ を最適化する．つまり，

$$\begin{aligned} &\underset{\boldsymbol{w}, b, \delta}{\text{minimize}} \quad -\delta \\ &\text{subject to} \quad y_i(\boldsymbol{w}^\top \boldsymbol{x}_i) + b \geqq \delta \qquad (i = 1, \cdots, n) \\ &\qquad\qquad\quad \|\boldsymbol{w}\| = 1, \qquad \delta \geqq 0 \end{aligned} \tag{11.9}$$

となる．これは，ラベルが分かっている観測ベクトルを幅 2δ の厚みのある壁ですべて正確に判別し，かつその壁をなるべく厚くできるように上手く配置することに対応する(図 11.3).

もちろん，データにランダムネスがある以上，どんなに厚み 2δ を薄くしてもすべての観測ベクトルはうまく分けられない場合がある．そこで，各観測ベクトル $\boldsymbol{x}_i$ が $\xi_i \geqq 0$ だけ壁にめり込む(場合によっては壁を通り越して逆側に飛び出す)ことを認めると，問題設定は以下のように変わる(図 11.3 右).

$$y_i = 1 \Longrightarrow \boldsymbol{w}^\top \boldsymbol{x}_i \geqq \delta - \xi_i$$
$$y_i = -1 \Longrightarrow \boldsymbol{w}^\top \boldsymbol{x}_i \leqq -\delta + \xi_i.$$

めり込んだ分の和 $\sum_{i=1}^{n} \xi_i$ の罰則項をつけると，最適化問題は以下のようになる．

$$
\begin{aligned}
\underset{\boldsymbol{w}, b, \xi}{\text{minimize}} \quad & -\delta + C \sum_{i=1}^{n} \xi_i \\
\text{subject to} \quad & y_i(\boldsymbol{w}^\top \boldsymbol{x}_i + b) \geqq \delta - \xi_i, \\
& \xi_i \geqq 0 \qquad (i = 1, \cdots, n), \\
& \|\boldsymbol{w}\| = 1, \qquad \delta \geqq 0.
\end{aligned} \tag{11.10}
$$

ここで $C \geqq 0$ は壁へのめり込みの許容度を調整するために，データ解析者が設定するパラメータである．判別法(11.9)はハードマージン SVM，判別法(11.10)はソフトマージン SVM とよばれる．

この問題のラグランジェ関数は，未定乗数 $\alpha_i \geqq 0$, $\lambda_i \geqq 0$ $(i = 1, \cdots, n)$, $\tau \in \mathbb{R}$ を用いて次のようになる．

$$
\begin{aligned}
L(\boldsymbol{w}, b, \boldsymbol{\xi}, \boldsymbol{\alpha}, \boldsymbol{\lambda}, \tau) = & -\delta + C \sum_{i=1}^{n} \xi_i \\
& - \sum_{i=1}^{n} \alpha_i \{y_i(\boldsymbol{w}^\top \boldsymbol{x}_i + b) - \delta + \xi_i\} - \sum_{i=1}^{n} \lambda_i \xi_i + \tau(\|\boldsymbol{w}\|^2 - 1)
\end{aligned}
$$

ラグランジェの未定乗数法の不等式制約版である KKT 条件から，

$\boldsymbol{w}$ についての定常性より，$2\tau\boldsymbol{w} - \sum_{i=1}^{n} \alpha_i y_i \boldsymbol{x}_i = 0.$

b についての定常性より，$\sum_{i=1}^{n} \alpha_i y_i = 0.$

$\boldsymbol{\xi}$ についての定常性より，$C - \alpha_i - \lambda_i = 0$ $(i = 1, \cdots, n)$.

δ についての定常性より，$\sum_{i=1}^{n} \alpha_i - 1 = 0.$

よって，目的関数の極小点におけるラグランジェ関数は，これらを代入することにより

$$
L(\boldsymbol{\alpha}, \tau) = -\frac{1}{4\tau} \sum_{i,j=1}^{n} y_i y_j \alpha_i \alpha_j \boldsymbol{x}_i^\top \boldsymbol{x}_j - \tau
$$

となる．これが双対問題の目的関数となるが，τ については $\tau = \frac{1}{2}\left(\sum_{i,j=1}^{n} y_i y_j \alpha_i \alpha_j \boldsymbol{x}_i^\top \boldsymbol{x}_j\right)^{1/2}$ で最大化できるので，これも代入した結果は

$$
\max_{\boldsymbol{\alpha}, \tau} L(\boldsymbol{\alpha}, \tau) = \max_{\boldsymbol{\alpha}} -\frac{1}{2}\left(\sum_{i,j=1}^{n} y_i y_j \alpha_i \alpha_j \boldsymbol{x}_i^\top \boldsymbol{x}_j\right)^{1/2}
$$

となる．一方，$C - \alpha_i - \lambda_i = 0$ と $\lambda_i \geqq 0$ より $0 \leqq \alpha_i \leqq C$ という制約もつく．よって，双対問題は

$$
\begin{aligned}
&\underset{\alpha}{\text{minimize}} \quad \sum_{i,j=1}^{n} y_i y_j \alpha_i \alpha_j \boldsymbol{x}_i^\top \boldsymbol{x}_j \\
&\text{subject to} \quad \sum_{i=1}^{n} \alpha_i y_i = 0, \qquad \sum_{i=1}^{n} \alpha_i = 1, \\
&\qquad\qquad\quad 0 \leqq \alpha_i \leqq C \qquad (1 \leqq i \leqq n)
\end{aligned}
\tag{11.11}
$$

という二次最適化問題となる．ここで双対問題に変換したことにより，最適化変数 α_i が各データ $\boldsymbol{x}_i$ と 1 対 1 に対応し，その値が各データの特徴を表すという利点がある．例えば，最適解が満たすべき必要条件として知られる KKT 相補条件

$$
\begin{aligned}
&\alpha_i\{y_i(\boldsymbol{w}^\top \boldsymbol{x}_i + b) - \delta + \xi_i\} = 0, \\
&\xi_i(C - \alpha_i) = 0
\end{aligned}
$$

より，$\xi_i > 0$ となっている(つまり壁にめり込んでいる)データ $\boldsymbol{x}_i$ に対しては，α_i の値は最大値 C でなくてはならない．一方，$C > \alpha_i > 0$ ならば，$\xi_i = 0$ かつ $y_i(\boldsymbol{w}^\top \boldsymbol{x}_i + b) = \delta - \xi_i$ より，データは壁の表面にくっついていなくてはならず，さらに $\alpha_i = 0$ のときは，$\xi_i = 0$ かつ $y_i(\boldsymbol{w}^\top \boldsymbol{x}_i + b) > \delta - \xi_i$ より，データは壁から離れて正しく判別されている．

双対問題に変換するもう一つの大きな利点は，カーネルトリックを用いて非線形化が行えることである．一般の正定値関数 $k(\cdot, \cdot)$ に対して，**再生核ヒルベルト空間**とよばれるヒルベルト空間 $\mathcal{H}_k$ と，データの空間から $\mathcal{H}_k$ への写像 φ が存在して，$k(\boldsymbol{x}, \boldsymbol{x}') = \langle \varphi(\boldsymbol{x}), \varphi(\boldsymbol{x}') \rangle_{\mathcal{H}_k}$ となることが知られている．そこで，SVM の双対問題(11.11)の中の内積 $\boldsymbol{x}_i^\top \boldsymbol{x}_j$ を $k(\boldsymbol{x}_i, \boldsymbol{x}_j)$ にそっくり取り替えることにより，再生核ヒルベルト空間 $\mathcal{H}_k$ での線形判別を行うことができる．ここで，この線形判別のために，φ の形(一般に非常に複雑)やヒルベルト空間 $\mathcal{H}_k$ を陽に求める必要がないことがポイントである．ガウシアンカーネル $k(\boldsymbol{x}, \boldsymbol{x}') = \exp(-\|\boldsymbol{x} - \boldsymbol{x}'\|^2/2)$ を始め，さまざまなカーネル関数を用いることにより，多様な非線形判別が簡単に実現できる．このように，線形の統計解析手法に双対変換とカーネルトリックを用いて非線形化したものの総称は**カーネルマシン**とよばれる[21]．

11.10 ● おわりに

本章前半で，ニュートン法は速い収束が理論的に保証されている一方，計算誤差や損失関数の誤差に対する不安定さがあり，また変数の次元が高いと計算量が現実的でないことを説明した．同様に，SVM ではサンプルサイズの二次最適化が必要であり，サンプルサイズが数万以上になると厳密に解くのは計算量的に現実的ではなく，近似的な手法が用いられる．さらに，SVM や L1 正則化で用いられる滑らかでない損失関数を統計モデルとして解釈することは非常に難しい．よって，既存の統計理論や最適化理論を当てはめることが困難となる[22]．SVM や最適化の近似手法のように，計算量をおさえることにより重点をおくことによって，大規模なデータの解析を実現するのが機械学習といえるだろう．

謝辞　お忙しい中，草稿を確認していただいた滋賀大学の竹村彰通先生，青山学院大学の美添泰人先生に感謝いたします．

参考文献

[1] 鈴木大慈，『確率的最適化』，講談社，2015.
[2] 甘利俊一，『情報幾何学の新展開』，サイエンス社，2014.
[3] K. Lange, "*Optimization*", Springer, 2013.
[4] M. ビショップ(元田 浩・栗田多喜夫・樋口知之・松本裕治・村田 昇監訳)，『パターン認識と機械学習(下)』，丸善出版，2012.
[5] 下平英寿・久保川達也・竹内啓・伊藤秀一，『モデル選択』，統計科学のフロンティア 3，岩波書店，2004.
[6] 小西貞則・北川源四郎，『情報量基準』，シリーズ・予測と発見の科学，朝倉書店，2004.
[7] T. Hastie, R. Tibshrani, M. Wainwright, "*Statistical Learning with Sparsity: The Lasso and Generalization*", CRC Press, 2015.
[8] 川野秀一，「回帰モデリングと L_1 型正則化法の最近の展開」，『日本統計学会

21) カーネルマシンについては，例えば[13]および[14]を参照.
22) この困難に挑戦する研究も始まっている．例えば，ロジスティック回帰の非線形化であるカーネルロジスティック回帰はベイズ理論で自然に解釈できるし，また再生核ヒルベルト空間での統計理論も構築されている(詳しくは前述の福水氏の著書参照)．一方，ロバスト最適化とよばれる分野では，SVM の「めり込み」ξ_i をデータに対するロバスト性と解釈した上で，最適化理論による厳密な評価を可能としつつ，統計的手法の拡張の試みが進んでいる([15]参照).

誌』, 39(2), 211-242, 2010.
[9] J. S. Rustagi, "*Optimization Techniques in Statistics*", Academic Press, 1994.
[10] Roger Koenker, Ivan Mizera, "Convex Optimization in R", *Journal of Statistical Software*, Vom. 60, 2014.
[11] Kazuo Anraku, "An information criterion for parameters under a simple order restriction", *Biometrika*, 86(1), pp. 141-152, 1999.
[12] A. W. Hughes, and M. L. King, "Model selection using AIC in the presence of one-sided information", *Journal of Statistical Planning and Inference*, 115(2), 397-411, 2003.
[13] 福水健次,『カーネル法入門』, 朝倉書店, 2010.
[14] 赤穂昭太郎,『カーネル多変量解析』, 岩波書店, 2008.
[15] 武田朗子,「ロバスト最適化から見た機械学習」,『オペレーションズ・リサーチ：経営の科学』, 59(5), 254-259, 2014.

索引

◉数字・アルファベット

◉あ行

◉か行

索引

◉さ行

◉た行

索引

◉ま行

◉や行

◉ら行

◉わ行

◉執筆者紹介

第 1,2 章： **美添泰人**(よしぞえ・やすと)
1946 年，東京生まれ．青山学院大学経営学部プロジェクト教授．
専門はベイズ統計学，経済統計．

第 3-6 章： **足立浩平**(あだち・こうへい)
1958 年，大阪生まれ．大阪大学大学院人間科学研究科教授．
専門は多変量データ解析への行列集約アプローチ．

第 7 章： **鹿島久嗣**(かしま・ひさし)
1975 年，島根県生まれ．京都大学大学院情報学研究科教授．
専門は機械学習・データマイニング・人工知能．

第 8 章： **姫野哲人**(ひめの・てつと)
1979 年，大分県生まれ．滋賀大学データサイエンス学部助教．
専門は数理統計学．

第 9 章： **大屋幸輔**(おおや・こうすけ)
1963 年，福岡県生まれ．大阪大学大学院経済学研究科教授．
専門は統計学，計量経済学．

第 10 章： **鎌谷研吾**(かまたに・けんご)
1980 年，アメリカ・カリフォルニア州サンディエゴ生まれ．
大阪大学大学院基礎工学研究科講師．専門はモンテカルロ法，ベイズ統計学．

第 11 章： **小林 景**(こばやし・けい)
1977 年，東京生まれ．慶應義塾大学理工学部准教授．
専門は，理論統計学．

◉初出一覧

第 1 章：『数学セミナー』2015 年 4 月号
第 2 章：『数学セミナー』2015 年 5 月号
第 3 章：『数学セミナー』2015 年 6 月号
第 4 章：『数学セミナー』2015 年 7 月号
第 5 章：『数学セミナー』2015 年 8 月号
第 6 章：『数学セミナー』2015 年 8 月号
第 7 章：『数学セミナー』2016 年 1-3 月号
第 8 章：書き下ろし
第 9 章：『数学セミナー』2015 年 9-10 月号
第 10 章：書き下ろし
第 11 章：『数学セミナー』2015 年 11-12 月号

監修：

統計教育大学間連携ネットワーク

9大学が連携する統計教育大学間連携ネットワーク（JINSE）は，
文部科学省の事業として採択され，統計関係の6学会と，
統計を利用する主要な業界を代表する8団体が協力して運営されているもので，
データに基づく数量的な思考による課題解決能力を有する人材の育成を目指してきた．
文部科学省の支援期間終了後は，全国の教育機関に対象を拡大して活動を継続する．
http://jinse.jp/

編集：

美添泰人（よしぞえ・やすと）

竹村彰通（たけむら・あきみち）
1952年，東京生まれ．
滋賀大学データサイエンス学部教授．専門は，数理統計学．

宿久 洋（やどひさ・ひろし）
1967年生まれ．
同志社大学情報文化学部教授．専門は，計算機統計学，多変量データ解析．

現代統計学（げんだいとうけいがく）

2017年3月25日　第1版第1刷発行

監修 ――― 統計教育大学間連携ネットワーク
編集 ――― 美添泰人・竹村彰通・宿久 洋
発行者 ―― 串崎 浩
発行所 ―― 株式会社 日本評論社
〒170-8474 東京都豊島区南大塚3-12-4
電話 (03)3987-8621［販売］
(03)3987-8599［編集］
印刷所 ―― 株式会社 精興社
製本所 ―― 株式会社 難波製本
装丁 ――― STUDIO POT（山田信也）

ISBN 978-4-535-78818-3